JN261608

Introduction to
Topological Insulators

トポロジカル絶縁体入門

[著]
安藤陽一
Ando Yoichi

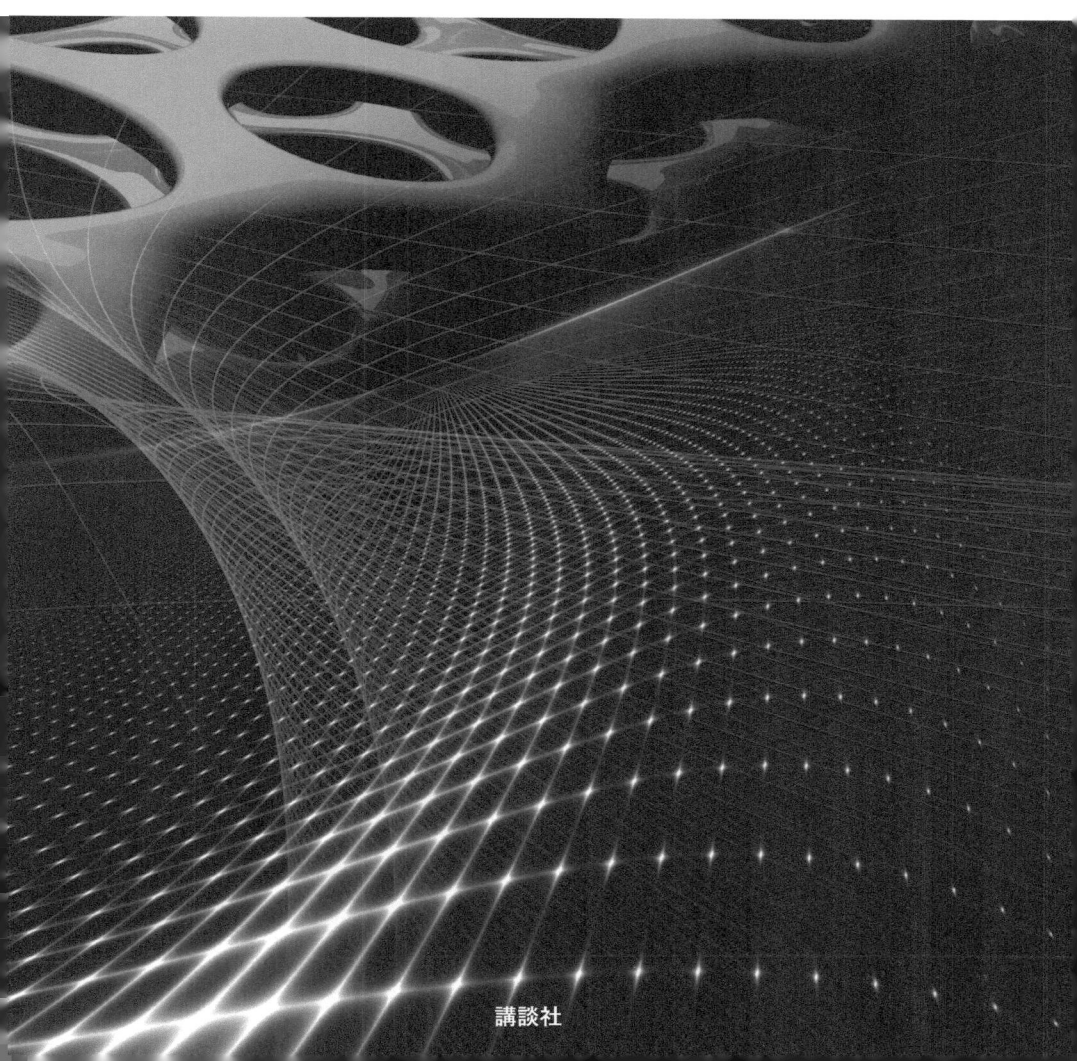

講談社

まえがき

　トポロジカル絶縁体は 2005 年に理論的に発見され，実際にその存在が確認されたのが 2007 年であり，まだ非常に歴史の浅い物質である．しかしその発見後，物理学的な含蓄の深さと革新的デバイス応用への期待が相まって，トポロジカル絶縁体の研究は急速に発展した．最近では材料科学的研究も進み，応用への展望も視野に入ってくるようになった．

　本書はトポロジカル絶縁体について基本的なことすべてを，理系の大学院生が 1 人の力で読みきることができるレベルで解説することを目指したものである．本書の中で使う量子力学や固体物理学の基本的な概念に関しては，第 2 章と第 3 章の中ですべて解説しているので，全編をしっかり読めば，学部学生でもトポロジカル絶縁体を基礎から理解することができるはずである．

　また本書では，トポロジカル絶縁体の概念の拡張としてのトポロジカル超伝導体についても，一章分を割いて解説した．これは固体中のマヨラナ粒子に関する初学者向けの導入にもなっている．さらに最後の章でトポロジカル絶縁体を応用した電子デバイスに関するさまざまなアイデアを紹介した．本書がきっかけになって，実際にトポロジカル絶縁体デバイスの開発が進展すれば幸いである．

　本書の執筆が終わったのが 2014 年初頭であり，本書の内容はその時点での最新の研究状況を反映している．記述内容はできるだけ普遍的なものを選んであるが，将来課題について触れたところなどは研究の発展に伴って適切さを失うかもしれない．そこのところはご容赦願いたい．

　最後に，本書の原稿を読んで間違いの指摘や有益なコメントを下さった近畿大学理工学部の中原幹夫氏，大阪大学産業科学研究所の瀬川耕司氏，京都大学理学部の塩崎 謙氏に深く感謝する．また本書のベースになった著者の研究活動は，内閣府の最先端・次世代研究開発支援プログラム，科学研究費補助金の若手研究（S），基盤研究（S），および新学術領域研究「対称性の破れた凝縮系におけるトポロジカル量子現象」の援助を受けて行われた．この場を借りて，謝意を表す．

　　　　　　　　　　　　　　　　　　　　　　　　2014 年 4 月　大阪にて

　　　　　　　　　　　　　　　　　　　　　　　　　　　　　安藤陽一

2016年のノーベル物理学賞がThouless, Haldane, Kosterlitzの3人に贈られることが決まった．今回の受賞者は物性物理学におけるトポロジーの役割について1970〜1980年代に先駆的な仕事をした人たちで，このテーマの重要性が評価されたことは大変喜ばしい．

　Thoulessの主要な業績の1つは，量子ホール効果の本質が電子波動関数のトポロジーにあることを看破したことであるが，これについては本書5ページ以降の歴史的経緯の説明で触れている．さらに彼の名前の頭文字の入った「TKNN数」は，本書100ページ以降で具体的に導出している．

　一方Haldaneは，トポロジーを用いたエレガントな議論に基づいて「Haldane gap」と呼ばれるスピン系における予想外の現象を予言したことが今回の受賞の直接の対象になった．しかし彼は，トポロジカル絶縁体発見の先駆けとなる仕事もしている．それがHaldaneのハニカム模型であり，これについては本書の13ページで言及している．

　なおKosterlitzの業績はトポロジカル絶縁体とは関係ないが，私が最初に *Physical Review Letters* 誌に載せることができた1991年の論文が，高温超伝導体の電気伝導特性におけるKosterlitz-Thouless型励起の影響を報告したものだったので，個人的には大変思い入れが深い．

　今回のノーベル賞が呼び水となり，近い将来にはトポロジカル絶縁体が，そしてその数年後にはトポロジカル超伝導体におけるマヨラナ粒子が，それぞれノーベル賞を受賞することを期待したい．

2016年10月　ケルンにて
安藤陽一

Contents

第1章 トポロジカル絶縁体とは　1
- 1.1 はじめに　1
- 1.2 歴史的経緯　5
  - 1.2.1 量子ホール効果　5
  - 1.2.2 スピンホール効果とスピンホール絶縁体　7
  - 1.2.3 量子スピンホール絶縁体とZ_2トポロジー　8
  - 1.2.4 3次元トポロジカル絶縁体　11
  - 1.2.5 トポロジカル場の理論　13
- 1.3 わかってきたこと　14
- 1.4 まだわからないこと　15

第2章 量子力学のおさらい　19
- 2.1 物質の二重性　19
- 2.2 シュレーディンガー方程式　19
- 2.3 波動関数と演算子　21
- 2.4 時間によらないシュレーディンガー方程式　22
- 2.5 空間反転対称性とパリティ　23
- 2.6 ヒルベルト空間　24
- 2.7 ブラケットとエルミート共役　25
- 2.8 位置座標表示と完全性　28
- 2.9 摂動論　29
- 2.10 ハイゼンベルグの運動方程式　31
- 2.11 軌道角運動量　33
- 2.12 回転変換と角運動量　34
- 2.13 スピン　39
- 2.14 時間反転対称性とクラマース縮退　42
- 2.15 ディラック方程式　44
- 2.16 電子の磁気双極子モーメント　47
- 2.17 スピン軌道相互作用の起源　49
  - 2.17.1 原子中でのスピン軌道相互作用の大きさ　51
- 2.18 ボゾンとフェルミオン　52
- 2.19 第2量子化　55

第3章 固体物理学のおさらい　61
- 3.1 フェルミ準位とフェルミ面　61
- 3.2 状態密度　64

3.3	ブラベー格子と逆格子	65
3.4	ブロッホの定理	66
3.5	エネルギースペクトル	68
3.6	強束縛近似とバンド描像	69
3.7	絶縁体と金属	73
3.8	有効質量	75
3.9	ブロッホ電子の運動	76
3.10	ランダウ量子化	78

第4章 フェルミ面の観測法 … 83

4.1	角度分解光電子分光	83
4.1.1	エネルギー保存則と運動量保存則	84
4.1.2	ARPESデータ解析の原理	85
4.1.3	表面敏感性	87
4.2	量子振動	88
4.2.1	磁場中におけるブロッホ電子の半古典的運動論	88
4.2.2	磁場中ブロッホ電子の運動の量子化	91
4.2.3	量子振動の起源	93
4.2.4	有限温度の効果	95

第5章 トポロジカル絶縁体の基礎理論 … 97

5.1	ベリー位相	97
5.2	TKNN数	100
5.3	時間反転演算子	109
5.4	時間反転対称性とブロッホハミルトニアン	111
5.5	時間反転分極と Z_2 指数	115
5.5.1	電気分極とベリー接続	116
5.5.2	時間反転分極	117
5.5.3	ヒルベルト空間のトポロジー	118
5.6	Z_2 指数の一般式	122
5.7	3次元系への拡張	124
5.8	空間反転対称性を持つトポロジカル絶縁体	127
5.9	BHZ模型	131

第6章 トポロジカル絶縁体物質 … 139

6.1	2次元トポロジカル絶縁体	139
6.1.1	CdTe/HgTe/CdTe量子井戸	139
6.1.2	AlSb/InAs/GaSb/AlSb量子井戸	141
6.1.3	その他の2次元トポロジカル絶縁体	142
6.2	3次元トポロジカル絶縁体	143

		6.2.1	$Bi_{1-x}Sb_x$合金	143
		6.2.2	Bi_2Se_3などのテトラジマイト型物質	144
		6.2.3	$TlBiSe_2$	148
		6.2.4	その他の三元化合物トポロジカル絶縁体	150
		6.2.5	二元化合物ホモロガス系列	152
		6.2.6	歪ませたゼロギャップ半導体	152
		6.2.7	自然超格子物質	154
		6.2.8	3次元トポロジカル絶縁体候補物質	155
	6.3	トポロジカル半金属		157
		6.3.1	ホイスラーおよび半ホイスラー化合物	157
		6.3.2	ワイル半金属	158
	6.4	トポロジカル結晶絶縁体		159
	6.5	トポロジカル絶縁体の確認方法		163
	6.6	試料作製方法		166
		6.6.1	バルク単結晶	166
		6.6.2	薄膜試料	168
		6.6.3	ナノリボンとナノ薄片	170
	6.7	バルク絶縁性の実現方法		170
		6.7.1	Bi_2Se_3	171
		6.7.2	Bi_2Te_3	172
		6.7.3	Bi_2Te_2Se	172
		6.7.4	$Bi_{2-x}Sb_xTe_{3-y}Se_y$	173
		6.7.5	Bi_2Te_3/Sb_2Te_3あるいはBi_2Se_3/Sb_2Se_3固溶系	174

第7章 トポロジカル絶縁体の物性　179

	7.1	ヘリカルスピン偏極		179
	7.2	準粒子干渉効果		181
	7.3	輸送特性		183
		7.3.1	ディラック粒子の物理	183
		7.3.2	シュブニコフ・ドハース振動	188
		7.3.3	2バンド模型による解析	197
		7.3.4	弱反局在現象	200
		7.3.5	表面状態のトポロジカルな保護	202
		7.3.6	ナノリボンにおけるアハロノフ・ボーム効果	203
	7.4	磁性の効果		204
	7.5	トポロジカル電気磁気効果		205
	7.6	スピン物性		206
	7.7	光物性		209

第8章 トポロジカル超伝導体　213

	8.1	超伝導とは	213
	8.2	トポロジカル超伝導体とは	214

8.3	マヨラナ粒子	216
8.4	キタエフ模型	217
8.5	スピンレス2次元カイラル p 波超伝導状態	221
8.6	ハイブリッド系におけるトポロジカル超伝導	223

第9章 応用への展望　227

9.1	ディラック性デバイス	227
	9.1.1 高周波デバイス	227
	9.1.2 透明電極	228
	9.1.3 テラヘルツ検出器・レーザー	228
	9.1.4 熱電変換素子	228
9.2	量子現象デバイス	229
	9.2.1 無散逸デバイス	229
	9.2.2 電気磁気効果デバイス	230
	9.2.3 マヨラナ量子コンピュータ	230
	9.2.4 トポロジカル結晶絶縁体デバイス	230
9.3	スピントロニクスデバイス	232
	9.3.1 スピン流の生成・検出	232
	9.3.2 スピントランジスタ	233
	9.3.3 光−スピン波カップラー	234
	9.3.4 スピン電池	234

Introduction to
Topological Insulators

第1章 トポロジカル絶縁体とは

本章では，まずトポロジカル絶縁体とは何かについて概説し，トポロジカル絶縁体の発見に至った歴史的経緯，これまでの研究の進展，将来課題を概観する．難しい概念や用語も出てくるが，それらは後の章で詳しく学ぶので，本書の読了後にもう一度本章を読み返せば，全体がすっきりと理解できるはずである．

[1.1] はじめに

近年，物性物理学の分野では「量子物質」の研究が盛んになっている．量子物質とは，量子力学的に興味深い物性を示す物質の総称であり，超伝導体，量子スピン系，マルチフェロイック物質などさまざまなものがあるが，その中で異彩を放っているのが**トポロジカル絶縁体** (topological insulator) である．トポロジカル絶縁体の定義を一言でいえば，**その電子状態を記述する波動関数がヒルベルト空間の中で非自明なトポロジーを持つ絶縁体**，ということになる．冒頭でいきなり難しい概念が出てきて腰が引ける読者もいるかもしれないが，心配はいらない．本書ではこれらの概念を初学者向けに解説する．読了後にもう一度，この定義に戻れば，これが簡にして要を得ていることがわかるはずである．特に第5章で紹介する具体的なトポロジーの計算法を知れば，上記の定義が直観的に理解できるようになるだろう．

とりあえずここでは，次のことだけを理解しておいて欲しい．数学の関数には，それに対応する「形」を考えることができる．例えば1次関数には直線，2次関数には放物線，というように．したがって絶縁体の電子状態を表す波動関数にも，それに対応する形を考えることができる．直線や放物線の場合，その「形」は二次元座標空間という「空間」の中で定義される．これと同じく，波動関数の場合もヒルベルト空間（第2章で解説）という抽象的な空間の中でその「形」を考えることができるのである．その形が例えばメビウスの輪のようになっているとすると，どのようにそれを連続的に変形し

ても，普通の輪にすることはできない（普通の輪にするには，いったん切ってつなぎ直す，つまり輪ではなくなる過程を経る必要がある）．したがって，通常の絶縁体の電子状態が普通の輪に対応するとしたら，メビウスの輪のような電子状態を持った絶縁体は，トポロジカルに異なる種類の絶縁体，と考えることができる．これが，トポロジカル絶縁体が「トポロジカル」と呼ばれる所以である．

トポロジーは形を分類する学問だが，その分類方法にはさまざまなものがある．例えばドーナツとアンパンの違いは，開いている穴の数で判断される(**図 1.1**)．またメビウスの輪と普通の輪の違いは，表裏が区別できるか否かで判断される．このようなトポロジカルな分類を行う際に重要な概念が**トポロジカル不変量** (topological invariant) である．これは，形を連続的に変形させても変わらない整数値として与えられる．例えばドーナツの場合は穴の数（専門用語では種数）がそのままトポロジカル不変量となる．一方メビウスの輪の場合には，表裏が区別できるときを 0，できないときを 1，と定義しておけば，トポロジカル不変量は 0 か 1 の二値となる．このような二値で与えられるトポロジカル不変量を通常 Z_2 **指数** (Z_2 index) と呼ぶ．これは数学では，整数全体が作る群を Z と書き，それを偶数と奇数の 2 つに分けた商群を Z_2 と書くからである．

実は絶縁体が持つ電子状態のトポロジカルな分類にもさまざまなものが有り得ることがわかっている．後で詳しく述べるように，トポロジカル絶縁体として広く研究されているのは，電子状態の波動関数が持つ「パリティ」という性質（空間反転で符号を変えるか否かという二値性）に基づくトポロジーで規定されるものである（したがってそのトポロジカル不変量は Z_2 指数となる）．そのためこれらは Z_2 **トポロジカル絶縁体** (Z_2 topological insulator) と呼ばれることもある．トポロジーが変わるとそれに伴う特異物性も変わる

穴の数：1　　　　　穴の数：0

| **図 1.1** | **ドーナツとアンパンのトポロジーの違い**
この場合は穴の数がトポロジカル不変量である．

ので，新規なトポロジーに基づくトポロジカル絶縁体の探求は，最先端の研究テーマとなる．

トポロジカル絶縁体が持つ最も顕著な特徴は，バルクにはエネルギーギャップを持つ絶縁体なのに，その境界（2次元系なら端，3次元系なら表面）にはギャップレスの伝導状態が現れることである．これは内部の電子状態がトポロジカルに普通の絶縁体と異なることに起因する必然的結果であり，次のように理解できる．

トポロジカル絶縁体のトポロジカル不変量（Z_2 指数）はエネルギーギャップの存在によって守られており，ギャップを保ったまま波動関数を連続的に（専門用語では断熱的に）変形させても Z_2 指数は変化しない．一方，真空も励起エネルギーにギャップを持った絶縁体であり，その Z_2 指数は 0 である．したがって，トポロジカル絶縁体が真空と接しているとき，その境界で Z_2 指数が 1 から 0 に変化するためには，必ずいったん，ギャップが閉じなければならない（この事情は，メビウスの輪を普通の輪に変形するとき，必ずいったん，輪ではなくなる過程を経る必要があるのと同様である）．これはすなわち，境界には必ずギャップレスの伝導状態が現れることを意味する．このように，バルクの特殊性が境界（エッジ）に反映されるのはトポロジカルな系の一般的な性質であり，**バルク–エッジ対応** (bulk-edge correspondence) と呼ばれる．なお境界がギャップレスであるということは，フェルミ準位（第3章で解説）がどこにあっても必ずその直上に非占有電子状態が存在するということであり，電子はその状態を使って電気を運ぶことができるわけである．

このトポロジカル絶縁体の境界に必然的に現れる伝導状態は，2つの重要な特徴を持っている．1つは，その中の電子が独特のスピン偏極を持っていることである（**図 1.2**）．そのスピンの向きは電子の運動方向に依存して変化し，常に運動方向に対して垂直になっており，**ヘリカルスピン偏極** (helical spin polarization) と呼ばれる．このとき平衡状態では電子には平均としての動きはないので，スピン偏極も外からは見えない．しかしひとたび電流を流して特定の方向に動く電子の数を増やせば，それに応じてスピン偏極が現れる．このためトポロジカル絶縁体を用いると，新しい原理でスピンの制御ができるスピントロニクスデバイスが実現できると期待されている．

もう1つの重要な特徴は，境界における伝導状態のエネルギー分散が直線的な X 字型になっており（**図 1.3**），電子が**ディラック粒子** (Dirac fermion) のように振舞うことである．図 1.3 のような X 字型のエネルギー分散を**ディラック型分散** (Dirac-like dispersion) とも呼ぶ．量子力学では，電子の運動

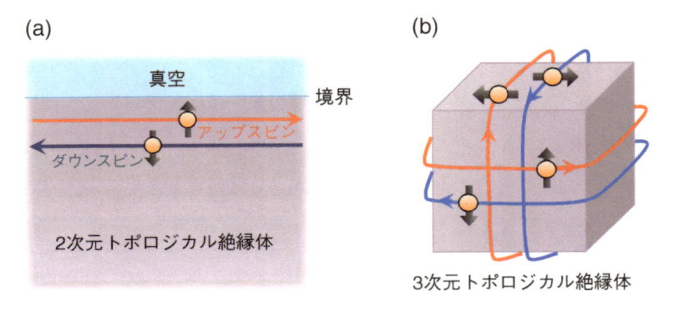

| 図 1.2 | 2次元トポロジカル絶縁体 (a) と 3次元トポロジカル絶縁体 (b) の境界における電子のスピン偏極の様子

| 図 1.3 | トポロジカル絶縁体の境界における伝導状態が示すディラック型のエネルギー分散

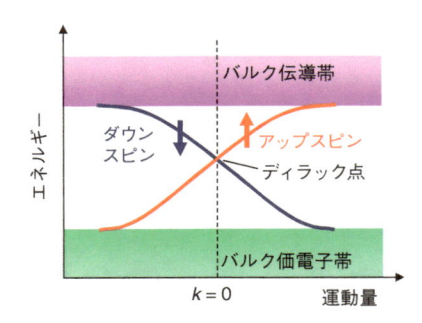

はハミルトニアンの構造によって決まる．与えられたハミルトニアンに対する方程式の解としてエネルギー固有値が得られるが，これが電子の運動量に対して変化する様子がエネルギー分散である．ディラック方程式は，粒子の静止質量がゼロのときにエネルギー分散が直線的になる解を与えることが知られており，これは逆にいうと，エネルギー分散が直線的になるような系は，有効的にディラック方程式で記述できることを意味する（これに対して単純なシュレーディンガー方程式は放物線的なエネルギー分散を与える）．このため，直線的なエネルギー分散を示すトポロジカル伝導状態は，ディラック粒子と見なすことができるわけである（このディラック粒子性については第7章で解説）．

このようなディラック粒子の出現は，グラファイトから原子層を1層だけ取り出したグラフェンでも起こることが知られている．しかし，グラフェンのディラック粒子はスピン偏極していないのに対して，トポロジカル絶縁体

のディラック粒子は独特のスピン偏極を持っているのが顕著な違いである．一方，これらのディラック粒子に共通の性質として，

- キャリア濃度が非常に低い領域でも大きな移動度が得られること，
- p型とn型のキャリア制御が電界効果によって簡単にできること，
- 通常の電子系には存在しない量子力学的位相因子（ベリー位相）の効果によって電子が局在しにくくなっていること，

などがある．これらの性質のため，ディラック粒子は高速動作の省エネルギー型トランジスタへの応用に適していると考えられている．

以上述べたように，トポロジカル絶縁体はその内部電子状態の波動関数が持つトポロジカルな性質のために，独特のスピン偏極を持つディラック粒子が境界に現れる量子物質である．量子力学的波動関数の持つトポロジカルな性質がこのような顕著な物性として現れることは，物性物理学における新しい基本原理として，大きなインパクトをもって迎えられた．またその境界に現れるスピン偏極を持つディラック粒子は，将来の革新的デバイス技術の核になる可能性を期待されており，応用上の関心も高い．1.2節では，このような新規材料が発見されるに至った経緯を紹介する．

[1.2] 歴史的経緯

[1.2.1] 量子ホール効果

1980年，半導体シリコンの表面にゲート電圧をかけたときに生じる高移動度の2次元電子系において，強磁場中で測定されるホール伝導率がとびとびの値に量子化される現象が，von Klitzing らによって発見された[1]．その後，この現象は十分に移動度の高い2次元電子系においては一般的に起こることがわかり，**量子ホール効果** (quantum Hall effect) と呼ばれるようになった．ただしこの現象が観測されるのは通常，極低温の強磁場中という特殊な環境に限られている．量子ホール効果では，電子の固有状態はランダウ準位に量子化され（第3章で解説），フェルミ準位が隣り合うランダウ準位の間に位置したときに，電気伝導率 σ_{xx} が0になるとともにホール伝導率 σ_{xy} が e^2/h（e は素電荷，h はプランク定数）の整数倍に量子化される．この量子化が数mm程度のマクロな大きさの試料で観測されることは，発見当時は大きな驚きであった．

こうした電子輸送係数の量子化は，超伝導のような巨視的量子現象の存在を示唆する．実際，早くも 1981 年に Laughlin は，磁場に伴うベクトルポテンシャルと量子力学的位相の関係を用いて，ホール伝導率の量子化を現象論的に示した[2]．そして 1982 年には，Thouless, Kohmoto, Nightingale, den Nijs (TKNN) の 4 人によって，この現象の本質的な起源が，磁場中の 2 次元電子系を記述する波動関数が非自明なトポロジーを持つことにあると解明された[3]．彼らはこの波動関数が，整数値のトポロジカル不変量 ν（後に **TKNN 数** (TKNN number) と呼ばれるようになった）で特徴付けられるトポロジカルな性質を帯びており，しかも σ_{xy} が e^2/h を ν 倍したものに等しくなることを示したのである（この量子化は第 5 章で具体的に計算する）[※1（18ページ参照）]．少し先走って言及すると，この TKNN 数は磁場中 2 次元電子系の波動関数に現れるベリー位相を 2π で割ったものとなっている．

量子ホール効果が起こっている 2 次元電子系のことを量子ホール系と呼ぶが，現在の理解からするとこの系は一種のトポロジカル絶縁体と考えることができ，その意味でこれを最初のトポロジカル絶縁体と呼んでもよい．なぜならホール伝導率の量子化が観測されるのは，ちょうどあるところのランダウ準位まで電子が詰まり，その上のランダウ準位が空いている状態になったときであり，これは一種の絶縁体状態といえるからである．しかもこのとき，上記の TKNN 数は 0 でない整数値をとるため，系は非自明なトポロジカル不変量で規定される「トポロジカルな」絶縁体となっている．この場合のトポロジーは，時間反転対称性が破れた 2 次元系に特有のものである．さらに量子ホール効果が起きている系では，試料の端に**カイラルエッジ状態** (chiral edge state) と呼ばれる，一方向にしか進めないギャップレスの 1 次元伝導状態（**図 1.4**）が現れることが知られており，これはバルク–エッジ対応の帰結として理解することができる．

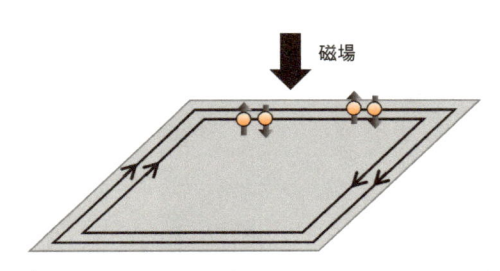

図 1.4 量子ホール系の端に現れるカイラルエッジ状態

[1.2.2] スピンホール効果とスピンホール絶縁体

物性物理学の中の磁性の分野では近年，電子の電荷の代わりにスピンをデバイスの動作原理として用いる**スピントロニクス** (spintronics) の研究が盛んになっている[4]．その中では，電流に対応する**スピン流** (spin current) をいかに生成・制御するかが重要問題で，特に注目を集めているのが**スピンホール効果** (spin Hall effect) である．これは非磁性の金属や半導体に電場をかけたときに，電場に対して垂直な方向にスピン流が現れる現象（**図 1.5**(a)）で，1970 年代から理論的に予想されていたが，2004 年に実験的に観測[5]されて以来，その研究が大きく進展した[6]．

この非磁性体におけるスピンホール効果は，磁性体における異常ホール効果[7]と本質的に同じである．したがって異常ホール効果の場合によく知られているように，その起源には内因性のものと外因性のものとの 2 種類がある．特にそのうちの内因性のものは，占有状態の波動関数が持つベリー曲率（第 5 章で解説）に起因することがわかっている．村上，永長，Zhang の 3 人は 2004 年に，絶縁体において波動関数のベリー曲率を価電子帯全体にわたって積分しても 0 にならないことがあることに気付き，その場合には絶縁体であるにもかかわらず，スピンホール伝導率が有限の値をとることを示した[8]．彼らはこのような絶縁体を**スピンホール絶縁体** (spin Hall insulator) と命名し，スピンホール絶縁体に電場をかけると，電流は流れずにスピン流のみが現れるだろうと予想した．この仮想的現象は，無散逸でスピン流を生成できる可能性を示唆するため，大きな注目を集めた．

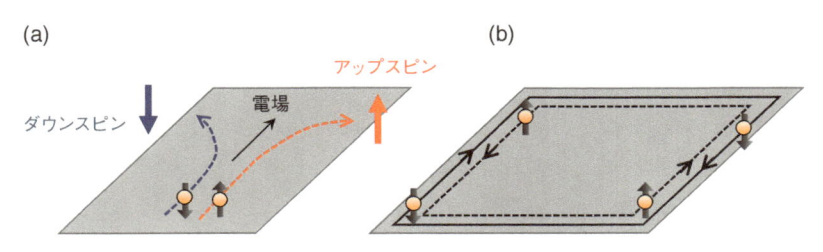

| 図 1.5 | スピンホール効果の概念図 (a) と量子スピンホール絶縁体のエッジ状態 (b)

(a) では，電場をかけるとバルク中のスピン軌道相互作用によって電子がアップスピンとダウンスピンに分けられ，左右の端にスピン偏極が現れる．一方，(b) のようなスピン偏極を持ったエッジ伝導チャンネルが存在すると，流す電流がスピン偏極した上で量子化される量子スピンホール効果が生じる．

[1.2.3] 量子スピンホール絶縁体と Z_2 トポロジー

　残念ながらその後の具体的な計算によって，スピンホール伝導率が有限の値をとる絶縁体であっても，フェルミ準位に電子がいない限り現実にはスピン流は現れないことが明らかになった[9]．しかしこのスピンホール絶縁体の提案は，Kane と Mele [10] および Bernevig と Zhang [11] による**量子スピンホール絶縁体** (quantum spin Hall insulator) の提案につながり，トポロジカル絶縁体の発見に至る重要な契機となった．

　量子スピンホール絶縁体は基本的に，2つの量子ホール系を時間反転させた上で重ね合わせ，全体として時間反転対称性を回復させたものと考えることができる．より具体的には，量子ホール系のカイラルエッジ状態をスピン偏極させ，2つの反対向きに流れるカイラルエッジ状態がそれぞれ反対向きのスピン偏極を持っている状態が量子スピンホール絶縁体である（図 1.5(b)）．エッジ状態が図 1.5(b) のようになっている場合，図中の手前から奥へ向かって電流を流すと，右側のエッジでは電流はアップスピンの状態を使って流れ，左側のエッジでは電流はダウンスピンの状態を使って流れる．この場合，電流を運ぶのは総計2本の量子化されたチャンネルだけであり，電気伝導率は $2e^2/h$ に量子化される．さらにその電流に伴って試料の右側にはアップスピン，左側にはダウンスピンが現れるので，電流と垂直な方向にスピン流が生じたと見ることができる．これが**量子スピンホール効果** (quantum spin Hall effect) である．

　この量子スピンホール効果は本質的に1次元エッジ状態の存在に依存しており，2次元系でしか現れない．問題点はゼロ磁場中で量子ホール系を2つ重ね合わせたような特殊なエッジ状態を持つ2次元系が本当に存在するのかどうかであったが，2005年に Kane と Mele は実際にこのようなエッジ状態が生じることが示せる理論模型の提案を行った[10]．彼らが考えたのは，スピン軌道相互作用が入ったグラフェンの模型である．

　第3章で解説するが，固体中では結晶格子の周期性のために結晶運動量 **k** がよい量子数となり，エネルギー固有値は **k** の関数として表すと都合がよい．また実空間の周期性を反映して結晶運動量が作るベクトル空間（これを逆格子空間という）も周期性を持ち，その単位胞をブリルアン域と呼ぶ．グラフェンは，このブリルアン域の境界にある2つの高対称点（K 点と K′ 点と呼ぶ）において，断面が X 字型になる直線的なエネルギー分散を示すバンドを持つ（**図 1.6**）．このため，グラフェンには有効的に2種類の2次元ディ

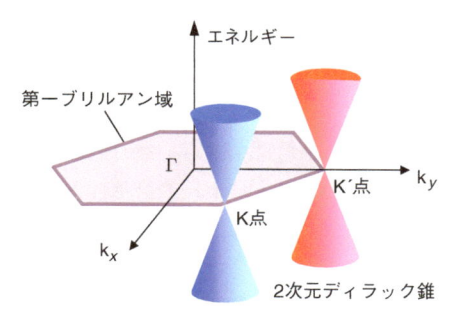

| 図 1.6 | グラフェンの電子系が持つ 2 次元エネルギー分散

この 3 次元図では，xy 面が 2 次元波数空間に対応し，その中の単位胞であるブリルアン域が示されている．z 方向はエネルギーを表し，波数 **k** の変化によって固有エネルギーがどう変化するかを図示している．ディラック錐がブリルアン域の高対称点である K 点と K' 点にそれぞれ存在する．

ラック粒子が存在しており，それらがしたがう X 字型断面のエネルギー分散を**ディラック錐** (Dirac cone) と呼ぶ [12]．Kane と Mele は，スピン軌道相互作用が入ることによってディラック錐型エネルギー分散の交点（**ディラック点** (Dirac point) と呼ぶ）にギャップが開くことを示した [10]．しかもパラメータの値によっては，ディラック点にギャップが開いて絶縁体になったグラフェンの端に，ヘリカルなスピン偏極を持つ 1 次元エッジ状態のペアが現れることも示した [10]．

この Kane-Mele 模型では，量子スピンホール効果を実現するのに必要なヘリカルスピン偏極は，スピン軌道相互作用の帰結として現れる．というのも，スピン軌道相互作用は基本的に，電子の軌道運動の向きに応じてスピンを揃える働きを持つからである．この具体例が示すように，トポロジカル絶縁体の境界におけるヘリカルスピン偏極の出現には，スピン軌道相互作用が本質的な役割を果たしている．

Kane-Mele 模型による量子スピンホール絶縁体の提案後，Kane と Mele はさらに進んで，量子スピンホール効果を実現するエッジ状態が現れるときには系の波動関数がトポロジカルになっており，そのトポロジーは Z_2 指数で与えられる新規なトポロジカル不変量で規定されることを示した [13]．この Z_2 指数は，ブリルアン域の中心から端までの間で 1 次元エッジ状態がフェルミ準位を横切る回数が偶数か奇数かを表す（偶数回なら 0，奇数回なら 1）．本格的な Z_2 指数の導出は第 5 章で行うが，この Z_2 指数は TKNN 数と異なり，時間反転対称な 2 次元系において定義される二値のトポロジカル不変量

である.

　絶縁体におけるこの Z_2 トポロジーの理論的発見は，物質中で実現するトポロジカル相を理解する上で非常に重要な一歩となった．なぜならそれ以前は，トポロジカル相の実現には時間反転対称性の破れが必須だと一般に考えられていたからである．このため，時間反転対称性を保った絶縁体でも非自明なトポロジーを持ち得るという発見は，それまでの常識を覆すものだった．ただ残念なことに，現実のグラフェンにおいてはスピン軌道相互作用が非常に弱いことがわかっており，Kane–Mele 理論の帰結としての量子スピンホール効果を実験的に確認することは困難だった．

　しかし 2006 年には Bernevig, Hughes, Zhang (BHZ) の 3 人が，ゼロギャップ半導体である HgTe のバンド構造に基づく現実的なモデルで，Kane–Mele 理論と同様の非自明な Z_2 トポロジーの存在を示した[14]．しかも彼らは HgTe を CdTe で挟んだ量子井戸構造で量子スピンホール絶縁体が実現するという具体的な予言まで行った．この BHZ の予言は，すでに HgTe/CdTe の量子井戸構造を作製する技術を持っていた Molenkamp らのグループによって，翌 2007 年に検証された[15]．この Molenkamp らの実験では，CdTe/HgTe/CdTe 量子井戸構造に閉じ込められた HgTe の 2 次元電子系がギャップを持つトポロジカルな状態になり，その結果，1 次元エッジ状態が出現することが示された．具体的には**図 1.7** に示すように，ゲート電圧によって制御されるフェルミ

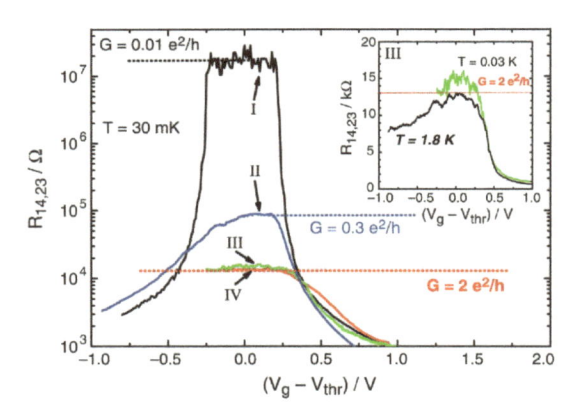

| **図 1.7** | **HgTe の量子井戸構造で観測された，エッジ伝導チャンネルの存在を示すデータ** |

これがトポロジカル絶縁体の存在を示す最初の証拠となった．文献 [15] より転載．Copyright (2007) by American Association for the Advancement of Science

準位がエネルギーギャップの中に入っても抵抗は発散せず，その際の電気伝導率が $2e^2/h$ に量子化されることが確認された．この電気伝導率は図1.5(b)のようなヘリカルにスピン偏極した1次元エッジ状態のペアが存在するときに期待されるものであり，量子スピンホール絶縁体相が実現していることを強く示唆するものであった．こうしてトポロジカル相の中には時間反転対称性を保ったものもあることが実験的に確証された結果，トポロジカル相に対するパラダイムシフトが起こり，物質中の量子力学におけるトポロジーの役割を理解するという遠大なテーマが一躍，物性物理学の表舞台に躍り出ることになった．

[1.2.4] 3次元トポロジカル絶縁体

2次元系における量子スピンホール絶縁体相の実験的検証を待たずして，理論の方で大きな展開があった．それが量子スピンホール絶縁体相の概念の3次元への拡張である．それを最初に行ったのがMooreとBalentsで，彼らはZ_2トポロジーによる絶縁体の分類は3次元系にも応用できるが，3次元絶縁体のトポロジーを完全に規定するためには4つのZ_2指数の組み合わせが必要であることを示した[16]．2次元の量子スピンホール絶縁体の境界には1次元のギャップレス・エッジ状態が現れるのに対して，3次元の場合には境界に2次元のギャップレス表面状態が現れる．その表面状態では電気伝導率の量子化は起きないので，もはや量子スピンホール絶縁体という呼び方は不適切である．このためMooreとBalentsは3次元系に対して**トポロジカル絶縁体** (topological insulator)という呼称を考案した．このトポロジカル絶縁体という名前は非常に当を得たものだったので広く使われるようになり，今では2次元系と3次元系を総称してトポロジカル絶縁体と呼ぶことが多い．

3次元トポロジカル絶縁体物質に関しては，2006年にFuとKaneが最初に具体的な予言を行った[17]．彼らは特に，絶縁体組成にある$Bi_{1-x}Sb_x$合金がトポロジカル絶縁体になっているはずであり，その非自明なトポロジーを確認するには，角度分解光電子分光で表面状態を測定し，それがフェルミ準位を何回横切るかを数えればよいという非常に具体的な実験の処方箋まで与えた（**図1.8**）．この提案どおりの実験がHasanらによって行われ，$Bi_{1-x}Sb_x$が実際に3次元トポロジカル絶縁体であることが2008年に報告された[18]．

3次元トポロジカル絶縁体としての$Bi_{1-x}Sb_x$の発見によって，物質中のトポロジカル相を調べる実験の可能性が大きく広がった．というのも，2次元トポロジカル絶縁体として同定されたHgTe量子井戸は，その作製に特殊な装置を必要とする上，1次元エッジ状態を調べる実験はナノテクノロジーに

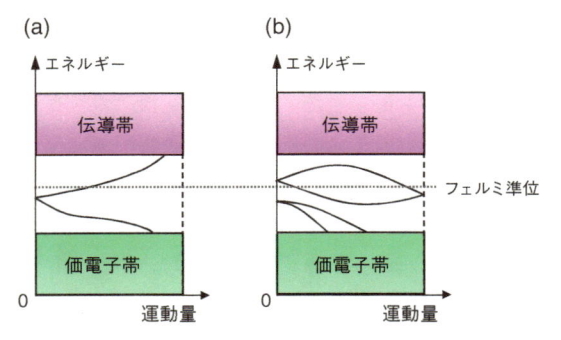

図1.8 FuとKaneが提案したトポロジカルな表面状態(a)とトポロジカルでない表面状態(b)の見分け方

表面状態のフェルミ準位がバルクのギャップ内のどこにあっても、表面状態がフェルミ準位を横切る回数は(a)では奇数回、(b)では偶数回である。

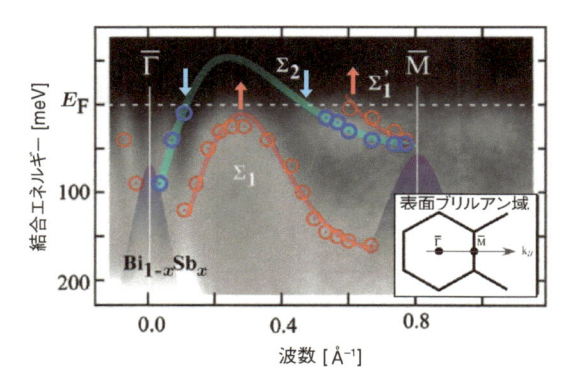

図1.9 スピン偏極まで決定された $Bi_{1-x}Sb_x$ の表面状態

角度分解光電子分光によって測定されたデータのうち、表面ブリルアン域の高対称点である $\bar{\Gamma}$ 点から $\bar{M}$ 点の間のエネルギー分散を、縦軸を結合エネルギー、横軸を波数としてプロットした。$k_{//}$ は測定された運動量の方向を示す。角度分解光電子分光については第4章を参照。文献 [22] より転載。
Copyright (2010) by the American Physical Society

頼らざるを得ず、その手法も限られていたからである。これに対してバルクの $Bi_{1-x}Sb_x$ では表面全体にトポロジカルなギャップレス状態が現れるので、光電子分光以外にもさまざまな実験が可能である。例えば、$Bi_{1-x}Sb_x$ におけるトポロジカルな2次元伝導チャンネルの輸送現象による検出は、2009年にTaskinと筆者によって最初に行われた[19]。また走査トンネル顕微鏡を用いて表面状態の独特なスピン偏極を確認する実験も、同じく2009年にRoushanらによって行われた[20]。この独特のスピン偏極は、スピン・角度分解光電子

分光によって直接検出することも可能で，この実験は最初に Hasan らによって表面状態の一部について行われ[21]，後に松田と筆者らによって表面状態全体にわたるスピン偏極の様子が明らかにされた[22]．最終的にスピン偏極まで決定された $Bi_{1-x}Sb_x$ の表面状態のデータを**図 1.9** に示す．$Bi_{1-x}Sb_x$ の表面状態の構造はやや複雑だが，表面状態は全体としてフェルミ準位を3回横切っているので，トポロジカルであることがわかる．

[1.2.5] トポロジカル場の理論

すでに述べたように，物質中のトポロジカル相に対するパラダイムシフトの引金になったのは，Kane と Mele による Z_2 トポロジーの理論的発見だった．しかしそれ以前から，時間反転対称性の破れた2次元系に限られていた量子ホール系の枠組みを超えてトポロジカル相を探求する理論的試みはなされていた．まず先駆的なのは 1988 年の Haldane の仕事[23]である．彼はグラフェンのようなハニカム型の結晶格子を考え，全体の平均が0になるような局所交代磁場がかかった状態では，ランダウ準位の量子化なしに系が有限の TKNN 数を持ち，これによって量子ホール効果が起こり得ることを示した．実は Haldane のハニカム模型を2つ，局所交代磁場のパターンを反転させて重ね合わせると，Kane-Mele 模型になる．この意味でも Haldane のハニカム模型はトポロジカル絶縁体の先駆けとなる重要なものだった．

その次の重要な道標は 2001 年の Zhang と Hu の仕事[24]である．彼らは2次元量子ホール系を4次元の時間反転対称な系に拡張することに成功し，それが TKNN 数と同様のトポロジカル不変量を持つことを示した．この4次元系に対する有効トポロジカル場の理論は Bernevig らによって構築された[25]．2次元と3次元の時間反転対称な系における Z_2 トポロジーが発見された後，Qi, Hughes, Zhang の3人は，これらの時間反転対称トポロジカル系は4次元有効トポロジカル場の理論から次元縮約によって導出できることを示した[26]．この次元縮約によって得られた3次元系に対するトポロジカル場の理論は，トポロジカル絶縁体の電磁応答を記述する際に有用であり，実際この理論の枠組みを用いて新奇なトポロジカル電気磁気効果（例えば電場をかけるとトポロジカル絶縁体の中に磁場が生じる現象など）の存在が予言されている[27]-[29]．

[1.3] わかってきたこと

　量子スピンホール絶縁体および3次元トポロジカル絶縁体の具体例の発見によって，量子ホール系以外でも，エネルギーギャップの開いた物質中でトポロジカル相が存在し得ることが明らかになった．そのようなトポロジカル相においては例外なく，バルク–エッジ対応の原理によって，境界にギャップレスの伝導状態が現れる．

　1.1節ですでに述べたように，トポロジカル絶縁体の境界におけるギャップレス電子状態はディラック型分散を示し，その動力学を記述する方程式はディラック方程式で質量項を0においたものと同じ形になる．このため，トポロジカル絶縁体の境界には**質量ゼロのディラック粒子** (massless Dirac fermion)が現れるとよくいわれるが，これは電子の有効質量がゼロであることを意味するのではないことに注意してほしい．実際，第3章で解説するように，通常の有効質量はエネルギー分散のkによる2階微分の逆数で定義されるが，直線的な分散の場合，これは発散する．

　またトポロジカル絶縁体においては，スピン軌道相互作用がトポロジカル相の生成に大きな役割を果たしている．境界に現れるディラック粒子が持つヘリカルスピン偏極もスピン軌道相互作用を反映しているが，このヘリカルスピン偏極の意味するところについて少し解説しておこう．この偏極状態では，正の運動量（$+\mathbf{k}$）と負の運動量（$-\mathbf{k}$）の電子がそれぞれ反対向きのスピンを持っている．それはすなわちX字型のエネルギー分散において，「X」を構成する2本の分散はちょうど正反対にスピン偏極していることを意味する（図1.3参照）．一方，ハミルトニアンが時間反転対称性を保っているとき，時間反転操作で関係づけられる一対の状態は，第2章で解説するクラマースの定理により必ず縮退している．したがって，例えば$k=0$においてはアップとダウンのスピン状態は必ず同じエネルギー固有値を持たなければならない．このため，$+\mathbf{k}$と$-\mathbf{k}$に分かれていた2本の分散は，$k=0$で必ず交わる（図1.3参照）．つまり，トポロジカル絶縁体のディラック型分散がギャップレスであることは，時間反転対称性によって守られている．トポロジカル絶縁体のZ_2指数が決定されるためには時間反転対称性の存在が不可欠であるので，バルク–エッジ対応の帰結としての境界のギャップレス性と，時間反転対称性の帰結としてのディラック型分散のギャップレス性とは表裏一体であると考えてよい．

　同様の議論は，$k=0$の他にも，運動量空間における周期性のためにブリ

ルアン域の境界で $+\mathbf{k}$ と $-\mathbf{k}$ が等価になる点（このような点を**時間反転対称運動量**または**時間反転不変運動量** (time-reversal-invariant momentum) と呼ぶ）を表面状態のエネルギー分散が通るときにも適用できる．したがって，ヘリカルにスピン偏極したギャップレスのディラック型分散がブリルアン域の中で時間反転対称運動量を囲むように存在するのが，トポロジカル絶縁体の基本的な特徴である．

[1.4] まだわからないこと

トポロジカル絶縁体の基本的な特徴はほぼわかってきたが，まだこれから解明されるべき課題もたくさん残っている．その中で最も重要なのが，**トポロジカル電気磁気効果** (topological magnetoelectric effect) である．1.2.5 項で少し触れたように，3 次元トポロジカル絶縁体の電磁応答を記述する有効理論であるトポロジカル場の理論の帰結として，磁場と電場が直接結合する現象が予言されている（トポロジカル電気磁気効果の概要は第 7 章で解説）．これを観測するためには，トポロジカル絶縁体中に電場が存在する状況を作らなければならない．しかし 3 次元トポロジカル絶縁体の表面にはギャップレスの伝導状態が存在し，これが表面全体を等電位に保つため，内部に電場を生じさせるのは不可能である．したがってトポロジカル絶縁体内部に電場を生じさせるには，何らかの方法で表面状態にギャップを開け，表面伝導チャンネルを取り去る必要がある．そのための可能性として表面に強磁性体を接合して時間反転対称性を破ることなどが提案されているが，これは非常に難しい実験である．しかしもしトポロジカル電気磁気効果の観測が可能になったら，鏡像磁気モノポールの出現や電気磁気効果の微細構造定数 $\alpha\,(=e^2/\hbar c)$ による量子化など，まったく新しい量子現象が現れることが期待されている[26)–29)]．

もう 1 つの重要な課題が，トポロジカル絶縁体の境界におけるヘリカルスピン偏極状態を利用した**マヨラナ粒子** (Majorana fermion) の生成である．マヨラナ粒子とは，粒子がそれ自身の反粒子でもある変わった粒子で，ディラック方程式の実数解として数学的に導かれるものである[30)]．素粒子分野ではニュートリノがマヨラナ粒子かもしれないとして実験が進められているが，まだ確定していない．一方，固体中の準粒子としてもマヨラナ粒子が現れる可能性が提案されており，その可能性の中でも有力なのがトポロジカル絶縁体を利用するシナリオである．例えばトポロジカル絶縁体に超伝導体を接合

して，境界のギャップレス電子状態の中に超伝導を誘起すれば，そこに磁場をかけたときにできる量子化磁束の中にマヨラナ粒子が現れると予想されている[31]（第 8 章で解説）．こうしてできる準粒子としてのマヨラナ粒子は，普通のフェルミオンやボソンとは異なる**非可換統計** (non-Abelian statistics) にしたがうと考えられており，この性質を利用して，擾乱に強いトポロジカル量子計算の量子ビットとしてマヨラナ粒子を利用することが提案されている[32]．

また，TKNN 数で規定される量子ホール系や Z_2 指数で規定されるトポロジカル絶縁体の他に，物質中でどのようなトポロジカル相が存在し得るのかを明らかにするのも重要な課題である．結晶固体中における結晶格子が持つ点群対称性で守られたトポロジーを持つ新種のトポロジカル物質として**トポロジカル結晶絶縁体** (topological crystalline insulator) が理論的に提案され[33],[34]，実際に SnTe が鏡映対称性によって守られたトポロジーで規定されるトポロジカル結晶絶縁体であることが筆者らによって確認された[35]．この他にも，物質中の電子状態が取り得るさまざまな対称性を分類し，それぞれの場合にどのようなトポロジカル不変量が存在し得るかを分類した理論があるが[36]，そのチャートにしたがって新しいトポロジカル相の具体例を発見するのは今後の課題である．

さらに，電子相関とトポロジーの融合も大きなテーマである．電子間に働くクーロン相互作用（つまり負電荷どうしの反発）を電子相関というが，通常の金属中ではクーロン相互作用は遮蔽されて弱くなるので，電子相関の効果は摂動として取り扱うことができる．一方これが強くなった**強相関電子系** (strongly correlated system) では摂動論は通用せず，強く相互作用している多体系の問題を解かなければならない．そのため強相関電子系を基本原理から理解するのは非常に難しいが，そこでは高温超伝導や巨大磁気抵抗などの興味深い物性が現れるので，物性物理学における重要なフロンティアとなっている．もし，電子相関によって生み出される非自明なトポロジーが見つかれば，それは非常に魅力的な研究対象になるだろう．

他にも，トポロジカル絶縁体の応用に関して重要な研究課題は山ほどある．例えば，室温でもトポロジカル物性を利用できる物質を探索することは非常に重要である．また，トポロジカル絶縁体の境界に現れるヘリカルスピン偏極を具体的にスピントロニクスに応用する手段を見つけるのも非常に重要である．いずれにしてもトポロジカル絶縁体は，基礎物理学から材料科学・デバイス工学に至る広範囲な研究課題を提供し，しかもその新奇性ゆえに未開

拓な部分も大きい研究対象である．

[参考文献]

1) K. von Klitzing, G. Dorda, and M. Pepper: Phys. Rev. Lett. **45** (1980) 494.
2) B. Laughlin: Phys. Rev. B **23** (1981) 5632.
3) D. J. Thouless *et al.*: Phys. Rev. Lett. **49** (1982) 405.
4) S. A. Wolf *et al.*: Science **294** (2001) 1488.
5) Y. K. Kato *et al.*: Science **306** (2004) 1910.
6) 村上修一: 日本物理学会誌 **62** (2007) 2.
7) N. Nagaosa *et al.*: Rev. Mod. Phys. **82** (2010) 1539.
8) S. Murakami *et al.*: Phys. Rev. Lett. **93** (2004) 156804.
9) M. Onoda and N. Nagaosa: Phys. Rev. Lett. **95** (2005) 106601.
10) C. L. Kane and E. J. Mele: Phys. Rev. Lett. **95** (2005) 226801.
11) B. A. Bernevig and S. C. Zhang: Phys. Rev. Lett. **96** (2006) 106802.
12) A. K. Geim and K. S. Novoselov: Nature Mater. **6** (2007) 183.
13) C. L. Kane and E. J. Mele: Phys. Rev. Lett. **95** (2005) 146802.
14) B. A. Bernevig, T. L. Hughes, and S.-C. Zhang: Science **314** (2006) 1757.
15) M. König *et al.*: Science **318** (2007) 766.
16) J. E. Moore and L. Balents: Phys. Rev. B **75** (2007) 121306(R).
17) L. Fu and C. L. Kane: Phys. Rev. B **76** (2007) 045302.
18) D. Hsieh *et al.*: Nature **452** (2008) 970.
19) A. A. Taskin and Y. Ando: Phys. Rev. B **80** (2009) 085303.
20) P. Roushan *et al.*: Nature **460** (2009) 1106.
21) D. Hsieh *et al.*: Science **323** (2009) 919.
22) A. Nishide *et al.*: Phys. Rev. B **81** (2010) 041309(R).
23) F. D. M. Haldane: Phys. Rev. Lett. **61** (1988) 2015.
24) S. C. Zhang and J. P. Hu: Science **294** (2001) 823.
25) B. A. Bernevig *et al.*: Ann. Phys. **300** (2002) 185.
26) X.-L. Qi, T. L. Hughes, and S.-C. Zhang: Phys. Rev. B **78** (2008) 195424.
27) X.-L. Qi, R. Li, J. Zang, and S.-C. Zhang: Science **323** (2009) 1184.
28) W.-K. Tse and A. H. MacDonald: Phys. Rev. B **82** (2010) 161104(R).
29) K. Nomura and N. Nagaosa: Phys. Rev. Lett. **106** (2011) 166802.
30) F. Wilczek: Nature Phys. **5** (2009) 614.
31) L. Fu and C. L. Kane: Phys. Rev. Lett. **100** (2008) 096407.
32) J. Alicea: Rep. Prog. Phys. **75** (2012) 076501.
33) L. Fu: Phys. Rev. Lett. **106** (2011) 106802.

34) T. H. Hsieh *et al.*: Nature Commun. **3** (2012) 982.
35) Y. Tanaka *et al.*: Nature Phys. **8** (2012) 800.
36) A. P. Schnyder *et al.*: Phys. Rev. B **78** (2008) 195125.

[※1] 本書の出版後,TKNN の一人である甲元眞人先生から,TKNN 論文の執筆時にはトポロジーの概念まで思い至っていなかった旨のコメントをいただいた.実際 TKNN 数が,数学の分野でよく知られていたトポロジカル不変量であるチャーン数にほかならないことは,甲元先生の論文 [M. Kohmoto: Ann. Phys. **160** (1985) 343] で初めて具体的に示された.

Introduction to
Topological Insulators

第2章 量子力学のおさらい

本章では，本書を理解するために必要になる量子力学の基礎知識をまとめておく．すでに量子力学によく親しんでいる読者は本章を読み飛ばして構わないが，後の章で出てくる関係式や記法に対する理解が曖昧だと感じたとき，本章の内容を確認すれば，理解が深まるはずである．

[2.1] 物質の二重性

量子力学における重要なコンセプトの1つが，**物質は粒子であるとともに波でもある**という二重性である．この原理は，量子力学の基本的関係式である

$$\mathbf{p} = \hbar \mathbf{k} \tag{2.1}$$

によって表現される．ここで，$\mathbf{p}$ は粒子として見たときの運動量ベクトル，$\mathbf{k}$ は波として見たときの波数ベクトル，比例係数 $\hbar$ はプランク定数 h を 2π で割ったものである．波数 k ($= |\mathbf{k}|$) は単位長さあたり波の位相がどれだけ変化するかを示すので，波長 λ との間には $|\mathbf{k}| = k = 2\pi/\lambda$ の関係がある．したがって，式 (2.1) は

$$|\mathbf{p}| = h/\lambda \tag{2.2}$$

と書き直すことができる．**物質波** (matter wave) という概念を提案してこの関係式を最初に導いたのがドブロイだったので，式 (2.2) は**ドブロイの関係式**と呼ばれる．

[2.2] シュレーディンガー方程式

物質の波動を記述する波動方程式を最初に導いたのがシュレーディンガーである．その導出を復習しておこう．波動は場所 x と時間 t の関数 $\Psi(x,t)$ で表されるとし，波数 k で角振動数 ω の単純な正弦波を考える．$\Psi(x,t)$ を複素数とし，この正弦波を複素数表示すると

$$\Psi(x,t) = Ae^{i(kx-\omega t)} \tag{2.3}$$

と書くことができる（A は振幅）．両辺を t で微分すると，

$$\frac{\partial}{\partial t}\Psi(x,t) = -i\omega\Psi(x,t) \tag{2.4}$$

が得られる．ここで，プランクの量子仮説，すなわち振動数 ν の電磁波のエネルギー E は

$$E = h\nu = \hbar\omega \tag{2.5}$$

の形に量子化されるという関係式を，物質波にも適用できると考えると，式 (2.4) と式 (2.5) より

$$i\hbar\frac{\partial}{\partial t}\Psi(x,t) = \hbar\omega\Psi(x,t) = E\Psi(x,t) \tag{2.6}$$

が得られる．一方，式 (2.3) を x で二階微分すると

$$\frac{\partial^2}{\partial x^2}\Psi(x,t) = -k^2\Psi(x,t) \tag{2.7}$$

となり，運動エネルギーが式 (2.1) を用いて

$$E = \frac{p^2}{2m} = \frac{\hbar^2 k^2}{2m} \tag{2.8}$$

と表されることを使うと（m は質量），式 (2.7) より

$$E\Psi(x,t) = \frac{\hbar^2}{2m}k^2\Psi(x,t) = -\frac{\hbar^2}{2m}\frac{\partial^2}{\partial x^2}\Psi(x,t) \tag{2.9}$$

が得られる．式 (2.9) と式 (2.6) を合わせると

$$i\hbar\frac{\partial}{\partial t}\Psi(x,t) = -\frac{\hbar^2}{2m}\frac{\partial^2}{\partial x^2}\Psi(x,t) \tag{2.10}$$

が得られる．式 (2.10) が量子力学的な粒子の波動方程式としての**シュレーディンガー方程式** (Schrödinger equation) である．これを 3 次元に拡張するには $x \to \mathbf{r}$, $\partial^2/\partial x^2 \to \nabla^2$ と置き換えればよく（$\mathbf{r}$ は空間座標），

$$i\hbar\frac{\partial}{\partial t}\Psi(\mathbf{r},t) = -\frac{\hbar^2}{2m}\nabla^2\Psi(\mathbf{r},t) \tag{2.11}$$

が 3 次元の自由粒子のシュレーディンガー方程式である．

粒子がポテンシャル $V(\mathbf{r},t)$ を感じながら運動するときは，この $V(\mathbf{r},t)$ が

式 (2.9) の運動エネルギー E に加わるので，式 (2.11) は

$$i\hbar\frac{\partial}{\partial t}\Psi(\mathbf{r},t) = -\frac{\hbar^2}{2m}\nabla^2\Psi(\mathbf{r},t) + V(\mathbf{r},t)\Psi(\mathbf{r},t) \tag{2.12}$$

と一般化される．

[2.3] 波動関数と演算子

2.2 節で導入した複素数の関数 $\Psi(\mathbf{r},t)$ は物質の波動を記述するので**波動関数** (wave function) と呼ばれる．波動関数に特定の演算を施すことによって何かの物理量を求めることができるとき，それを物理量の**演算子** (operator) と呼ぶ．式 (2.6) からわかるように，エネルギー E の演算子は $i\hbar\partial/\partial t$ である．また運動量ベクトル $\mathbf{p}$ の演算子が $-i\hbar\nabla$ であることも，この演算を式 (2.3) に施した上で式 (2.1) を使うことにより簡単に確認できる．

解析力学では，粒子のエネルギーを空間座標 $\mathbf{r}$ と運動量 $\mathbf{p}$ の関数として与える表式をハミルトニアン H と呼ぶ．ポテンシャル $V(\mathbf{r},t)$ の中を運動する質量 m の粒子のハミルトニアンは

$$H = \frac{p^2}{2m} + V(\mathbf{r},t) \tag{2.13}$$

と書くことができる．量子力学ではハミルトニアンは演算子となり，波動関数に作用させるとエネルギー E が得られる．式 (2.13) を演算子にするには $\mathbf{p} \to -i\hbar\nabla$ と置き換えればよく，その演算子 H を用いてシュレーディンガー方程式は

$$i\hbar\frac{\partial}{\partial t}\Psi(\mathbf{r},t) = H\Psi(\mathbf{r},t) \tag{2.14}$$

と簡単な形で表される．

波動関数は物理的な意味を持っており，その絶対値の 2 乗が場所 $\mathbf{r}$，時刻 t における粒子の確率密度を与えると解釈されている．全空間 V で確率密度を積分すると 1 になる必要があるので，これが波動関数の**規格化条件** (normalization condition)

$$\int_V d^3\mathbf{r}\,|\Psi(\mathbf{r},t)|^2 = \int_V d^3\mathbf{r}\,\Psi^*(\mathbf{r},t)\Psi(\mathbf{r},t) = 1 \tag{2.15}$$

を与える．波動関数がこのように規格化されていれば，一般の演算子 $\mathcal{O}$ の**期待値** (expectation value) $\langle\mathcal{O}\rangle$ は

$$\langle\mathcal{O}\rangle = \int_V d^3\mathbf{r}\,\Psi^*(\mathbf{r},t)\mathcal{O}\Psi(\mathbf{r},t) \tag{2.16}$$

で計算される．また，演算子 $\mathcal{O}$ を波動関数 Ψ に作用させた結果が Ψ に比例し，

$$\mathcal{O}\Psi = a\Psi \tag{2.17}$$

が成立するとき，波動関数 Ψ は演算子 $\mathcal{O}$ の**固有関数** (eigenfunction) になっているといい，a をその**固有値** (eigenvalue) という．式 (2.17) は**固有方程式** (eigenequation) と呼ばれる．当然ながら，波動関数 Ψ が演算子 $\mathcal{O}$ の固有関数であるとき，期待値 $\langle \mathcal{O} \rangle$ は固有値 a と等しい．

[2.4] 時間によらないシュレーディンガー方程式

ポテンシャル $V(\mathbf{r})$ が時間によらないとき，波動関数を時間のみによる部分 $f(t)$ と場所 $\mathbf{r}$ のみによる部分 $\psi(\mathbf{r})$ に分離して

$$\Psi(\mathbf{r}, t) = f(t)\psi(\mathbf{r}) \tag{2.18}$$

と書くことができる．これをシュレーディンガー方程式 (2.12) に代入して両辺を $f(t)\psi(\mathbf{r})$ で割ると，次式が得られる．

$$\frac{i\hbar}{f(t)}\frac{d}{dt}f(t) = \frac{1}{\psi(\mathbf{r})}\left[-\frac{\hbar^2}{2m}\nabla^2\psi(\mathbf{r}) + V(\mathbf{r})\psi(\mathbf{r})\right] \tag{2.19}$$

ここで，f は時間 t だけの関数なので微分記号 $\partial/\partial t$ が d/dt に置き換わっていることに注意してほしい．式 (2.19) を見ると，左辺は t のみの関数であり，右辺は $\mathbf{r}$ のみの関数である．したがってこの式が任意の t と $\mathbf{r}$ で成立するためには，両辺は t にも $\mathbf{r}$ にもよらない定数でなければならない．さらに，この式で波動関数の次元は分母と分子で打ち消しあっており，またエネルギーの演算子が $i\hbar\partial/\partial t$ であることに注意すると，式 (2.19) の両辺はエネルギーの次元を持っていることがわかる．そこで両辺がエネルギーに対応する定数 E に等しいとおくと，式 (2.19) の左辺からは $f(t)$ に関する方程式

$$i\hbar\frac{d}{dt}f(t) = Ef(t) \tag{2.20}$$

が得られ，その解は

$$f(t) = Ce^{-iEt/\hbar} \tag{2.21}$$

となる（C は積分定数）．また式 (2.19) の右辺からは $\psi(\mathbf{r})$ に関する方程式

$$-\frac{\hbar^2}{2m}\nabla^2\psi(\mathbf{r}) + V(\mathbf{r})\psi(\mathbf{r}) = E\psi(\mathbf{r}) \tag{2.22}$$

が得られる．これが時間によらないシュレーディンガー方程式であり，系のエネルギー固有値を求めるときに使われる．固体物理学ではシュレーディンガー方程式といえば，普通は式 (2.22) のことである．これをエネルギー演算子であるハミルトニアン $H(\mathbf{r})$ に対する固有方程式と見て

$$H(\mathbf{r})\psi(\mathbf{r}) = E\psi(\mathbf{r}) \tag{2.23}$$

と書くこともある．

なおポテンシャル $V(\mathbf{r})$ が時間に依存するときは，式 (2.22) の解として得られる $\psi(\mathbf{r})$ も時間に依存することになる．この $V(\mathbf{r},t)$ を通して入ってくる時間依存性と，シュレーディンガー方程式 (2.12) 本来の時間依存性とは混同しやすいが，それをしっかり区別することが後のベリー位相の議論において重要になる．

[2.5] 空間反転対称性とパリティ

ポテンシャル $V(\mathbf{r})$ が空間反転対称性を持っているとき，すなわち $\mathbf{r} \to -\mathbf{r}$ の置き換えに対して不変であるとき，ハミルトニアン H も空間反転対称性を持つ．このとき H の固有関数 $\psi(\mathbf{r})$ の性質を見てみよう．$\psi(\mathbf{r})$ は式 (2.23) を満たすので $\mathbf{r}$ を $-\mathbf{r}$ で置き換えた

$$H(-\mathbf{r})\psi(-\mathbf{r}) = E\psi(-\mathbf{r}) \tag{2.24}$$

が成立する．式 (2.24) と H の空間反転対称性から

$$H(\mathbf{r})\psi(-\mathbf{r}) = E\psi(-\mathbf{r}) \tag{2.25}$$

が得られる．すなわち，式 (2.25) は，$\psi(\mathbf{r})$ が H の固有関数であれば $\psi(-\mathbf{r})$ も同じ固有値を持つ固有関数であることを意味する．したがってこのエネルギー固有値で縮退がなければ，$\psi(\mathbf{r})$ と $\psi(-\mathbf{r})$ の違いはたかだか定数倍である．ここで空間反転演算子を Π と書き，その固有値を P とすると，$\Pi\psi(\mathbf{r}) = \psi(-\mathbf{r}) = P\psi(\mathbf{r})$ となる．空間反転を 2 回行うともとに戻るので $\Pi^2 = 1$ である．したがって固有値 P は $P^2 = 1$ を満たさなければならず，

$P = \pm 1$ となる．これは $\psi(\mathbf{r}) = \psi(-\mathbf{r})$ または $\psi(\mathbf{r}) = -\psi(-\mathbf{r})$ が成立することを意味する．したがって，空間反転対称性を持つハミルトニアンの固有関数は偶関数（前者）か奇関数（後者）のどちらかということになる．この偶奇性は**パリティ** (parity) とも呼ばれ，空間反転で符号を変えない場合は正のパリティ，変える場合は負のパリティを持つという．

[2.6] ヒルベルト空間

時間によらないシュレーディンガー方程式を解くことが $H(\mathbf{r})\psi(\mathbf{r}) = E\psi(\mathbf{r})$ という固有方程式を解くことに等しいことはすでに述べた．一般にこの固有方程式の解は無限にあるが，必ず互いに直交し規格化された無限個の固有関数 $u_n(\mathbf{r})$ からなる集合 $\{u_n(\mathbf{r})\}$（**正規直交基底** (orthonormal basis) と呼ぶ）をとることができる（$n = 1, 2, \cdots, \infty$）．固有関数の正規直交条件は，クロネッカーのデルタ δ_{mn}（$m = n$ なら 1，$m \neq n$ なら 0）を使って

$$\int_V d^3\mathbf{r}\, u_m^*(\mathbf{r}) u_n(\mathbf{r}) = \delta_{mn} \tag{2.26}$$

と定義される．つまりこの積分が 0 になることが，2 つの関数 $u_m(\mathbf{r})$ と $u_n(\mathbf{r})$ が「直交している」ことを意味し，またこの積分が 1 になることが関数 $u_n(\mathbf{r})$ の「規格化」を意味する．このように基底関数には直交と長さの概念を適用できるので，これを「ベクトル」と見なすことができる．

さて，このような正規直交基底を定めると，任意の波動関数 $\psi(\mathbf{r})$ はその基底 $\{u_n(\mathbf{r})\}$ の線形結合として記述することができる．

$$\psi(\mathbf{r}) = \sum_{n=1}^{\infty} c_n u_n(\mathbf{r}) \tag{2.27}$$

このとき，無限個のベクトル $\{u_n(\mathbf{r})\}$ が張る無限次元ベクトル空間を**ヒルベルト空間** (Hilbert space) と呼ぶ．一般の波動関数 $\psi(\mathbf{r})$ はヒルベルト空間におけるベクトルと考えることができ，実際，

$$|u_1\rangle = \begin{pmatrix} 1 \\ 0 \\ 0 \\ \vdots \end{pmatrix}, \quad |u_2\rangle = \begin{pmatrix} 0 \\ 1 \\ 0 \\ \vdots \end{pmatrix}, \quad |u_3\rangle = \begin{pmatrix} 0 \\ 0 \\ 1 \\ \vdots \end{pmatrix}, \quad \cdots \tag{2.28}$$

を基底ベクトルとしてとれば，式 (2.27) より $\psi(\mathbf{r})$ のベクトル表示 $|\psi\rangle$ は

$$|\psi\rangle = \sum_{n=1}^{\infty} c_n |u_n\rangle = \begin{pmatrix} c_1 \\ c_2 \\ c_3 \\ \vdots \end{pmatrix} \tag{2.29}$$

と書くことができる．

　ヒルベルト空間には内積が定義される必要がある．いま 2 つの波動関数 $\psi(\mathbf{r}) = \sum_n c_n\, u_n(\mathbf{r})$ と $\phi(\mathbf{r}) = \sum_n d_n\, u_n(\mathbf{r})$ の内積を $\langle\psi|\phi\rangle$ と書くことにすれば，これは

$$\langle\psi|\phi\rangle \equiv \int_V d^3\mathbf{r}\, \psi^*(\mathbf{r})\phi(\mathbf{r}) = \sum_{n=1}^{\infty} c_n^* d_n \tag{2.30}$$

で定義できる（ここで式 (2.26) の正規直交条件を使った）．この内積の表式から，$\langle\psi|$ もベクトルと見て

$$\langle\psi| \equiv (c_1^*, c_2^*, \cdots) \tag{2.31}$$

と定義すれば，本来的に積分で定義される式 (2.30) の内積は，そのまま自然にベクトルの内積にもなることがわかる．つまり

$$\langle\psi|\phi\rangle = (c_1^*, c_2^*, \cdots) \begin{pmatrix} d_1 \\ d_2 \\ \vdots \end{pmatrix} = \sum_{n=1}^{\infty} c_n^* d_n \tag{2.32}$$

となっている．

[2.7] ブラケットとエルミート共役

　2.6 節で導入した $\langle\psi|$ と $|\phi\rangle$ という書き方をディラックの**ブラケット表示** (bra-ket notation) といい，$\langle\psi|$ を**ブラ** (bra)，$|\phi\rangle$ を**ケット** (ket) と分けて呼ぶ．ブラとケットの間の積 $\langle\psi|\phi\rangle$ はヒルベルト空間における内積であり，これは式 (2.30) のように積分で考えることもできるし，あるいは式 (2.32) のようにベクトルの内積と考えてもよい．後者の考え方に基づいて，$\langle\psi|$ と $|\phi\rangle$ をそれぞれブラベクトル，ケットベクトルと呼ぶこともある．ブラケット表示の利点は，量子状態を関数と考えてもベクトルと考えてもどちらでも構わなくなり，都合よく使い分けられることである．トポロジカル絶縁体の基礎理

論の計算においてこのブラケットを多用するので，本節ではブラケットにかかわる基本事項を少し詳しく解説しておく．

量子状態をベクトルと見る立場では，演算子 $\mathcal{O}$ は行列となる．具体的には，正規直交基底 $\{u_n(\mathbf{r})\}$ のもとでの $\mathcal{O}$ の行列表示の i 行 j 列目の要素は

$$\mathcal{O}_{ij} = \int_V d^3\mathbf{r}\, u_i^*(\mathbf{r})\, \mathcal{O}\, u_j(\mathbf{r}) \tag{2.33}$$

で与えられる．したがって，この演算子をブラベクトル $\langle\psi|$ とケットベクトル $|\phi\rangle$ で挟む演算を，ベクトルと行列の積の形で

$$\langle\psi|\mathcal{O}|\phi\rangle \equiv (c_1^*, c_2^*, \cdots) \begin{pmatrix} \mathcal{O}_{11} & \mathcal{O}_{12} & \cdots \\ \mathcal{O}_{21} & \mathcal{O}_{22} & \cdots \\ \vdots & \vdots & \ddots \end{pmatrix} \begin{pmatrix} d_1 \\ d_2 \\ \vdots \end{pmatrix} \tag{2.34}$$

と定義することができる．これは関数の積分の形で

$$\langle\psi|\mathcal{O}|\phi\rangle = \int_V d^3\mathbf{r}\, \psi^*(\mathbf{r})\mathcal{O}\phi(\mathbf{r}) \tag{2.35}$$

とも書くことができる．

なお $\mathcal{O}|\phi\rangle$ を，$\mathcal{O}$ が $|\phi\rangle$ に作用してできた新たなケットベクトルと見ることができる．すると，上で定義した $\langle\psi|\mathcal{O}|\phi\rangle$ はブラベクトル $\langle\psi|$ と演算子作用後のケットベクトル $\mathcal{O}|\phi\rangle$ の内積 $\langle\psi|(\mathcal{O}|\phi\rangle)$ と解釈してよい．同様に，$\langle\psi|\mathcal{O}$ を演算子作用後のブラベクトルと見て，これとケットベクトル $|\phi\rangle$ の内積 $(\langle\psi|\mathcal{O})|\phi\rangle$ も同じ結果を与える．したがって一般に

$$\langle\psi|(\mathcal{O}|\phi\rangle) = (\langle\psi|\mathcal{O})|\phi\rangle = \langle\psi|\mathcal{O}|\phi\rangle \tag{2.36}$$

が成立する．これは式 (2.35) からも明らかである．

ここで注意してほしいのは，$|\mathcal{O}\phi\rangle$ というケットベクトルと $\mathcal{O}|\phi\rangle$ は等しいが，$\langle\mathcal{O}\psi|$ というブラベクトルと $\langle\psi|\mathcal{O}$ は一般には等しくないことである．これを見るには，式 (2.30) の積分によるブラケットの定義に戻るのがわかりやすい．つまり，

$$\langle\psi|\mathcal{O}\phi\rangle = \int_V d^3\mathbf{r}\, \psi^*(\mathbf{r})[\mathcal{O}\phi(\mathbf{r})] = \int_V d^3\mathbf{r}\, \psi^*(\mathbf{r})\mathcal{O}\phi(\mathbf{r}) = \langle\psi|\mathcal{O}|\phi\rangle \tag{2.37}$$

であるのに対して，

$$\langle \mathcal{O}\psi|\phi\rangle = \int_V d^3\mathbf{r}\,[\mathcal{O}\psi(\mathbf{r})]^*\phi(\mathbf{r}) = \int_V d^3\mathbf{r}\,\phi(\mathbf{r})\mathcal{O}^*\psi^*(\mathbf{r}) = \langle \phi|\mathcal{O}|\psi\rangle^* \quad (2.38)$$

となってしまう．したがって，一般には $\langle\psi|\mathcal{O}\phi\rangle$ と $\langle\mathcal{O}\psi|\phi\rangle$ は等しくならない．しかし，もし演算子 $\mathcal{A}$ が

$$\langle\phi|\mathcal{A}|\psi\rangle^* = \langle\psi|\mathcal{A}|\phi\rangle \quad (2.39)$$

を満たすなら，式 (2.38) からわかるように $\langle\mathcal{A}\psi| = \langle\psi|\mathcal{A}$ が成立する．これを満たす演算子を**エルミート演算子** (Hermitian operator) と呼ぶ．

ここで，**エルミート共役** (Hermitian conjugate) の概念を導入しよう．一般に行列 $\mathcal{O}$ のエルミート共役 $\mathcal{O}^\dagger$ を

$$\mathcal{O}^\dagger \equiv (\mathcal{O}^\mathrm{T})^* \quad (2.40)$$

と定義する ($\mathcal{O}^\mathrm{T}$ は $\mathcal{O}$ の転置行列)．具体的に 2×2 行列の場合に書くと，

$$\begin{pmatrix} a & b \\ c & d \end{pmatrix}^\dagger = \begin{pmatrix} a^* & c^* \\ b^* & d^* \end{pmatrix} \quad (2.41)$$

である．エルミート共役を行列の積 $\mathcal{AB}$ に施すと

$$(\mathcal{AB})^\dagger = \mathcal{B}^\dagger \mathcal{A}^\dagger \quad (2.42)$$

と順序が入れ替わるので注意が必要である．

このエルミート共役を使うと，ブラとケットの関係を簡潔に

$$(|\psi\rangle)^\dagger = \langle\psi| \quad (2.43)$$

と書くことができる．さらにこの関係を応用して，

$$\langle\mathcal{O}\psi| = (|\mathcal{O}\psi\rangle)^\dagger = (\mathcal{O}|\psi\rangle)^\dagger = (|\psi\rangle)^\dagger \mathcal{O}^\dagger = \langle\psi|\mathcal{O}^\dagger \quad (2.44)$$

と書けることがわかる．

$\mathcal{A}^\dagger = \mathcal{A}$ を満たす行列 $\mathcal{A}$ を**エルミート行列** (Hermitian matrix) と呼ぶ．エルミート演算子の行列表示がエルミート行列になることは明らかだろう．ここで，物理量（観測可能な量）の演算子は必ずエルミート演算子になることを解説しておく．

ある物理量の演算子を Ω とすると，その期待値は実数でなければならない

ことから

$$\langle\psi|\Omega|\psi\rangle = \langle\psi|\Omega|\psi\rangle^* \tag{2.45}$$

が得られる．また，$\langle\psi|\Omega|\psi\rangle$ はスカラーなので転置をとっても変わらず，$\langle\psi|\Omega|\psi\rangle$ $= (\langle\psi|\Omega|\psi\rangle)^{\mathrm{T}}$ であるので，次のことがわかる．

$$\langle\psi|\Omega|\psi\rangle^* = (\langle\psi|\Omega\psi\rangle)^\dagger = (|\Omega\psi\rangle)^\dagger(\langle\psi|)^\dagger = \langle\Omega\psi|\psi\rangle = \langle\psi|\Omega^\dagger|\psi\rangle \tag{2.46}$$

最後の等号では式 (2.44) を用いた．$|\psi\rangle$ は任意であるので，式 (2.45) と式 (2.46) から $\Omega = \Omega^\dagger$ となることがわかり，これは Ω がエルミート演算子であることを意味する．

[2.8] 位置座標表示と完全性

ここまでの議論ではハミルトニアン H の離散的な固有状態を用いてヒルベルト空間を構成した．しかし，連続固有値をとる演算子の固有状態を用いてヒルベルト空間を構成することもできる．そのような演算子の典型的なものが位置座標の演算子であり，位置座標の固有値 $\mathbf{r}$ を使ってブラとケットを $\langle\mathbf{r}|$ および $|\mathbf{r}\rangle$ と書くやり方を，ヒルベルト空間の**位置座標表示** (coordinate representation) という．この場合，$|\mathbf{r}\rangle$ は位置座標 $\mathbf{r}$ の固有ベクトルである．この表示の内積は，ディラックのデルタ関数を用いて

$$\langle\mathbf{r}|\mathbf{r}'\rangle \equiv \delta(\mathbf{r} - \mathbf{r}') \tag{2.47}$$

で定義される．任意のケット $|\psi\rangle$ は位置座標のケット $|\mathbf{r}\rangle$ を用いて

$$|\psi\rangle = \int d^3\mathbf{r}\, f(\mathbf{r})\,|\mathbf{r}\rangle \tag{2.48}$$

と展開できるが，これに左から $\langle\mathbf{r}'|$ を作用させると

$$\langle\mathbf{r}'|\psi\rangle = \int d^3\mathbf{r}\, f(\mathbf{r})\langle\mathbf{r}'|\mathbf{r}\rangle = \int d^3\mathbf{r}\, f(\mathbf{r})\delta(\mathbf{r}' - \mathbf{r}) = f(\mathbf{r}') \tag{2.49}$$

となる．つまり $f(\mathbf{r}) = \langle\mathbf{r}|\psi\rangle$ であり，これを式 (2.48) に代入すると

$$|\psi\rangle = \int d^3\mathbf{r}\,|\mathbf{r}\rangle\langle\mathbf{r}|\psi\rangle \tag{2.50}$$

が得られる．このことから，

$$\int d^3\mathbf{r}\,|\mathbf{r}\rangle\langle\mathbf{r}| = 1 \tag{2.51}$$

と書けることがわかる．式 (2.51) を固有ベクトルの**完全性** (completeness) と呼ぶ．なお，離散固有値に対応する固有ベクトルの場合には完全性は

$$\sum_{n=1}^{\infty} |u_n\rangle\langle u_n| = 1 \tag{2.52}$$

と書くことができる．

ところで，$f(\mathbf{r}) = \langle\mathbf{r}|\psi\rangle$ という式は，量子状態 $|\psi\rangle$ を位置座標の固有ベクトルで展開したときの位置 $\mathbf{r}$ における展開係数が $f(\mathbf{r})$ であることを意味する．これはすなわち，位置 $\mathbf{r}$ における波動関数の値 $\psi(\mathbf{r})$ が $f(\mathbf{r})$ であることにほかならない．つまり位置の関数としての波動関数はブラケット表示では

$$\psi(\mathbf{r}) = \langle\mathbf{r}|\psi\rangle \tag{2.53}$$

で与えられることがわかる．

[2.9] 摂動論

あるハミルトニアン H_0 で記述される系が $\{|u_n\rangle\}$ という固有状態の完全系を持っているとする．

$$H_0|u_n\rangle = E_n|u_n\rangle \tag{2.54}$$

この系に弱いポテンシャル H' が加わったとき，系の固有状態はわずかに変化するが，そのような微小な変化を**摂動** (perturbation) といい，それを引き起こす H' のことを**摂動ポテンシャル** (perturbation potential) と呼ぶ．摂動が加わった後のハミルトニアンを H，その固有状態を $|\psi\rangle$，対応する固有エネルギーを W と書くと，

$$H|\psi\rangle = W|\psi\rangle, \quad H = H_0 + H' \tag{2.55}$$

となる．ここで，計算のテクニックとして微小なパラメータ λ を導入し，摂動ポテンシャルとして H' の代わりに $\lambda H'$ を考えることにする．このとき λ は微小なので $|\psi\rangle$ と W をそれぞれ λ のベキで展開して

$$|\psi\rangle = |\psi_0\rangle + \lambda|\psi_1\rangle + \lambda^2|\psi_2\rangle + \cdots \tag{2.56}$$

$$W = W_0 + \lambda W_1 + \lambda^2 W_2 + \cdots \tag{2.57}$$

と書くことができ，シュレーディンガー方程式は次のようになる．

$$(H_0 + \lambda H')(|\psi_0\rangle + \lambda|\psi_1\rangle + \cdots) = (W_0 + \lambda W_1 + \cdots)(|\psi_0\rangle + \lambda|\psi_1\rangle + \cdots) \tag{2.58}$$

式 (2.58) が任意の微小な λ について成立するためには，λ のすべての次数について，その係数がゼロでなければならない．このことから，例えば λ の 0 次と 1 次の係数に対する条件として

$$(H_0 - W_0)|\psi_0\rangle = 0 \tag{2.59}$$

$$(H_0 - W_0)|\psi_1\rangle = (W_1 - H')|\psi_0\rangle \tag{2.60}$$

が得られる．式 (2.60) の両辺に左からブラ $\langle\psi_0|$ を作用させると，H_0 はエルミート演算子なので左辺は $\langle\psi_0|(H_0 - W_0)|\psi_1\rangle = \langle\psi_0|(W_0 - W_0)|\psi_1\rangle = 0$ となり，結局，摂動の 1 次の効果としての固有エネルギーの変化 W_1 は

$$W_1 = \langle\psi_0|H'|\psi_0\rangle \tag{2.61}$$

と表されることがわかる．

一方，$|\psi_1\rangle$ は $\{|u_n\rangle\}$ で張られるヒルベルト空間のベクトルなので

$$|\psi_1\rangle = \sum_m a_m^{(1)} |u_m\rangle \tag{2.62}$$

と書くことができる．いま，摂動前に系が n 番目の固有状態にいたとし，$|\psi_0\rangle \to |u_n\rangle$，$W_0 \to E_n$ としよう．式 (2.62) を式 (2.60) に代入すると

$$\sum_m a_m^{(1)} (H_0 - E_n)|u_m\rangle = (W_1 - H')|u_n\rangle \tag{2.63}$$

となるので，$H_0|u_m\rangle = E_m|u_m\rangle$ を使った上で両辺に左から $\langle u_m|$ を作用させると

$$a_m^{(1)} = \frac{\langle u_m|H'|u_n\rangle}{E_n - E_m} \qquad (n \neq m) \tag{2.64}$$

が得られる．したがって，摂動の 1 次の効果としての $|u_n\rangle$ からの固有状態の変化分 $|\psi_1^n\rangle$ は

$$|\psi_1^n\rangle = \sum_{m(\neq n)} \frac{\langle u_m|H'|u_n\rangle}{E_n - E_m} |u_m\rangle \tag{2.65}$$

で与えられることがわかる．式 (2.61) と式 (2.65) が 1 次摂動の表式である．

[2.10] ハイゼンベルグの運動方程式

量子状態の時間発展の考え方をよく咀嚼しておくことが後でベリー位相を理解する際に役に立つので，それに慣れる意味で**ハイゼンベルグの運動方程式** (Heisenberg's equation of motion) を導いておこう．時間に依存するシュレーディンガー方程式 (2.12) から出発することにし，これを時間に依存するケット $|\alpha_S(t)\rangle$ を用いて

$$i\hbar \frac{d}{dt}|\alpha_S(t)\rangle = H|\alpha_S(t)\rangle \tag{2.66}$$

と書くことにする（ちなみに，式 (2.66) に左から $\langle \mathbf{r}|$ を作用させれば普通のシュレーディンガー方程式になる）．添え字の S は**シュレーディンガー描像** (Schrödinger picture) を意味するもので，シュレーディンガー描像では演算子は時間によらず，状態ベクトルは時間によって変化する．H はエネルギーという物理量演算子なのでエルミート演算子であり，式 (2.66) のエルミート共役は

$$-i\hbar \frac{d}{dt}\langle \alpha_S(t)| = \langle \alpha_S(t)|H^\dagger = \langle \alpha_S(t)|H \tag{2.67}$$

となる．

ハミルトニアン H が時間に依存しなければ式 (2.66) と式 (2.67) の解は簡単に得られ，

$$|\alpha_S(t)\rangle = e^{-iHt/\hbar}|\alpha_S(0)\rangle, \quad \langle \alpha_S(t)| = \langle \alpha_S(0)|e^{iHt/\hbar} \tag{2.68}$$

となる．式 (2.68) は，$e^{-iHt/\hbar}$ という時間推進演算子が，ヒルベルト空間においてベクトル $|\alpha_S(0)\rangle$ を別のベクトル $|\alpha_S(t)\rangle$ に回転する作用を持つことを意味する．この時間推進演算子は $(e^{-iHt/\hbar})^\dagger (e^{-iHt/\hbar}) = 1$ という性質（ユニタリ性）を持っているので，回転の際にベクトルの長さは変わらない．

シュレーディンガー描像における一般の物理量演算子 Ω_S のヒルベルト空間における行列要素の時間発展は，式 (2.66) と式 (2.67) から次のように得られる．

$$\frac{d}{dt}\langle \alpha_S(t)|\Omega_S|\beta_S(t)\rangle$$

$$
\begin{aligned}
&= \left[\frac{d}{dt}\langle\alpha_{\rm S}(t)|\right]\Omega_{\rm S}|\beta_{\rm S}(t)\rangle + \langle\alpha_{\rm S}(t)|\frac{\partial\Omega_{\rm S}}{\partial t}|\beta_{\rm S}(t)\rangle + \langle\alpha_{\rm S}(t)|\Omega_{\rm S}\left[\frac{d}{dt}|\beta_{\rm S}(t)\rangle\right] \\
&= \langle\alpha_{\rm S}(t)|\frac{\partial\Omega_{\rm S}}{\partial t}|\beta_{\rm S}(t)\rangle + \frac{1}{i\hbar}\langle\alpha_{\rm S}(t)|(\Omega_{\rm S}H - H\Omega_{\rm S})|\beta_{\rm S}(t)\rangle \quad (2.69)
\end{aligned}
$$

ここで交換括弧式

$$[A, B] \equiv AB - BA \quad (2.70)$$

を定義する．一般に $[A, B] = 0$ が成立するとき，演算子 A と B は**可換** (commute) であるといい，A と B の行列は同時に対角化できる．演算子の行列が対角化できるということは，その演算子に対する固有状態でヒルベルト空間の基底が張れるということであり，言葉を変えれば，その演算子の固有値が「よい量子数」になっているということになる．複数の演算子が同時対角化可能なとき，量子状態の指標としてそれらのよい量子数の組み合わせをとることができる．例えば水素原子では，主量子数（n），軌道角運動量量子数（ℓ），磁気量子数（m）の 3 つが同時対角化可能で，これら 3 つの組み合わせで量子状態を指定できる．

式 (2.70) で定義した交換括弧式を用いて，式 (2.69) は次のように簡潔に書くことができる．

$$\frac{d}{dt}\langle\alpha_{\rm S}(t)|\Omega_{\rm S}|\beta_{\rm S}(t)\rangle = \langle\alpha_{\rm S}(t)|\frac{\partial\Omega_{\rm S}}{\partial t}|\beta_{\rm S}(t)\rangle + \frac{1}{i\hbar}\langle\alpha_{\rm S}(t)|[\Omega_{\rm S}, H]|\beta_{\rm S}(t)\rangle \quad (2.71)$$

もし $\Omega_{\rm S}$ が H と可換で時間によらない場合，右辺はゼロになるので $\Omega_{\rm S}$ の行列要素は時間で変化しない**保存量** (conserved quantity) となる．

式 (2.68) を式 (2.71) に代入し，H が $e^{\pm iHt/\hbar}$ と可換であることを用いると

$$
\begin{aligned}
&\frac{d}{dt}\langle\alpha_{\rm S}(0)|e^{iHt/\hbar}\Omega_{\rm S}e^{-iHt/\hbar}|\beta_{\rm S}(0)\rangle \\
&= \langle\alpha_{\rm S}(0)|e^{iHt/\hbar}\frac{\partial\Omega_{\rm S}}{\partial t}e^{-iHt/\hbar}|\beta_{\rm S}(0)\rangle + \frac{1}{i\hbar}\langle\alpha_{\rm S}(0)|[e^{iHt/\hbar}\Omega_{\rm S}e^{-iHt/\hbar}, H]|\beta_{\rm S}(0)\rangle
\end{aligned}
$$
$$(2.72)$$

が得られる．**ハイゼンベルグ描像** (Heisenberg picture) では状態ベクトルは時間に依存せず，演算子が時間とともに変化すると考えるので，この描像での時間によらない状態ベクトル

$$|\alpha_{\rm H}\rangle \equiv |\alpha_{\rm S}(0)\rangle = e^{iHt/\hbar}|\alpha_{\rm S}(t)\rangle \quad (2.73)$$

と時間的に発展する物理量演算子およびその微分

$$\Omega_{\mathrm{H}} \equiv e^{iHt/\hbar}\Omega_{\mathrm{S}}e^{-iHt/\hbar}, \quad \left(\frac{\partial\Omega}{\partial t}\right)_{\mathrm{H}} \equiv e^{iHt/\hbar}\frac{\partial\Omega_{\mathrm{S}}}{\partial t}e^{-iHt/\hbar} \tag{2.74}$$

を定義する（添え字の H はハイゼンベルグ描像を意味する）．これらを用いて式 (2.72) を書き直すと

$$\langle\alpha_{\mathrm{H}}|\frac{d}{dt}\Omega_{\mathrm{H}}|\beta_{\mathrm{H}}\rangle = \langle\alpha_{\mathrm{H}}|\left(\frac{\partial\Omega}{\partial t}\right)_{\mathrm{H}}|\beta_{\mathrm{H}}\rangle + \frac{1}{i\hbar}\langle\alpha_{\mathrm{H}}|[\Omega_{\mathrm{H}}, H]|\beta_{\mathrm{H}}\rangle \tag{2.75}$$

が得られる．式 (2.75) は任意のブラとケットについて成り立つので，その中の演算子自体が同じ関係式を満たさなければならない．つまり

$$\frac{d}{dt}\Omega_{\mathrm{H}} = \left(\frac{\partial\Omega}{\partial t}\right)_{\mathrm{H}} + \frac{1}{i\hbar}[\Omega_{\mathrm{H}}, H] \tag{2.76}$$

が常に成立する．これがハイゼンベルグの運動方程式である．なおこの方程式は 式 (2.74) の第 1 式を微分して得ることもできる．また，式 (2.74) の第 2 式の定義からわかるように，Ω_{S} が陽に時間によっていなければ，式 (2.76) の右辺第一項はゼロとなり，

$$\frac{d}{dt}\Omega_{\mathrm{H}} = \frac{1}{i\hbar}[\Omega_{\mathrm{H}}, H] \quad \left(\text{ただし } \frac{\partial\Omega_{\mathrm{S}}}{\partial t} = 0 \text{ のとき}\right) \tag{2.77}$$

が物理量 Ω の時間発展を記述する．歴史的にはハイゼンベルグが式 (2.77) に基づいて 1925 年に発表した行列力学が量子力学の最初の定式化であり，1926 年のシュレーディンガー方程式に先んじるものであった．

[2.11] 軌道角運動量

空間の原点に対して粒子が持つ軌道角運動量の演算子は

$$\mathbf{L} = \mathbf{r} \times \mathbf{p} \tag{2.78}$$

で与えられる．これは古典力学における質点の角運動量の定義式を演算子と見なしただけなのでわかりやすい．$\mathbf{L}$ の演算子としての成分を具体的に書くと

$$\begin{pmatrix} L_x \\ L_y \\ L_z \end{pmatrix} = \begin{pmatrix} yp_z - zp_y \\ zp_x - xp_z \\ xp_y - yp_x \end{pmatrix} = -i\hbar \begin{pmatrix} y\frac{\partial}{\partial z} - z\frac{\partial}{\partial y} \\ z\frac{\partial}{\partial x} - x\frac{\partial}{\partial z} \\ x\frac{\partial}{\partial y} - y\frac{\partial}{\partial x} \end{pmatrix} \tag{2.79}$$

である．これと，$\mathbf{r}$ と $\mathbf{p}$ の交換関係 $[r_i, p_j] = i\hbar \delta_{ij}$ を用いると（δ_{ij} は 2.6 節で定義したクロネッカーのデルタ），$\mathbf{L}$ の各成分の交換関係として

$$[L_i, L_j] = i\hbar (r_i p_j - r_j p_i) \tag{2.80}$$

が得られる．これをわかりやすく書くと次の通りである．

$$[L_x, L_y] = i\hbar L_z, \quad [L_y, L_z] = i\hbar L_x, \quad [L_z, L_x] = i\hbar L_y,$$
$$[L_x, L_x] = [L_y, L_y] = [L_z, L_z] = 0 \tag{2.81}$$

なお，この交換関係はレヴィチヴィタ記号 ϵ_{ijk} を用いて，

$$[L_i, L_j] = i\hbar \sum_k \epsilon_{ijk} L_k \tag{2.82}$$

の形に簡潔に書くことができる．ϵ_{ijk} の定義は次の通りである．

$$\epsilon_{ijk} \equiv \begin{cases} +1 & [(i,j,k) \in (x,y,z), (y,z,x), (z,x,y) \text{ のとき}] \\ -1 & [(i,j,k) \in (x,z,y), (z,y,x), (y,x,z) \text{ のとき}] \\ 0 & (\text{それ以外}) \end{cases} \tag{2.83}$$

また，$\mathbf{L}^2 = \mathbf{L} \cdot \mathbf{L}$ と L_i の交換関係を式 (2.81) を使って計算すると，

$$[\mathbf{L}^2, L_i] = 0 \tag{2.84}$$

であることがわかる．したがって $\mathbf{L}$ の成分のうち 1 つだけなら，$\mathbf{L}^2$ と同時に対角化することができる．このため軌道角運動量については，$\mathbf{L}^2$ の固有値から決まる軌道角運動量量子数 ℓ と L_z の固有値を指定する磁気量子数 m との 2 つを指標にとって固有状態を表すのが普通である．詳細は省略するが，$\mathbf{L}^2$ の固有値 $\lambda\hbar^2$ と軌道角運動量量子数 ℓ の間には $\lambda\hbar^2 = \ell(\ell+1)\hbar^2$ の関係があり，ℓ は 0 以上の整数値しかとれない．

[2.12] 回転変換と角運動量

角運動量の演算子は座標系の回転操作に伴うものとして自然に出てくる．まず座標系の回転操作は線形演算子 R によって表現されるとすると，座標 $\mathbf{r}$ は $R\mathbf{r}$ に変換される．この回転に伴って，ケットベクトル $|\psi\rangle$ で表されていた量子状態が新しい座標系のもとでは $|\psi'\rangle$ で表されるとすると，波動関数 $\psi(\mathbf{r})$

が $\psi'(R\mathbf{r})$ に変換されることになる．しかしこの回転操作では座標系を変えるだけで量子状態そのものは変わらないので，もし波動関数がスカラーであれば

$$\psi'(R\mathbf{r}) = \psi(\mathbf{r}) \tag{2.85}$$

である．量子状態を記述するのに多成分の波動関数が必要になることもあるが，その場合，波動関数をベクトル表記することが多い．そのような波動関数のベクトル表記は座標系に依存することになるので，座標系を回転したら

$$\boldsymbol{\psi}'(R\mathbf{r}) = R\boldsymbol{\psi}(\mathbf{r}) \tag{2.86}$$

としなければならない．

ここで回転ベクトルとして $\boldsymbol{\phi}$ を定義し，その方向が回転軸を，長さが回転角を与えるものとする．まず最初に微小回転を考えることにする．無限小の $|\boldsymbol{\phi}|$ に対して，回転操作の結果としては $\boldsymbol{\phi}$ の 1 次だけをとればよく，

$$R\mathbf{r} \simeq \mathbf{r} + \boldsymbol{\phi} \times \mathbf{r} \tag{2.87}$$

と書くことができるので，

$$R \simeq \begin{pmatrix} 1 & -\phi_z & \phi_y \\ \phi_z & 1 & -\phi_x \\ -\phi_y & \phi_x & 1 \end{pmatrix} \tag{2.88}$$

が得られる．

この回転操作による波動関数の変換が演算子 $U(\boldsymbol{\phi})$ を用いて次のように記述できるとしよう．

$$U(\boldsymbol{\phi})\psi(\mathbf{r}) = \psi'(\mathbf{r}) \tag{2.89}$$

式 (2.89) の $U(\boldsymbol{\phi})$ は波動関数がスカラー表記の場合とベクトル表記の場合で少し異なる．まずスカラーの場合を見ておこう．

式 (2.85) と式 (2.89) を組み合わせると，

$$\begin{aligned} U(\boldsymbol{\phi})\psi(\mathbf{r}) &= \psi(R^{-1}\mathbf{r}) \\ &\simeq \psi(\mathbf{r} - \boldsymbol{\phi} \times \mathbf{r}) \\ &\simeq \psi(\mathbf{r}) - (\boldsymbol{\phi} \times \mathbf{r}) \cdot \nabla\psi(\mathbf{r}) \\ &= \psi(\mathbf{r}) - \frac{i}{\hbar}(\boldsymbol{\phi} \times \mathbf{r}) \cdot \mathbf{p}\psi(\mathbf{r}) \end{aligned} \tag{2.90}$$

となるので，軌道角運動量 $\mathbf{L}$ の定義 (2.78) を思い出すと

$$U(\boldsymbol{\phi}) \simeq 1 - \frac{i}{\hbar}\boldsymbol{\phi}\cdot\mathbf{L} \tag{2.91}$$

と書けることがわかる．

次に波動関数がベクトル表記される場合は，式 (2.86) と式 (2.89) を組み合わせて，さらに式 (2.88) を使うことにより

$$\begin{aligned}
U(\boldsymbol{\phi})\boldsymbol{\psi}(\mathbf{r}) &= R\boldsymbol{\psi}(R^{-1}\mathbf{r}) \\
&\simeq \boldsymbol{\psi}(R^{-1}\mathbf{r}) + \boldsymbol{\phi}\times\boldsymbol{\psi}(R^{-1}\mathbf{r}) \\
&\simeq \boldsymbol{\psi}(\mathbf{r}-\boldsymbol{\phi}\times\mathbf{r}) + \boldsymbol{\phi}\times\boldsymbol{\psi}(\mathbf{r}) \quad (\boldsymbol{\phi}\text{ の 2 次の項は落ちる}) \\
&= \boldsymbol{\psi}(\mathbf{r}) - \frac{i}{\hbar}(\boldsymbol{\phi}\cdot\mathbf{L})\boldsymbol{\psi}(\mathbf{r}) + \boldsymbol{\phi}\times\boldsymbol{\psi}(\mathbf{r})
\end{aligned} \tag{2.92}$$

となる．例えば $\boldsymbol{\psi}(\mathbf{r})$ が 3 成分の波動関数で，3 次元ベクトルを使って表記されていれば，$U(\boldsymbol{\phi})$ は 3×3 行列となる．このとき式 (2.92) の第 1 項と第 2 項からの寄与は単位行列に比例する．一方，式 (2.92) の第 3 項の形は，式 (2.87) の第 2 項と基本的に同じなので，式 (2.88) を参考にすると，

$$S_x = i\hbar\begin{pmatrix} 0 & 0 & 0 \\ 0 & 0 & -1 \\ 0 & 1 & 0 \end{pmatrix}, \quad S_y = i\hbar\begin{pmatrix} 0 & 0 & 1 \\ 0 & 0 & 0 \\ -1 & 0 & 0 \end{pmatrix},$$

$$S_z = i\hbar\begin{pmatrix} 0 & -1 & 0 \\ 1 & 0 & 0 \\ 0 & 0 & 0 \end{pmatrix} \tag{2.93}$$

という 3×3 行列の組を使って

$$\boldsymbol{\phi}\times\boldsymbol{\psi}(\mathbf{r}) = -\frac{i}{\hbar}(\boldsymbol{\phi}\cdot\mathbf{S})\boldsymbol{\psi}(\mathbf{r}) \tag{2.94}$$

と表現できることがわかる．この $\mathbf{S}$ を用いると，微小回転を表す変換は

$$U(\boldsymbol{\phi}) \simeq 1 - \frac{i}{\hbar}\boldsymbol{\phi}\cdot(\mathbf{L}+\mathbf{S}) \tag{2.95}$$

と書くことができる．式 (2.95) の $\mathbf{S}$ は波動関数が多成分であることに伴って軌道角運動量とは別個に系が取り得る角運動量であり，**スピン角運動量** (spin angular momentum) と呼ばれる．また軌道角運動量とスピン角運動量の和

$$\mathbf{J} = \mathbf{L} + \mathbf{S} \tag{2.96}$$

を**全角運動量** (total angular momentum) と呼ぶ．$\mathbf{L}$ と $\mathbf{S}$ は互いに可換であるが，それぞれ単独では H と可換ではない．しかしその組み合わせである $\mathbf{J}$ は H と可換であり，全角運動量は保存量である．

なお上では $\psi(\mathbf{r})$ が 3 次元ベクトル表記される場合の具体的な $\mathbf{S}$ を示したが，この $\mathbf{S}$ は一般に n 次元 ($n \geq 2$) ベクトル表記の $\psi(\mathbf{r})$ に対して求めることができる．上の 3 次元の場合の $\mathbf{S}$ について，式 (2.93) の行列を用いて $\mathbf{S}^2 = S_x^2 + S_y^2 + S_z^2$ を計算すると $2\hbar^2 I$ となる (I は単位行列)．軌道角運動量の場合に $\mathbf{L}^2$ の固有値が $\ell(\ell+1)\hbar^2$ で与えられていたことを思い出すと，$2\hbar^2$ という固有値は $\ell = 1$ の場合に対応する．したがって式 (2.93) はスピン角運動量量子数が 1 のときのスピン角運動量演算子であることがわかる．

ここで注意してほしいのは，多成分波動関数 $\psi(\mathbf{r})$ がベクトル表記されていることと，スカラー波動関数 $\psi(\mathbf{r})$ のケット $|\psi\rangle$ がベクトルであるということは本質的に異なるという点である．後者のスカラー波動関数では，ヒルベルト空間の「基底ベクトル」と見なしていた固有関数は実は直交するスカラー関数である．しかし前者の多成分波動関数ではヒルベルト空間の「基底ベクトル」となる固有関数自体がベクトル関数になっている．このため多成分波動関数 $\psi(\mathbf{r})$ のブラケット表示は複雑になる．例えば，2.13 節で議論するスピンのために電子の波動関数は 2 成分波動関数となっているので，スピンまで含めた波動関数のケットは単純なベクトルにはならない．

$\mathbf{L}$ が交換関係 (2.82) を満たすことはすでに述べたが，式 (2.93) を用いて直接計算すると，$\mathbf{S}$ も同じ交換関係を満たすことが確認できる．さらに $\mathbf{L}$ と $\mathbf{S}$ は可換であり，その和である $\mathbf{J}$ も同じ交換関係を満たす．つまり

$$[J_i, J_j] = i\hbar \sum_k \epsilon_{ijk} J_k \tag{2.97}$$

が成立する．なおこの交換関係は

$$\mathbf{J} \times \mathbf{J} = i\hbar \mathbf{J} \tag{2.98}$$

という表式と同じであり，式 (2.98) は $\mathbf{J}$ の具体的な行列表現を求めるときに使われる．さらに

$$[\mathbf{J}^2, J_i] = 0 \tag{2.99}$$

も成立することが簡単に確かめられる．詳細は省略するが，$\mathbf{J}$ の交換関係を

用いて計算すると，$\mathbf{J}^2$ の固有値が全角運動量量子数 j を用いて $j(j+1)\hbar^2$ と表され，しかも j として許される値は $0, \frac{1}{2}, 1, \frac{3}{2}, 2, \cdots$ であることがわかる．

最後に，無限小回転について得られた演算子 $U(\phi)$ の表式 (2.95) を有限の回転ベクトル $\boldsymbol{\phi}$ に対して拡張しよう．座標系の主軸の 1 つ，例えば x 軸を $\boldsymbol{\phi}$ と平行になるようにとることにする．そうすると，$\boldsymbol{\phi}$ の長さを ϕ から $\phi + \Delta\phi$ にわずかに増やす効果は，有限回転に対する $U(\phi)$ にさらにわずかな回転，$1 - (i/\hbar)\Delta\phi J_x$ を付け加えることになるので，そのような付加的回転後の $U(\phi + \Delta\phi)$ は

$$U(\phi + \Delta\phi) \simeq \left(1 - \frac{i}{\hbar}\Delta\phi J_x\right) U(\phi) \tag{2.100}$$

と書くことができる．したがって $U(\phi)$ は次の微分方程式

$$\frac{dU(\phi)}{d\phi} = -\frac{i}{\hbar} J_x U(\phi) \tag{2.101}$$

を満たすことになり，これは $U(0) = 1$ という境界条件を考慮して

$$U(\phi) = e^{-i\phi J_x/\hbar} \tag{2.102}$$

と解くことができる．ここまで回転軸を x 軸としていたが，これは一般化することができ，有限の回転に対する演算子が次のように得られる．

$$U(\boldsymbol{\phi}) = \exp\left(\frac{-i\boldsymbol{\phi}\cdot\mathbf{J}}{\hbar}\right) \tag{2.103}$$

この結果から，$j = \frac{1}{2}, \frac{3}{2}, \cdots$ という半整数の場合に対して興味深い結論が得られる．$\mathbf{L}$ のときと同様，$\mathbf{J}^2$ と J_i は同時対角化が可能なので，例えば J_z を対角行列にすることができる．このとき J_z の固有値 $m\hbar$ は $-j\hbar$ から $+j\hbar$ まで $\hbar$ 刻みの値をとる．いま系を z 軸の周りに 1 回転させるとしよう（つまり $\phi = 2\pi$）．このときの回転演算子は式 (2.103) から

$$U(2\pi) = e^{-i(2\pi J_z/\hbar)} \tag{2.104}$$

と計算される．J_z が対角行列であることから $U(2\pi)$ も対角行列となり，その対角要素は J_z の固有値を反映して $e^{-i(2m\pi)}$ となる．j が半整数であれば，m は整数 ν を用いて $m = \nu + \frac{1}{2}$ と書けるので，$e^{-i(2m\pi)} = e^{-i[(2\nu+1)\pi]} = -1$ となり，

$$U(2\pi) = -I \quad \left(j = \frac{1}{2}, \frac{3}{2}, \cdots \text{のとき}\right) \tag{2.105}$$

が結論される（I は単位行列）．このことは，**系を 2π 回転してももとには戻らず，符号が反転する**ことを意味する．したがって，半整数スピンを持つ粒子の波動関数は 2π 回転させたときに符号が反転する特殊な性質を備えていることがわかる．回転したときに式 (2.103) で変換されるような関数を**スピノル** (spinor) と呼ぶ．

[2.13] スピン

軌道角運動量は粒子の力学変数である $\mathbf{r}$ と $\mathbf{p}$ を使って定義されるものだったので，同じく力学変数を使って定義されるハミルトニアンと一般には可換ではない．このため，エネルギーと軌道角運動量は同時に対角化できるとは限らない．しかしもし，粒子が力学変数と結合しない「内部自由度」として内因性角運動量を持っていれば，それは力学的ハミルトニアンと可換であり，エネルギーと同時に対角化できる．つまりこの場合，エネルギー固有値とは独立に内因性角運動量の固有値をよい量子数として指定できる．

実は，電子はそのような内部自由度としての内因性角運動量を持っていることが知られており，それが**スピン** (spin) である[※1]．このスピンが持つ内因性角運動量，すなわちスピン角運動量の演算子は 2.12 節で導入した $\mathbf{S}$ だが，スピンはしばしば無次元量として議論されるので，これとは別に**スピン演算子** (spin operator) $\mathbf{s}$ を

$$\mathbf{s} \equiv \mathbf{S}/\hbar \tag{2.106}$$

と定義し，$\mathbf{S}$ の代わりに $\mathbf{s}$ を使うと便利であることが多い．

2.12 節の全角運動量 $\mathbf{J}$ に関する議論で $\mathbf{L} = 0$ とおけば $\mathbf{J} = \mathbf{S}$ であるから，$\mathbf{J}$ に関する結果はすべて $\mathbf{s}$ にも適用できる．このことから，$\mathbf{s}^2$ の固有値は $s(s+1)$ であることがわかる．また交換関係も $\mathbf{J}$ と同様に

$$[s_i, s_j] = i \sum_k \epsilon_{ijk} s_k \tag{2.107}$$

および

$$[s^2, s_i] = 0 \tag{2.108}$$

[※1] ただし 2.17 節で解説するスピン軌道相互作用のため，スピンは力学変数と結合する．これが強い場合には，スピンは単独ではよい量子数にならない．

が成立する．式 (2.108) が s^2 と s_z の同時対角化が可能であることを保障する．電子の場合，s_z が対角化されたときに取り得る値が $\pm\frac{1}{2}$ であることがわかっている．これはつまり，スピン量子化軸（z 軸）に対してアップスピン $(+\frac{1}{2})$ かダウンスピン $(-\frac{1}{2})$ の 2 つの固有状態しかないことを意味する．

それではこのスピンの波動関数を考えよう．スピンは内部自由度であるから，それを記述する波動関数は位置座標や運動量には依存しない．その自由度は $s_z = \pm\frac{1}{2}$ に対応する 2 だけである．そこで $s_z = +\frac{1}{2}$ と $s_z = -\frac{1}{2}$ に対応する固有状態を χ_+, χ_- と表記し，それぞれ 2 次元ベクトルとして

$$\chi_+ \equiv \begin{pmatrix} 1 \\ 0 \end{pmatrix}, \quad \chi_- \equiv \begin{pmatrix} 0 \\ 1 \end{pmatrix} \tag{2.109}$$

と定義することにする．スピン量子化軸が z 軸以外の一般の場合のスピン波動関数は，これらの線形結合として次のように表される．

$$\chi = u\chi_+ + v\chi_- = \begin{pmatrix} u \\ v \end{pmatrix} \tag{2.110}$$

波動関数の規格化の条件から

$$|\chi|^2 = (u^*, v^*) \begin{pmatrix} u \\ v \end{pmatrix} = u^*u + v^*v = |u|^2 + |v|^2 = 1 \tag{2.111}$$

が与えられる．このスピン波動関数のヒルベルト空間は，χ_+ と χ_- の 2 つの「関数」を基底ベクトルとして持つ．スピンは内部自由度なので，その波動関数は $\mathbf{r}$ などにはよらないが，χ はあくまで「波動関数」であることを覚えておこう．

電子の波動関数は通常の $\psi(\mathbf{r})$ と χ を合わせて

$$\psi(\mathbf{r})\chi \tag{2.112}$$

と書かれるが，これにより，$\psi(\mathbf{r})$ のヒルベルト空間が 2 倍に拡張されることになる．波動関数をケットで表示する際は，アップスピン（+）とダウンスピン（$-$）のヒルベルト空間を分けて $|\psi\rangle_+, |\psi\rangle_-$ と書くことが多い．

ここで，**パウリ行列** (Pauli matrices) と呼ばれる 3 つの 2×2 行列

$$\sigma_x = \begin{pmatrix} 0 & 1 \\ 1 & 0 \end{pmatrix}, \quad \sigma_y = \begin{pmatrix} 0 & -i \\ i & 0 \end{pmatrix}, \quad \sigma_z = \begin{pmatrix} 1 & 0 \\ 0 & -1 \end{pmatrix} \tag{2.113}$$

を導入しよう．この 3 つの行列を元とする 3 次元の「ベクトル」として $\boldsymbol{\sigma}$ を定義すると，それを用いて式 (2.110) のスピン波動関数に作用するスピン演算子 $\mathbf{s}$ を

$$\mathbf{s} = \frac{1}{2}\boldsymbol{\sigma} \tag{2.114}$$

と書くことができる．パウリ行列を直接計算することにより，式 (2.114) で与えられる $\mathbf{s}$ が必要な交換関係 (2.107) を満たすことは簡単に確かめられる．

このパウリ行列の 2 乗を計算すると

$$\sigma_x^2 = \sigma_y^2 = \sigma_z^2 = \begin{pmatrix} 1 & 0 \\ 0 & 1 \end{pmatrix} = I \tag{2.115}$$

となり（I は単位行列），$\mathbf{s}^2$ と s_i の交換関係 (2.108) が成立することも明らかである．また式 (2.115) と $\mathbf{s}$ の表式 (2.114) から，任意のスピン波動関数 χ に対して $\mathbf{s}^2$ の期待値が $\frac{3}{4}$ $(=\frac{1}{2}\cdot\frac{3}{2})$ になるので，パウリ行列で与えられる式 (2.114) はスピン角運動量量子数が $\frac{1}{2}$ のときのスピン演算子であることがわかる．これに対して式 (2.93) はスピン角運動量量子数が 1 のときの演算子であった．

なおパウリ行列は

$$\sigma_x\sigma_y + \sigma_y\sigma_x = 0, \quad \sigma_y\sigma_z + \sigma_z\sigma_y = 0, \quad \sigma_z\sigma_x + \sigma_x\sigma_z = 0 \tag{2.116}$$

という関係を満たすが，これらの左辺は**反交換関係** (anticommutation relation) $\{\sigma_i, \sigma_j\}$ に対応するので，パウリ行列の反交換関係は 0 であることがわかる．

電子のスピンは $\frac{1}{2}$ という半整数であり，その波動関数 χ は 2.12 節の最後で述べたスピノルとしての性質を持つので，2π の空間回転で符号が反転する．このことは，次のようにして直接確認できる．$\mathbf{L} = 0$ の電子は $\mathbf{J} = \hbar\mathbf{s} = \frac{1}{2}\hbar\boldsymbol{\sigma}$ を持つことから，回転ベクトル $\boldsymbol{\phi}$ に関する回転演算子は式 (2.103) を用いて

$$U(\boldsymbol{\phi}) = \exp\left(\frac{-i\boldsymbol{\phi}\cdot\boldsymbol{\sigma}}{2}\right) \tag{2.117}$$

で与えられる．ここで回転軸を z 軸にとると式 (2.117) から

$$U(\phi) = \exp\left(\frac{-i\phi\sigma_z}{2}\right) = \begin{pmatrix} e^{-i\phi/2} & 0 \\ 0 & e^{+i\phi/2} \end{pmatrix} \Rightarrow U(2\pi) = \begin{pmatrix} -1 & 0 \\ 0 & -1 \end{pmatrix} \tag{2.118}$$

となり，実際に 2π の回転が χ の符号を反転させることがわかる．

[2.14] 時間反転対称性とクラマース縮退

　ここではまず，時間反転操作に対応する演算子の具体的な形を求めよう．ある量子状態 $|\psi\rangle$ を考え，これに位置座標演算子 $\mathbf{r}$ を作用させると $|\phi\rangle = \mathbf{r}|\psi\rangle$ に変換されるとする．$\mathbf{r}$ の符号は時間反転で変化しないので，$|\phi\rangle = \mathbf{r}|\psi\rangle$ という関係も時間反転によって変化しないと期待される．したがって時間反転演算子を Θ として，$|\psi'\rangle = \Theta|\psi\rangle$ および $|\phi'\rangle = \Theta|\phi\rangle$ のように変換されるなら，変換された先でも $|\phi'\rangle = \mathbf{r}|\psi'\rangle$ という関係が成立するはずである．このことから，

$$\mathbf{r}\Theta|\psi\rangle = \mathbf{r}|\psi'\rangle = |\phi'\rangle = \Theta|\phi\rangle = \Theta\mathbf{r}|\psi\rangle \tag{2.119}$$

となることがわかる．$|\psi\rangle$ は任意の量子状態であり，次の関係が得られる．

$$\mathbf{r}\Theta = \Theta\mathbf{r} \quad \Rightarrow \quad \Theta^{-1}\mathbf{r}\Theta = \mathbf{r} \tag{2.120}$$

これは演算子 $\mathbf{r}$ が演算子 Θ の作用に対して不変であることを意味する．これに対して，運動量演算子 $\mathbf{p}$ は時間反転で符号を変えるので，上と同様の議論によって

$$\mathbf{p}\Theta = -\Theta\mathbf{p} \quad \Rightarrow \quad \Theta^{-1}\mathbf{p}\Theta = -\mathbf{p} \tag{2.121}$$

が得られる．$\mathbf{p} = -i\hbar\nabla$ であることを思い出すと，複素共役をとる演算子 K が式 (2.120) および式 (2.121) を同時に満たす演算子であることに気付く．

　さらに電子のスピン演算子 $\mathbf{s}$ を考えると，これは基本的に角運動量演算子であるので時間反転に対して符号を変えなければならない ($\Theta^{-1}\mathbf{s}\Theta = -\mathbf{s}$). しかし $\mathbf{s}$ の具体的な表式 (2.114) を思い出すと，s_x と s_z は実数なので K を作用させても符号は反転しない．このことから，すべての s_x, s_y, s_z の符号を反転させるためには

$$\Theta = -i\sigma_y K \tag{2.122}$$

という演算子を作用させる必要があることがわかる．この演算子が s_x, s_y, s_z すべての符号を反転させることは簡単な計算で確認できる．したがって式 (2.122) はスピン $\frac{1}{2}$ の場合の時間反転演算子の具体的な表式を与える．一般には，時間反転演算子の表式はスピン角運動量演算子の表示方法によって変化する．

ここで n 個の電子からなる系を考えよう．この系に対する時間反転演算子 Θ は

$$\Theta = (-i\sigma_{y,1}) \otimes (-i\sigma_{y,2}) \otimes \cdots \otimes (-i\sigma_{y,n})K \tag{2.123}$$

と書くことができる．ここで $\otimes$ はテンソル積の記号であり，異なる基底またはそれらに作用する演算子を組み合わせるときに使う．$\sigma_{y,i}$ は i 番目の電子のみに作用する演算子であり，これらの並び順は重要でない．また $\sigma_{y,i}$ は純虚数の行列なので各括弧の中は実数の行列であり，したがって K と可換である．このことと $\sigma_y^2 = 1$ を踏まえると，

$$\Theta^2 = (-I_1) \otimes (-I_2) \otimes \cdots \otimes (-I_n) \tag{2.124}$$

となることがわかる（I_n は n 番目の電子に作用する単位行列である）．

この n 個の電子系が時間反転対称性を持つとき，

$$\Theta^{-1} H \Theta = H \quad \Rightarrow \quad [\Theta, H] = 0 \tag{2.125}$$

が成立する．したがってこの系のエネルギー固有状態の 1 つが $|u_j\rangle$ だったとすると，$\Theta|u_j\rangle$ も同じエネルギー固有値を持つ固有状態となる．このとき系に縮退がないと仮定しよう．そうすると $\Theta|u_j\rangle$ は $|u_j\rangle$ と同じ状態ということになるので，ある数 c を用いて $\Theta|u_j\rangle = c|u_j\rangle$ と書けるはずである．これから次の関係が得られる．

$$\Theta^2 |u_j\rangle = \Theta c |u_j\rangle = c^* \Theta |u_j\rangle = |c|^2 |u_j\rangle \tag{2.126}$$

もし $\Theta^2 = +1$ なら，上記の状況は可能である．しかしもし $\Theta^2 = -1$ なら，式 (2.126) を満たすような c は存在しない．これはすなわち，$\Theta^2 = -1$ のときには系に縮退が存在しなければならないことを意味する．式 (2.124) から，n が奇数なら $\Theta^2 = -1$ になることがわかるので，上記の考察から，**奇数個の電子からなる時間反転対称な系においては，量子状態は少なくとも二重に縮退している**と結論できる．これを**クラマースの定理** (Kramers theorem) あるいは**クラマース縮退** (Kramers degeneracy) と呼ぶ．

なお $\Theta^2 = -1$ のときに，2 つの縮退した状態は必ず直交することも次のように示すことができる．まず，第 5 章で証明するように（式 (5.67) 参照），$\langle \Theta\psi | \Theta\phi \rangle = \langle \phi | \psi \rangle$ という関係が一般に成り立つので，$\langle \psi | = \langle \Theta u_j |$ および $|\phi\rangle = |u_j\rangle$ と選ぶと，この関係式から $\langle \Theta^2 u_j | \Theta u_j \rangle = \langle u_j | \Theta u_j \rangle$ が得られる．

$\Theta^2 = -1$ であれば $-\langle u_j | \Theta u_j \rangle = \langle u_j | \Theta u_j \rangle$ となってしまうので, $\langle u_j | \Theta u_j \rangle = 0$ でなければならない. これはすなわち, $|u_j\rangle$ と $|\Theta u_j\rangle$ が直交することを意味する.

[2.15] ディラック方程式

シュレーディンガー方程式はローレンツ変換に対して不変ではないので, 相対論と相容れない. つまり, 粒子の速度が光速に近くなった相対論的領域では, シュレーディンガー方程式が成立することは期待できない. そこで電子のようなスピン $\frac{1}{2}$ 粒子に対する相対論的量子力学を作ったのがディラックである (1928年). 彼がその導出において基本においたのが, 相対論におけるエネルギーと運動量の関係式

$$E^2 = c^2 p^2 + m^2 c^4 \tag{2.127}$$

と波動方程式

$$i\hbar \frac{\partial}{\partial t} \Psi(\mathbf{r}, t) = H \Psi(\mathbf{r}, t) \tag{2.128}$$

であった. 相対論ではローレンツ変換により時間 t と位置座標 $\mathbf{r}$ が混ざり合うため, これらが一緒になって4次元時空ベクトルを形成している. またエネルギー E と運動量 $\mathbf{p}$ も4次元ベクトルを形成する. 以下では, 量子論におけるエネルギー演算子と固有値を区別するために, 前者を $\hat{E}$, 後者を単に E と書くことにする. 式 (2.128) では左辺に $\hat{E}$ の具体的表式である $i\hbar(\partial/\partial t)$ が1次の形で入っているので, ローレンツ不変性を保つためにはハミルトニアンは

$$H = c\boldsymbol{\alpha} \cdot \mathbf{p} + \beta mc^2 \tag{2.129}$$

の形になるべきであるとディラックは考えた (係数の c や mc^2 は $\boldsymbol{\alpha}, \beta$ を無次元にするために入っている). ここで $\boldsymbol{\alpha}, \beta$ は $\mathbf{r}, t, \mathbf{p}, \hat{E}$ によらない項と考えるので, これらの力学変数と $\boldsymbol{\alpha}, \beta$ は可換である. しかし $\alpha_x, \alpha_y, \alpha_z, \beta$ の4つの項がそれぞれ互いに可換であるとは仮定しない. ハミルトニアン (2.129) を式 (2.128) に代入して $i\hbar(\partial/\partial t) \to \hat{E}$ とすると次式が得られる.

$$[\hat{E} - (c\boldsymbol{\alpha} \cdot \mathbf{p} + \beta mc^2)]\Psi = 0 \tag{2.130}$$

これはまた演算子を明示的に表して次のようにも書くことができる.

$$\left(i\hbar\frac{\partial}{\partial t} + i\hbar c\,\boldsymbol{\alpha}\cdot\nabla - \beta mc^2\right)\Psi = 0 \tag{2.131}$$

ここで式 (2.130) の解として得られる固有エネルギーが式 (2.127) に帰着するという条件を与えることによって $\boldsymbol{\alpha}, \beta$ を決めることを考える．1次式である式 (2.130) を式 (2.127) の形の2次式にするには，左から $[\hat{E}+(c\boldsymbol{\alpha}\cdot\mathbf{p}+\beta mc^2)]$ をかけてやればよさそうである．これを行うと

$$[\hat{E}^2 - (c\boldsymbol{\alpha}\cdot\mathbf{p}+\beta mc^2)^2]\Psi(\boldsymbol{r},t) = 0 \tag{2.132}$$

となり，この括弧の中を展開すると

$$\begin{aligned}\{\hat{E}^2 &- c^2[\alpha_x^2 p_x^2 + \alpha_y^2 p_y^2 + \alpha_z^2 p_z^2 + (\alpha_x\alpha_y + \alpha_y\alpha_x)p_x p_y \\ &+ (\alpha_y\alpha_z + \alpha_z\alpha_y)p_y p_z + (\alpha_z\alpha_x + \alpha_x\alpha_z)p_z p_x] - m^2 c^4 \beta^2 \\ &- mc^3[(\alpha_x\beta + \beta\alpha_x)p_x + (\alpha_y\beta + \beta\alpha_y)p_y + (\alpha_z\beta + \beta\alpha_z)p_z]\}\Psi = 0\end{aligned} \tag{2.133}$$

が得られる．式 (2.133) の固有エネルギーが式 (2.127) に帰着するためには，

$$\begin{aligned}&\alpha_x^2 = \alpha_y^2 = \alpha_z^2 = \beta^2 = 1, \\ &\alpha_x\alpha_y + \alpha_y\alpha_x = 0, \quad \alpha_y\alpha_z + \alpha_z\alpha_y = 0, \quad \alpha_z\alpha_x + \alpha_x\alpha_z = 0, \\ &\alpha_x\beta + \beta\alpha_x = 0, \quad \alpha_y\beta + \beta\alpha_y = 0, \quad \alpha_z\beta + \beta\alpha_z = 0\end{aligned} \tag{2.134}$$

が成立する必要がある．もし $\alpha_x, \alpha_y, \alpha_z, \beta$ が数（スカラー）であれば互いに可換になってしまうので，式 (2.134) を満たすことはできない．したがってこれらは式 (2.134) の反交換関係を満たす4つの行列の組である必要がある．2.14節で導入した 2×2 のパウリ行列 $\sigma_x, \sigma_y, \sigma_z$ は3個一組で式 (2.116) の反交換関係を満たすが，2×2 行列の範囲内では4つ目を見つけることはできない．したがって4つの行列が互いに反交換関係を満たすようにするには行列のサイズを大きくしなければならず，最低 4×4 行列が必要であることがわかっている．実はこのような行列の組の取り方にはいろいろあるが，標準的に使われるのが

$$\alpha_x = \begin{pmatrix} 0 & \sigma_x \\ \sigma_x & 0 \end{pmatrix}, \quad \alpha_y = \begin{pmatrix} 0 & \sigma_y \\ \sigma_y & 0 \end{pmatrix}, \quad \alpha_z = \begin{pmatrix} 0 & \sigma_z \\ \sigma_z & 0 \end{pmatrix},$$
$$\beta = \begin{pmatrix} I_2 & 0 \\ 0 & -I_2 \end{pmatrix} \tag{2.135}$$

である（I_2 は 2×2 の単位行列）．式 (2.135) のような α, β の取り方を**ディラック表示** (Dirac representation) と呼ぶ．

このようにして相対論的波動方程式 (2.130) が 4×4 の行列方程式であることがわかったので，波動関数 $\Psi(\mathbf{r},t)$ は必然的に 4 成分となり，四元ベクトルを用いて表記される．この 4 成分波動関数を与える相対論的波動方程式を**ディラック方程式** (Dirac equation) と呼ぶ．式 (2.130) にはポテンシャルエネルギーが入っていないので，これは自由粒子の運動を記述する方程式である．そこで式 (2.130) の平面波解

$$\Psi(\mathbf{r},t) = \begin{pmatrix} \psi_1(\mathbf{r},t) \\ \psi_2(\mathbf{r},t) \\ \psi_3(\mathbf{r},t) \\ \psi_4(\mathbf{r},t) \end{pmatrix} = e^{i(\mathbf{k}\cdot\mathbf{r}-\omega t)} \begin{pmatrix} u_1 \\ u_2 \\ u_3 \\ u_4 \end{pmatrix} \tag{2.136}$$

を求めてみよう．式 (2.136) と式 (2.135) を式 (2.130) に代入すると，連立方程式

$$\begin{pmatrix} E-mc^2 & 0 & -cp_z & -c(p_x-ip_y) \\ 0 & E-mc^2 & -c(p_x+ip_y) & cp_z \\ -cp_z & -c(p_x-ip_y) & E+mc^2 & 0 \\ -c(p_x+ip_y) & cp_z & 0 & E+mc^2 \end{pmatrix} \begin{pmatrix} u_1 \\ u_2 \\ u_3 \\ u_4 \end{pmatrix} = 0 \tag{2.137}$$

が得られる．式 (2.137) で $E=\hbar\omega$ と $\mathbf{p}=\hbar\mathbf{k}$ はもはや演算子ではなく数である．この連立方程式が非自明な解を持つためには，その中の 4×4 行列の行列式がゼロになる必要がある．この行列式は $(E^2-m^2c^4-c^2\mathbf{p}^2)^2$ と計算されるので，これをゼロとおくことによってエネルギー固有値を

$$E_\pm = \pm\sqrt{m^2c^4+c^2\mathbf{p}^2} \tag{2.138}$$

と求めることができる．式 (2.138) は実際，式 (2.127) を満たしており，相対論と整合性がとれている．一方，式 (2.137) の解は 4 つあり，それらの成分は

$$u_1=1,\ u_2=0,\ u_3=\frac{cp_z}{E_++mc^2},\ u_4=\frac{c(p_x+ip_y)}{E_++mc^2}$$

$$u_1=0,\ u_2=1,\ u_3=\frac{c(p_x-ip_y)}{E_++mc^2},\ u_4=\frac{-cp_z}{E_++mc^2}$$

$$u_1=\frac{cp_z}{E_--mc^2},\ u_2=\frac{c(p_x+ip_y)}{E_--mc^2},\ u_3=1,\ u_4=0$$

$$u_1 = \frac{c(p_x - ip_y)}{E_- - mc^2},\ u_2 = \frac{-cp_z}{E_- - mc^2},\ u_3 = 0,\ u_4 = 1 \qquad (2.139)$$

である．つまりディラック方程式の平面波解には 4 種類があり，それらの波動関数は上記の成分を持つ 4 つの四元ベクトルで表記される．最初の 2 つが正のエネルギー解，後の 2 つが負のエネルギー解である．なお規格化のためには $[1 + c^2\mathbf{p}^2/(E_+ + mc^2)^2]^{-\frac{1}{2}}$ をかける必要がある．

ディラック方程式の波動関数である四元ベクトルに対するスピン演算子は，式 (2.114) の自然な拡張として

$$\mathbf{s} = \frac{1}{2}\begin{pmatrix} \boldsymbol{\sigma} & 0 \\ 0 & \boldsymbol{\sigma} \end{pmatrix} \equiv \frac{1}{2}\boldsymbol{\sigma}' \qquad (2.140)$$

で与えられる．スピン角運動量演算子 $\mathbf{S}$ は式 (2.140) に $\hbar$ をかけたものである．式 (2.139) で与えた正負のエネルギーに対応する 2 つずつの解は，s_z の固有値 $+\frac{1}{2}$ と $-\frac{1}{2}$ で区別されることが簡単に確認できる．

[2.16] 電子の磁気双極子モーメント

電子が磁場中におかれたときのディラック方程式を考えると，電子スピンに起因する磁気双極子モーメントが自然に出てくることを示そう．磁場と電場が作るポテンシャルは，それぞれベクトルポテンシャル $\mathbf{A}$ と静電ポテンシャル ϕ で記述できる．電磁気学における ϕ と $(1/c)\mathbf{A}$ の組み合わせは，力学における E と $\mathbf{p}$ の組み合わせと同じローレンツ変換性を示すので，ディラック方程式中で $\hat{E} \to \hat{E} - e\phi$ および $\mathbf{p} \to \mathbf{p} - (e/c)\mathbf{A}$ という置き換えを行うことによって電磁場の効果を取り入れることができる．

本節では静電ポテンシャル $\phi = 0$ とし，時間的に変化しないベクトルポテンシャル $\mathbf{A}$ の効果のみを考える．このとき，$\mathbf{p} \to \mathbf{p} - (e/c)\mathbf{A}$ の置き換えをディラック方程式 (2.130) に施すと

$$\{\hat{E} - [\boldsymbol{\alpha} \cdot (c\mathbf{p} - e\mathbf{A}) + \beta mc^2]\}\Psi = 0 \qquad (2.141)$$

となる．式 (2.132) を導いたときと同様に，左から $\{\hat{E} + [\boldsymbol{\alpha}\cdot(c\mathbf{p}-e\mathbf{A}) + \beta mc^2]\}$ をかけると

$$\{\hat{E}^2 - [\boldsymbol{\alpha}\cdot(c\mathbf{p}-e\mathbf{A})]^2 - m^2c^4 - \hat{E}\boldsymbol{\alpha}\cdot(c\mathbf{p}-e\mathbf{A}) + \boldsymbol{\alpha}\cdot(c\mathbf{p}-e\mathbf{A})\hat{E}\}\Psi = 0 \qquad (2.142)$$

が得られる．左辺の第2項は

$$(\boldsymbol{\alpha}\cdot\mathbf{X})(\boldsymbol{\alpha}\cdot\mathbf{Y}) = \mathbf{X}\cdot\mathbf{Y} + i\boldsymbol{\sigma}'\cdot(\mathbf{X}\times\mathbf{Y}) \tag{2.143}$$

という関係式を用いて以下のように変形できる（式 (2.143) 中の $\boldsymbol{\sigma}'$ は式 (2.140) で定義した拡大パウリ行列で，$\mathbf{X}$ と $\mathbf{Y}$ はともに $c\mathbf{p} - e\mathbf{A}$ で置き換える）．

$$[\boldsymbol{\alpha}\cdot(c\mathbf{p}-e\mathbf{A})]^2 = (c\mathbf{p}-e\mathbf{A})^2 - e\hbar c\boldsymbol{\sigma}'\cdot\mathbf{B} \tag{2.144}$$

ただしこの右辺第2項を導くにあたって

$$(c\mathbf{p}-e\mathbf{A})\times(c\mathbf{p}-e\mathbf{A}) = -ce(\mathbf{A}\times\mathbf{p}+\mathbf{p}\times\mathbf{A}) = ie\hbar c\nabla\times\mathbf{A} = ie\hbar c\mathbf{B} \tag{2.145}$$

を用いた．この式の2つ目の等号は，$\mathbf{p}$ が微分演算子であることと $\frac{d}{dx}A\psi - A\frac{d}{dx}\psi = (\frac{d}{dx}A)\psi$ に注意すれば理解できる．また3つ目の等号では磁場 $\mathbf{B}$ がベクトルポテンシャル $\mathbf{A}$ のローテーションで与えられることを使った．

式 (2.142) の最後の2項は，$\partial/\partial t$ と $\partial/\partial\mathbf{r}$ は独立な演算子なので交換することと，$\frac{d}{dt}A\psi - A\frac{d}{dt}\psi = (\frac{d}{dt}A)\psi$ に注意すると

$$-\hat{E}\boldsymbol{\alpha}\cdot(c\mathbf{p}-e\mathbf{A}) + \boldsymbol{\alpha}\cdot(c\mathbf{p}-e\mathbf{A})\hat{E} = e\boldsymbol{\alpha}\cdot(\hat{E}\mathbf{A}-\mathbf{A}\hat{E})$$
$$= ie\hbar\boldsymbol{\alpha}\cdot\frac{\partial\mathbf{A}}{\partial t} \tag{2.146}$$

となるので，静磁場中ではゼロである．したがって式 (2.142) は最終的に

$$[\hat{E}^2 - (c\mathbf{p}-e\mathbf{A})^2 - m^2c^4 + e\hbar c\boldsymbol{\sigma}'\cdot\mathbf{B}]\Psi = 0 \tag{2.147}$$

と変形できる．

それではこの式 (2.147) の非相対論的な極限を考えよう．エネルギー演算子を

$$\hat{E} = \hat{E}' + mc^2 \tag{2.148}$$

と書き直して，$\hat{E}'$ の期待値が mc^2 よりずっと小さいとする．このとき

$$\hat{E}^2 - m^2c^4 \simeq 2mc^2\hat{E}' \tag{2.149}$$

と近似できるので，これを式 (2.147) に代入して

$$\hat{E}'\Psi = \left[\frac{1}{2m}\left(\mathbf{p}-\frac{e}{c}\mathbf{A}\right)^2 - \frac{e\hbar}{2mc}\boldsymbol{\sigma}'\cdot\mathbf{B}\right]\Psi \tag{2.150}$$

が得られる．式 (2.150) はベクトルポテンシャル $\mathbf{A}$ が存在するときのシュレーディンガー方程式と同じ形であり，付加的なポテンシャルエネルギー項として

$$H_{\text{dipole}} = -\frac{e\hbar}{2mc}\boldsymbol{\sigma}' \cdot \mathbf{B} \tag{2.151}$$

が現れている．これは磁場 $\mathbf{B}$ の中で磁気双極子モーメント $(e\hbar/2mc)\boldsymbol{\sigma}'$ が得るエネルギーとなっている．式 (2.140) で定義したように $\boldsymbol{\sigma}'/2$ はスピン演算子 $\mathbf{s}$ であり，s_z の固有値は $\pm\frac{1}{2}$ である．したがって，**電子は磁場中におかれたとき磁気双極子モーメント $e\hbar/(2mc)$ を持つように振舞う**というのがディラック方程式の非相対論的極限における帰結である．

[2.17] スピン軌道相互作用の起源

ディラック方程式に関する解説の締めくくりとして，**スピン軌道相互作用** (spin-orbit interaction) が電子の動力学における相対論的効果であり，ディラック方程式の自然な帰結として得られることを示そう．ここでは電子が原子核の周りを周期運動しているような場合を想定する．つまり座標の原点にある電荷によって作られる静電ポテンシャル ϕ のみを考え，$\mathbf{A} = 0$ とする．このときのディラック方程式は次の通りである．

$$i\hbar \frac{\partial}{\partial t}\Psi = (c\boldsymbol{\alpha} \cdot \mathbf{p} + \beta mc^2 + e\phi)\Psi \tag{2.152}$$

ここで四元ベクトルである Ψ の 4 つの要素を上の 2 つと下の 2 つに分割し，前者を表す二元ベクトルを Ψ_1，後者を Ψ_2 とする．また 2.16 節と同じくエネルギーを

$$\hat{E} = \hat{E}' + mc^2 \tag{2.153}$$

と書き直し，E' の期待値と $e\phi$ が mc^2 よりずっと小さい非相対論的な極限を考える．このとき，式 (2.135) のディラック表示を使うと，波動方程式は

$$(\hat{E}' - e\phi)\Psi_1 - c\boldsymbol{\sigma} \cdot \mathbf{p}\,\Psi_2 = 0 \tag{2.154}$$

$$(\hat{E}' + 2mc^2 - e\phi)\Psi_2 - c\boldsymbol{\sigma} \cdot \mathbf{p}\,\Psi_1 = 0 \tag{2.155}$$

という 2 つの結合した方程式となる．この第 2 式から，Ψ_2 は Ψ_1 よりも v/c のオーダーだけ小さいことがわかる．したがって Ψ_2 は非相対論的な極限では重要でないので，Ψ_1 の解が得られれば十分である．そこで式 (2.155) から

得られる

$$\Psi_2 = (\hat{E}' + 2mc^2 - e\phi)^{-1} c\boldsymbol{\sigma} \cdot \mathbf{p}\,\Psi_1 \tag{2.156}$$

を式 (2.154) に代入して Ψ_2 を消去し，次式を得る．

$$\hat{E}'\Psi_1 = \frac{1}{2m}(\boldsymbol{\sigma} \cdot \mathbf{p})\left(1 + \frac{\hat{E}' - e\phi}{2mc^2}\right)^{-1}(\boldsymbol{\sigma} \cdot \mathbf{p})\Psi_1 + e\phi\Psi_1 \tag{2.157}$$

ここから行う近似では，式を $(\hat{E}' - e\phi)/2mc^2$ のベキで展開して最低次までとることにする．次のような 3 つの関係式[※2]

$$\left(1 + \frac{\hat{E}' - e\phi}{2mc^2}\right)^{-1} \simeq 1 - \frac{\hat{E}' - e\phi}{2mc^2} \tag{2.158}$$

$$\mathbf{p}(e\phi) = (e\phi)\mathbf{p} - ie\hbar\nabla\phi \tag{2.159}$$

$$(\boldsymbol{\sigma} \cdot \nabla\phi)(\boldsymbol{\sigma} \cdot \mathbf{p}) = (\nabla\phi) \cdot \mathbf{p} + i\boldsymbol{\sigma} \cdot [(\nabla\phi) \times \mathbf{p}] \tag{2.160}$$

を用いて式 (2.157) を変形し，次式を得る．

$$\hat{E}'\Psi_1 = \left[\left(1 - \frac{\hat{E}' - e\phi}{2mc^2}\right)\frac{\mathbf{p}^2}{2m} + e\phi\right]\Psi_1$$
$$- \frac{e\hbar^2}{4m^2c^2}(\nabla\phi) \cdot (\nabla\Psi_1) + \frac{e\hbar}{4m^2c^2}\boldsymbol{\sigma} \cdot [(\nabla\phi) \times \mathbf{p}\Psi_1] \tag{2.161}$$

さらに簡単化のため，非相対論的な極限では $\hat{E}' - e\phi$ と $\mathbf{p}^2/2m$ のどちらの期待値も mc^2 に比べて 1 次のオーダーの微小量であり，このため 2 次のオーダーの項である $(\hat{E}' - e\phi)\mathbf{p}^2$ を $\mathbf{p}^4/2m$ で置き換えても大差ないことを利用する．また，もし静電ポテンシャル $\phi(\mathbf{r})$ が球面対称であれば，

$$(\nabla\phi) \cdot \nabla = \frac{d\phi}{dr}\frac{\partial}{\partial r} \tag{2.162}$$

$$\nabla\phi = \frac{1}{r}\frac{d\phi}{dr}\mathbf{r} \tag{2.163}$$

が成立するので，式 (2.161) は次のように変形できる．

$$\hat{E}'\Psi_1 = \left(\frac{\mathbf{p}^2}{2m} - \frac{\mathbf{p}^4}{8m^3c^2} + e\phi - \frac{e\hbar^2}{4m^2c^2}\frac{d\phi}{dr}\frac{\partial}{\partial r} + \frac{e}{2m^2c^2}\frac{1}{r}\frac{d\phi}{dr}\mathbf{S} \cdot \mathbf{L}\right)\Psi_1 \tag{2.164}$$

ここでスピン角運動量演算子 $\mathbf{S} = \frac{1}{2}\hbar\boldsymbol{\sigma}$ と軌道角運動量演算子 $\mathbf{L} = \mathbf{r} \times \mathbf{p}$ を用いた．

[※2] この中の最後の関係式 (2.160) は，式 (2.143) で $\mathbf{X} = \nabla\phi$, $\mathbf{Y} = \mathbf{p}$ とすると得られる．

式 (2.164) の第 1 項と第 3 項は非相対論的シュレーディンガー方程式と同じである．第 2 項は相対論的質量補正に起因するものであり，その起源は

$$\hat{E}' = \hat{E} - mc^2 = (c^2\mathbf{p}^2 + m^2c^4)^{\frac{1}{2}} - mc^2 \simeq \frac{\mathbf{p}^2}{2m} - \frac{\mathbf{p}^4}{8m^3c^2} \qquad (2.165)$$

という展開式から理解できる．第 4 項は静電エネルギーに対する相対論的補正であるが，その検出は難しいためあまり重要ではない．最後の項が求めていた**スピン軌道相互作用のエネルギー** (spin-orbit interaction energy)

$$H_{\mathrm{SO}} = \frac{e}{2m^2c^2} \frac{1}{r} \frac{d\phi}{dr} \mathbf{S} \cdot \mathbf{L} \qquad (2.166)$$

であり，これがディラック方程式の自然な帰結として得られたことになる．

ここまで見てきたように，電子の動力学をディラック方程式で記述すると，電子のスピン，磁気双極子モーメント，スピン軌道相互作用などが自然に出てくる．トポロジカル絶縁体においてスピン軌道相互作用は本質的に重要な役割を果たすので，その起源を理解しておくことは大変有用である．

[2.17.1] 原子中でのスピン軌道相互作用の大きさ

式 (2.166) の相互作用が電子の固有エネルギーに及ぼす影響は，これが十分に小さいと考えれば，2.9 節で学んだ摂動論を用いて計算することができる．まず

$$\mathbf{J}^2 = (\mathbf{L} + \mathbf{S})^2 = \mathbf{L}^2 + \mathbf{S}^2 + 2\mathbf{L} \cdot \mathbf{S} \qquad (2.167)$$

という演算子の関係から，原子が全角運動量量子数 j と軌道角運動量量子数 l を持った状態 $|lj\rangle$ にあるときの $\mathbf{L} \cdot \mathbf{S}$ の期待値は

$$\langle lj|\mathbf{L} \cdot \mathbf{S}|lj\rangle = \frac{1}{2}\left[j(j+1) - l(l+1) - \frac{1}{2}\left(\frac{1}{2}+1\right)\right]\hbar^2 \qquad (2.168)$$

となる．$l > 0$ のときに j が取り得る値は $l+\frac{1}{2}$ か $l-\frac{1}{2}$ だけなので，$\langle lj|\mathbf{L}\cdot\mathbf{S}|lj\rangle$ が取り得る値は j の値に応じて $\frac{1}{2}l\hbar^2$ か $-\frac{1}{2}(l+1)\hbar^2$ である．これを便宜的に一括して $\nu\hbar^2$ と書くことにする．式 (2.166) で与えられるスピン軌道相互作用の期待値 ζ_{nl} は，この $\nu\hbar^2$ を含めた上で電子の波動関数の動径成分 R_{nl}（n は主量子数）を用いて計算され，

$$\zeta_{nl} \equiv \nu\hbar^2 \langle R_{nl}| \frac{e}{2m^2c^2} \frac{1}{r} \frac{d\phi}{dr} |R_{nl}\rangle = \nu\hbar^2 \int_0^\infty r^2 dr\, |R_{nl}|^2 \left(\frac{e}{2m^2c^2} \frac{1}{r} \frac{d\phi}{dr}\right) \qquad (2.169)$$

と書くことができるが，静電ポテンシャルとして $\phi(r) = -Ze/r$（Z は原子番号）を代入すると，

$$\zeta_{nl} = \frac{\nu\hbar^2 Ze^2}{2m^2c^2}\int_0^\infty \frac{1}{r}R_{nl}^2 dr \tag{2.170}$$

という形になる．詳細は省略するが，この積分はラゲール多項式に関する公式を使って行うことができ，結果は

$$\zeta_{nl} = \frac{\nu\hbar^2 Z^4 e^2}{2m^2c^2 a_0^3 n^3 l(l+1/2)(l+1)} \tag{2.171}$$

で与えられる．ただし $a_0 = \hbar^2/(\mu e^2)$ であり，μ は原子核の質量 M と電子の質量 m_e から $\mu = Mm_e/(M+m_e)$ で計算される換算質量である．

式 (2.171) は非常に重要なことを教えてくれる．つまり，**原子中でのスピン軌道相互作用は原子番号 Z の 4 乗で大きくなる**ということである．例えば原子番号 83 番のビスマス Bi では，水素原子に比べてスピン軌道相互作用は 5×10^7 倍も強いことになる．したがって重い元素になればなるほど，スピン軌道相互作用の効果は加速度的に大きくなる．

[2.18] ボゾンとフェルミオン

ここまでは一粒子系の量子力学を見てきた．本節では，多粒子系の量子力学を考える．n 個の同種類の粒子がいるとき，その性質によって粒子を区別することはできない．このときのシュレーディンガー方程式は

$$i\hbar\frac{\partial}{\partial t}\Psi(1,2,\cdots,n;t) = H(1,2,\cdots,n)\Psi(1,2,\cdots,n;t) \tag{2.172}$$

となる．ここで数字は各粒子の位置座標（スピンを持つときは s_z の固有状態も）を表すものとする．粒子は互いに区別できないので，どの 2 つを入れ替えてもハミルトニアン H は変化しない．つまり，H はその位置変数の任意の入れ替えに対して対称である．

このとき波動関数 Ψ は一般には粒子の入れ替えに対して対称性を持つとは限らないが，もし対称性を持つとすると，2 つの場合があり得る．つまり，粒子の入れ替えに対して対称な（符号を変えない）場合と，反対称な（符号を変える）場合である．では実際に，式 (2.172) の解がそのような対称性を持ち得ることを示そう．まずもし反対称波動関数 $\Psi_\mathrm{A}(1,2,\cdots,n;t)$ が式 (2.172) の解であるなら，粒子 1 と 2 を入れ替えた方程式

$$i\hbar\frac{\partial}{\partial t}\Psi_{\mathrm{A}}(2,1,\cdots,n;t) = H(2,1,\cdots,n)\Psi_{\mathrm{A}}(2,1,\cdots,n;t) \quad (2.173)$$

が成立するが，ここで $\Psi_{\mathrm{A}}(2,1,\cdots,n;t) = -\Psi_{\mathrm{A}}(1,2,\cdots,n;t)$ であることと，H の位置変数の入れ替えに対する対称性 $H(2,1,\cdots,n;t) = H(1,2,\cdots,n;t)$ を使うと，$-\Psi_{\mathrm{A}}(2,1,\cdots,n;t)$ はもとのシュレーディンガー方程式 (2.172) の解になっていることが確認できる．同様に，対称波動関数 $\Psi_{\mathrm{S}}(1,2,\cdots,n;t)$ についても，$\Psi_{\mathrm{S}}(2,1,\cdots,n;t)$ がやはり式 (2.172) の解になることは簡単に確認できる．

具体的に対称波動関数を構成するには次のようにすればよい．まず対称化されていない波動関数 $\Psi(1,2,\cdots,n;t)$ を 1 つ見つける．この関数の変数である位置座標について，可能な入れ替えを行った関数をすべて書き出すと，全部で $n!$ 個の関数が得られる．これを全部足し合わせれば，（規格化されていない）対称波動関数 $\Psi_{\mathrm{S}}(1,2,\cdots,n;t)$ が得られる．

反対称波動関数の構成はもう少し面倒である．この場合，もとの波動関数に対して偶数回の位置座標の入れ替えを行った関数をすべて足し，奇数回の入れ替えを行った関数をすべて引く．それにより，$\Psi_{\mathrm{A}}(1,2,\cdots,n;t)$ が得られる．

具体的に 3 つの粒子からなる系について，$u(1,2,3)$ という波動関数があるとき，これから構成される対称波動関数と反対称波動関数は次の通りである．

$$[u(1,2,3)+u(2,3,1)+u(3,1,2)] \pm [u(2,1,3)+u(1,3,2)+u(3,2,1)] \quad (2.174)$$

一般に n 個の粒子の場合の反対称波動関数の構成は複雑だが，粒子間の相互作用が十分に弱く，この多粒子系のハミルトニアンが別々の一粒子系のハミルトニアンの和で近似できるとき，一般的な構成法を与えることができる．まずこの近似的なハミルトニアンを H_0 として

$$H_0(1,2,\cdots,n) = H_0'(1) + H_0'(2) + \cdots H_0'(n) \quad (2.175)$$

と書くと，その波動関数 $u(1,2,\cdots,n)$ とエネルギー固有値 E も，各 $H_0'(i)$ の固有関数 $v_\lambda(i)$ とエネルギー固有値 E_λ を用いて

$$u(1,2,\cdots,n) = v_\alpha(1)v_\beta(2)\cdots v_\nu(n) \quad (2.176)$$

$$E = E_\alpha + E_\beta + \cdots + E_\nu \quad (2.177)$$

と書くことができる．ただし

$$H_0'(1)v_\alpha(1) = E_\alpha v_\alpha(1) \quad 等 \tag{2.178}$$

であり，$\{v_\lambda(1)\}$ は完全正規直交基底を張るとする．$u(1, 2, \cdots, n)$ をもとに構成される反対称波動関数 $u_\mathrm{A}(1, 2, \cdots, n)$ は，$v_\lambda(i)$ を用いて次のように書くことができる．

$$u_\mathrm{A}(1, 2, \cdots, n) = \begin{vmatrix} v_\alpha(1) & v_\alpha(2) & \cdots & v_\alpha(n) \\ v_\beta(1) & v_\beta(2) & \cdots & v_\beta(n) \\ \vdots & \vdots & \vdots & \vdots \\ v_\nu(1) & v_\nu(2) & \cdots & v_\nu(n) \end{vmatrix} \tag{2.179}$$

このように構成した反対称波動関数を **Slater 行列式** (Slater determinant) という．$u_\mathrm{A}(1, 2, \cdots, n)$ が近似的シュレーディンガー方程式 $(H_0 - E)u_\mathrm{A} = 0$ を満たすことは簡単に確認できる．一方，式 (2.175)− 式 (2.178) を満たす系に対して対称波動関数 $u_\mathrm{S}(1, 2, \cdots, n)$ を構成するには，式 (2.176) をもとにして $1, 2, \cdots, n$ のすべての可能な入れ替えを行った $n!$ 個の関数を足し上げればよい．

上記の $u_\mathrm{A}(1, 2, \cdots, n)$ と $u_\mathrm{S}(1, 2, \cdots, n)$ は特殊な性質を持っており，「各状態 $\alpha, \beta, \cdots$ に何個の粒子がいるか」を指定することで，全体の波動関数を決めることができる．これは対称化あるいは反対称化操作を行ったために，粒子の番号はもはや決定的な意味を持たなくなっているからである．興味深いことに，波動関数が対称であるか反対称であるかは，粒子の統計性と密接にかかわっている．つまり，対称な波動関数 u_S においては，同じ状態を何個の粒子でも取り得ることができるが，反対称な波動関数 u_A においては，1 つの状態を取り得る粒子の数は 0 か 1 しかない．なぜなら，もし 2 つの粒子が同じ状態をとったとすると，その 2 つの粒子は区別がつかないので，その 2 つが入れ替わった波動関数はまったく同じであるはずである．しかし u_A は反対称なので，粒子を入れ替えたら符号を変えなければならない．したがって 2 つの粒子が同じ状態をとったときには $u_\mathrm{A} = -u_\mathrm{A}$ となり，これは $u_\mathrm{A} = 0$ を意味する．したがって，2 つの粒子が同じ状態をとる確率はゼロである．

量子統計力学では，同じ状態を取り得る粒子の数に制限がない場合を**ボーズ–アインシュタイン統計** (Bose-Einstein statistics)，1 つの状態を取り得る粒子の数が 0 か 1 である場合を**フェルミ–ディラック統計** (Fermi-Dirac statistics) と呼んでいる．前者にしたがうのが**ボゾン** (boson) であり，後者にしたがうのが**フェルミオン** (fermion) である．電子はフェルミオンなので，多数の電

子が区別のつかない状態にあるときの波動関数は反対称でなければならない．このため，上で導入した Slater 行列式は多体電子系の記述によく使われる．

[2.19] 第 2 量子化

2.18 節で示したように，ほぼ独立で区別がつかない多粒子からなる系の波動関数は，ある固有状態を何個の粒子が占めているかで特定できる．そのためここでいったん記法を変えて，2.18 節のように粒子の番号として数字 i を使う代わりに，固有状態を特定するのに数字を使うことにし，無限個の固有状態 $v_1(\mathbf{r}), v_2(\mathbf{r}), \cdots$ からなる集合 $\{v_i(\mathbf{r})\}$ が完全系を張っているとする．そして量子状態を表すのに，i 番目の状態に何個の粒子が入っているかという意味で

$$|n_1, n_2, \cdots, n_i, \cdots\rangle \tag{2.180}$$

というケットを用いることにする．ただしケットを指定する状態の順番は固定しておかなければならない．このとき異なる指標のケットは直交しており，

$$\langle n'_1, n'_2, \cdots, n'_i, \cdots | n_1, n_2, \cdots, n_i, \cdots \rangle = \delta_{n_1 n'_1} \delta_{n_2 n'_2} \cdots \delta_{n_i n'_i} \cdots \tag{2.181}$$

を満たす．以下は簡単のため粒子がフェルミオンである場合に話を限定する．上記のケットに対して，次の関係式を満たす**消滅・生成演算子** (annihilation/creation operator) を導入する．

$$c_i |\cdots, n_i, \cdots\rangle = \sqrt{n_i}\,(-1)^{\sum_{j<i} n_j} |\cdots, n_i - 1, \cdots\rangle \tag{2.182}$$

$$c_i^\dagger |\cdots, n_i, \cdots\rangle = \sqrt{1-n_i}\,(-1)^{\sum_{j<i} n_j} |\cdots, n_i + 1, \cdots\rangle \tag{2.183}$$

ここで，$(-1)^{\sum_{j<i} n_j} \equiv \theta_i$ のファクターは i 番目の状態の前にある状態のうち占有されているものが偶数個か奇数個かを反映し，波動関数の反対称性を保証するために現れている．このとき演算子 $c_k c_l$ と $c_l c_k$ の効果を比べてみよう（ただし $l > k$ とする）．演算子 $c_k c_l$ はまず l 番目の状態を消し，次に k 番目の状態を消す．この際にファクター $\theta_l \theta_k$ が生じる．一方，演算子 $c_l c_k$ はまず k 番目の状態を消しファクター θ_k を生じるが，次に l 番目の状態を消すときには，それよりも前にある状態の数が（k 番目の状態がすでに消えたため）さっきの演算子 $c_k c_l$ のときより 1 個少ない．このため演算子 $c_l c_k$ によって生じる θ_l は $c_k c_l$ のときに比べて符号が反転する．これはつまり

$$c_k c_l |\cdots, n_k, \cdots, n_l, \cdots\rangle = -c_l c_k |\cdots, n_k, \cdots, n_l, \cdots\rangle \tag{2.184}$$

を意味する．このように粒子を消したり作ったりする順番の入れ替えに対して符号が変わるのは反対称波動関数の性質である．式 (2.184) はすなわち

$$\{c_k, c_l\} \equiv c_k c_l + c_l c_k = 0 \tag{2.185}$$

という反交換関係が成立することを意味する．上と同様の考察により

$$\{c_k^\dagger, c_l^\dagger\} = c_k^\dagger c_l^\dagger + c_l^\dagger c_k^\dagger = 0 \tag{2.186}$$

$$\{c_k, c_l^\dagger\} = c_k c_l^\dagger + c_l^\dagger c_k = \delta_{kl} \tag{2.187}$$

が成立することも簡単にわかる．

では $c_i^\dagger c_i$ の作用を考えてみよう．いまはフェルミオンを考えているので，n_i は 0 か 1 の 2 つの場合しかない．$n_i = 0$ のときは $c_i^\dagger c_i$ をケットに作用するとゼロになり，一方 $n_i = 1$ のときは $c_i^\dagger c_i$ によってケットは変化しない．つまり

$$c_i^\dagger c_i |\cdots, n_i, \cdots\rangle = n_i |\cdots, n_i, \cdots\rangle \tag{2.188}$$

が成立する．したがって演算子 $c_i^\dagger c_i$ は状態 i の占有数 n_i を固有値として与えるので，これを**数演算子** (number operator) と呼ぶ．

粒子がまったくない真空状態を $|0\rangle$ で表すと，i 番目の状態に 1 個だけ電子がある状態は $c_i^\dagger |0\rangle$ によって作ることができる．これを順番に行っていくことで任意の状態を作ることができるが，波動関数に対する反対称性の要請から，状態を作る順番によって (-1) のファクターが生じることに注意が必要である．

次に**場の演算子** (field operator) $\psi(\mathbf{r})$ と $\psi^\dagger(\mathbf{r})$ を導入しよう．これらは基底関数と消滅・生成演算子を用いて次のように定義される．

$$\psi(\mathbf{r}) \equiv \sum_i v_i(\mathbf{r}) c_i, \quad \psi^\dagger(\mathbf{r}) \equiv \sum_i v_i^*(\mathbf{r}) c_i^\dagger \tag{2.189}$$

この定義から，$\psi^\dagger(\mathbf{r})$ は場所 $\mathbf{r}$ に粒子を生成し，逆に $\psi(\mathbf{r})$ はその場所の粒子を消滅させることがわかる．本節の冒頭でも述べたように，$\{v_i(\mathbf{r})\}$ は一粒子ハミルトニアン H_0 の固有状態の集合として完全系を張っていることに注意すると，

$$\{\psi(\mathbf{r}), \psi^\dagger(\mathbf{r}')\} = \sum_{i,j} v_i(\mathbf{r}) v_j^*(\mathbf{r}')(c_i c_j^\dagger + c_j^\dagger c_i)$$

$$= \sum_{i,j} v_i(\mathbf{r}) v_j^*(\mathbf{r}') \delta_{ij}$$
$$= \sum_i v_i(\mathbf{r}) v_i^*(\mathbf{r}') = \delta(\mathbf{r} - \mathbf{r}') \tag{2.190}$$

という反交換関係が得られ，また次の関係も容易に確認できる．

$$\{\psi(\mathbf{r}), \psi(\mathbf{r}')\} = \{\psi^\dagger(\mathbf{r}), \psi^\dagger(\mathbf{r}')\} = 0 \tag{2.191}$$

この場の演算子 $\psi(\mathbf{r})$，$\psi^\dagger(\mathbf{r})$ を用いる方法は，もともと粒子の動力学を量子化して得られた波動関数を演算子として扱い，消滅・生成演算子によるもう一段の量子化が生じるため，**第 2 量子化** (second quantization) と呼ばれる．この第 2 量子化前には粒子の確率密度が $|\psi(\mathbf{r})|^2$ で与えられていたことを思い出すと，場所 $\mathbf{r}$ における粒子の密度を与える演算子 $\rho(\mathbf{r})$ が

$$\rho(\mathbf{r}) = \psi^\dagger(\mathbf{r}) \psi(\mathbf{r}) \tag{2.192}$$

で与えられることがわかる．

ここで一粒子演算子を足し上げた形の演算子

$$F = \sum_i f(\mathbf{r}_i) \tag{2.193}$$

を考える．例えば，系の総運動エネルギー $\sum_i p_i^2/(2m)$ やポテンシャルエネルギー $\sum_i V(\mathbf{r}_i)$ などがその例である．この演算子がどのように第 2 量子化されるか見てみよう．

n 個の多粒子からなる系において，位置座標 $\mathbf{r}_1$ にある粒子の波動関数を $v_\alpha(\mathbf{r}_1)$，位置座標 $\mathbf{r}_2$ のものを $v_\beta(\mathbf{r}_2)$，$\cdots$ とする．この $v_\lambda(\mathbf{r}_i)$ という波動関数の表記は，位置座標 $\mathbf{r}_i$ の粒子が λ という固有状態にあるという意味である．そして以下では（形式的厳密さには欠けるが），この波動関数を $|v_\lambda(\mathbf{r}_i)\rangle$ とも書くことにし，

$$\langle v_\mu(\mathbf{r})|f(\mathbf{r})|v_\lambda(\mathbf{r})\rangle = \int d^3\mathbf{r}\, v_\mu^*(\mathbf{r}) f(\mathbf{r}) v_\lambda(\mathbf{r}) \equiv \langle v_\mu|f|v_\lambda\rangle \tag{2.194}$$

という形で積分の表記を簡略化する．

この多粒子系全体の波動関数を $|n\rangle = |v_\alpha(\mathbf{r}_1), v_\beta(\mathbf{r}_2), \cdots, v_\lambda(\mathbf{r}_i), \cdots, v_\nu(\mathbf{r}_n)\rangle$ と書くことにし，これは $v_\alpha(\mathbf{r}_1), v_\beta(\mathbf{r}_2), \cdots, v_\lambda(\mathbf{r}_i), \cdots, v_\nu(\mathbf{r}_n)$ の反対称化された積とする．式 (2.193) で与えられる F の中の $f(\mathbf{r}_i)$ は位置座標 $\mathbf{r}_i$ にい

る粒子のみに作用するので，固有関数 $\{v_\mu(\mathbf{r})\}$ の完全性を使って

$$
\begin{aligned}
f(\mathbf{r}_i)|v_\lambda(\mathbf{r}_i)\rangle &= \sum_\mu \{|v_\mu(\mathbf{r}_i)\rangle\langle v_\mu(\mathbf{r}_i)|\} f(\mathbf{r}_i)|v_\lambda(\mathbf{r}_i)\rangle \\
&= \sum_\mu \langle v_\mu(\mathbf{r}_i)|f(\mathbf{r}_i)|v_\lambda(\mathbf{r}_i)\rangle |v_\mu(\mathbf{r}_i)\rangle
\end{aligned}
\quad (2.195)
$$

と書くことができる．多体波動関数 $|n\rangle$ はその中に $|v_\lambda(\mathbf{r}_i)\rangle$ を含むので，式 (2.195) を使うと $f(\mathbf{r}_i)$ の $|n\rangle$ に対する作用は次のように書くことができる．

$$
\begin{aligned}
f(\mathbf{r}_i)|n\rangle &= f(\mathbf{r}_i)|v_\alpha(\mathbf{r}_1),\cdots,v_\lambda(\mathbf{r}_i),\cdots,v_\nu(\mathbf{r}_n)\rangle \\
&= \sum_\mu \langle v_\mu(\mathbf{r}_i)|f(\mathbf{r}_i)|v_\lambda(\mathbf{r}_i)\rangle |v_\alpha(\mathbf{r}_1),\cdots,v_\mu(\mathbf{r}_i),\cdots,v_\nu(\mathbf{r}_n)\rangle
\end{aligned}
$$
$$(2.196)$$

式 (2.196) に出てくる $|v_\alpha(\mathbf{r}_1),\cdots,v_\mu(\mathbf{r}_i),\cdots,v_\nu(\mathbf{r}_n)\rangle$ という多体波動関数は

$$
\begin{aligned}
c_\mu^\dagger c_\lambda &|v_\alpha(\mathbf{r}_1),\cdots,v_\lambda(\mathbf{r}_i),\cdots,v_\nu(\mathbf{r}_n)\rangle \\
&= |v_\alpha(\mathbf{r}_1),\cdots,v_\mu(\mathbf{r}_i),\cdots,v_\nu(\mathbf{r}_n)\rangle
\end{aligned}
\quad (2.197)
$$

として得られるので，式 (2.196) と式 (2.197) を合わせると演算子 F について

$$
\begin{aligned}
F|n\rangle &= \sum_i f(\mathbf{r}_i)|n\rangle \\
&= \sum_i \sum_\mu \langle v_\mu(\mathbf{r}_i)|f(\mathbf{r}_i)|v_\lambda(\mathbf{r}_i)\rangle c_\mu^\dagger c_\lambda|n\rangle \\
&= \sum_\lambda \sum_\mu \langle v_\mu(\mathbf{r})|f(\mathbf{r})|v_\lambda(\mathbf{r})\rangle c_\mu^\dagger c_\lambda|n\rangle \\
&= \sum_{\lambda,\mu} \langle v_\mu|f|v_\lambda\rangle c_\mu^\dagger c_\lambda|n\rangle
\end{aligned}
\quad (2.198)
$$

が成立する．ここで 3 番目の等号では $v_\lambda(\mathbf{r}_i)$ を i について足し上げるのは λ についての総和をとるのと変わらないことを使い，また最後の等号では式 (2.194) を使った．$|n\rangle$ は任意の多体波動関数なので，結局，以下のような F の第 2 量子化の表式が得られる．

$$
F = \sum_{\lambda,\mu} \langle v_\mu|f|v_\lambda\rangle c_\mu^\dagger c_\lambda \quad (2.199)
$$

次に 2 つの粒子の**相互作用** (interaction) を表す演算子の第 2 量子化の形を

与えておこう．そのような 2 体の相互作用は 2 つの粒子の位置座標 $\mathbf{r}_i$ と $\mathbf{r}_j$ の関数として

$$G = \sum_{i \neq j} g(\mathbf{r}_i, \mathbf{r}_j) \tag{2.200}$$

と書くことができる．証明は省くが，上で F について行ったのと同様の計算により，相互作用 G の第 2 量子化は次の形で与えられることがわかる．

$$G = \frac{1}{2} \sum_{\alpha, \beta, \lambda, \mu} \langle v_\alpha v_\beta | g | v_\lambda v_\mu \rangle c_\alpha^\dagger c_\beta^\dagger c_\mu c_\lambda \tag{2.201}$$

ただし

$$\langle v_\alpha v_\beta | g | v_\lambda v_\mu \rangle \equiv \int\int d^3\mathbf{r}_1 d^3\mathbf{r}_2 \ v_\alpha^*(\mathbf{r}_1) v_\beta^*(\mathbf{r}_2) g(\mathbf{r}_1, \mathbf{r}_2) v_\lambda(\mathbf{r}_1) v_\mu(\mathbf{r}_2) \tag{2.202}$$

であり，$v_\alpha, v_\beta, v_\lambda, v_\mu$ はすべて一粒子の固有関数である．

ここまでは演算子の第 2 量子化を一粒子の固有関数を用いて行ったが，その代わりに第 2 量子化された波動関数 (2.189) を用いて

$$F = \int d^3\mathbf{r} \ \psi^\dagger(\mathbf{r}) f(\mathbf{r}) \psi(\mathbf{r}) \tag{2.203}$$

$$G = \frac{1}{2} \int\int d^3\mathbf{r}_1 d^3\mathbf{r}_2 \ \left[\psi^\dagger(\mathbf{r}_1) \psi(\mathbf{r}_1) g(\mathbf{r}_1, \mathbf{r}_2) \psi^\dagger(\mathbf{r}_2) \psi(\mathbf{r}_2) \right.$$
$$\left. - n g(\mathbf{r}_1, \mathbf{r}_2) \delta(\mathbf{r}_1 - \mathbf{r}_2) \right]$$
$$= \frac{1}{2} \int\int d^3\mathbf{r}_1 d^3\mathbf{r}_2 \ \psi^\dagger(\mathbf{r}_1) \psi^\dagger(\mathbf{r}_2) g(\mathbf{r}_1, \mathbf{r}_2) \psi(\mathbf{r}_2) \psi(\mathbf{r}_1) \tag{2.204}$$

と書くこともできる．これらの表式は，式 (2.189) を代入して展開すると式 (2.199) および式 (2.201) に一致することから確認できる．

例： 上記の扱いの具体例として，体積 L^3 の箱の中に閉じ込められた多数の電子からなる系を考えよう．2 つの電子間に働く相互作用 V はその距離のみで決まるとすると，ハミルトニアンは次のように書くことができる．

$$H = \sum_i \frac{p_i^2}{2m} + \frac{1}{2} \sum_{i \neq j} V(|\mathbf{r}_i - \mathbf{r}_j|) \tag{2.205}$$

これを第 2 量子化した演算子は，式 (2.203) と式 (2.204) を用いて形式的に以下のように書くことができる．

$$H = \int d^3\mathbf{r} \ \psi^\dagger(\mathbf{r}) \left(-\frac{\hbar^2}{2m} \nabla^2 \right) \psi(\mathbf{r})$$

$$+ \frac{1}{2} \int\int d^3\mathbf{r}\, d^3\mathbf{r}'\; \psi^\dagger(\mathbf{r})\psi^\dagger(\mathbf{r}')V(|\mathbf{r}-\mathbf{r}'|)\psi(\mathbf{r}')\psi(\mathbf{r}) \tag{2.206}$$

もし電子間の相互作用が弱ければ，全体の波動関数は自由粒子の波動関数の反対称な積で近似できる．この場合，一粒子の固有関数 $v_\alpha(\mathbf{r})$ として運動量 $\mathbf{p}$ の平面波解

$$v_\mathbf{p}(\mathbf{r}) = \frac{1}{L^{3/2}} e^{i\mathbf{p}\cdot\mathbf{r}} \tag{2.207}$$

をとるのが便利である．スピンも考えに入れると，この基底のもとで第 2 量子化された波動関数は

$$\psi(\mathbf{r}) = \sum_{\mathbf{p}\sigma} \frac{1}{L^{3/2}} e^{i\mathbf{p}\cdot\mathbf{r}} c_{\mathbf{p}\sigma}, \quad \psi^\dagger(\mathbf{r}) = \sum_{\mathbf{p}\sigma} \frac{1}{L^{3/2}} e^{-i\mathbf{p}\cdot\mathbf{r}} c^\dagger_{\mathbf{p}\sigma} \tag{2.208}$$

と表現できるので，式 (2.206) のハミルトニアンは

$$H = \sum_{\mathbf{p}\sigma} \epsilon(\mathbf{p}) c^\dagger_{\mathbf{p}\sigma} c_{\mathbf{p}\sigma} + \frac{1}{2} \sum_{\mathbf{p}\mathbf{p}'\mathbf{q}\sigma\sigma'} V_\mathbf{q}\, c^\dagger_{\mathbf{p}-\mathbf{q},\sigma} c^\dagger_{\mathbf{p}'+\mathbf{q},\sigma'} c_{\mathbf{p}',\sigma'} c_{\mathbf{p},\sigma} \tag{2.209}$$

と書き直せる．ただしここで

$$\epsilon(\mathbf{p}) \equiv \frac{\hbar^2 p^2}{2m}, \quad V_\mathbf{q} \equiv \frac{1}{L^3}\int d^3\mathbf{r}\; V(r) e^{-i\mathbf{q}\cdot\mathbf{r}} \tag{2.210}$$

と定義した．式 (2.209) のようにハミルトニアンを消滅・生成演算子を使って書き直す手法は，特に固体物理学において標準的に使われるので，これを理解しておくことは重要である．

[参考文献]

1) L. I. Schiff: *Quantum Mechanics, 3rd edition* (McGraw-Hill, New York, 1968).
2) J. J. Sakurai: *Modern Quantum Mechanics* (Benjamin/Cummings Publishing, Menlo Park, 1985).
3) D. Pines: *Elementary Excitations in Solids* (Perseus Books, Reading, 1999).

Introduction to Topological Insulators

第3章 固体物理学のおさらい

　第2章で粒子の量子力学をおさらいしたが，粒子の運動を規定するポテンシャルの効果はあまり議論しなかった．本章では，固体中に存在する電子の量子力学を考える．通常，固体中ではその構成原子は周期的に配列しており，固体全体が単結晶になっていないとしても，ある程度の長さのスケールにわたって結晶性が存在する．そのため固体中の電子の振舞いを記述する固体物理学は，結晶性の周期的なポテンシャルの中におかれた電子の量子力学をベースにしている．トポロジカル絶縁体も結晶性固体中で現れる量子状態なので，その理解には固体物理学の基礎知識が欠かせない．以下で固体物理学における基本事項をおさらいしておこう．

[3.1] フェルミ準位とフェルミ面

　周期ポテンシャル中の量子力学の話に入る前に，フェルミ準位の概念を自由電子模型の理論で説明しておこう．自由電子模型ではポテンシャルをゼロとし，ハミルトニアンは運動エネルギーだけの $H = -\hbar^2 \nabla^2/(2m)$ を考える．この固有関数は平面波解となり，スピン波動関数を χ_σ として

$$\psi_{\mathbf{k},\sigma}(\mathbf{r}) = e^{i\mathbf{k}\cdot\mathbf{r}}\chi_\sigma \tag{3.1}$$

と書くことができる．ここでスピンの自由度を表す σ は $+$ か $-$ を表し，χ_+ と χ_- は式 (2.109) で与えられる．$\psi_{\mathbf{k},\sigma}(\mathbf{r})$ という表示は，電子の固有状態は波数ベクトル $\mathbf{k}$ とスピン σ を用いて指定できることを表している．固有エネルギーはスピンによらず次のようになる．

$$E_{\mathbf{k},\sigma} = \frac{\hbar^2 k^2}{2m} \tag{3.2}$$

　いま，一辺が L で体積 $V = L^3$ の箱の中に N 個の電子が入っているとする．この箱の中に生じる電子の固有状態を議論するわけだが，それを決める

には境界条件が重要になる．我々は結晶固体が境界の有無にかかわらずに示す性質に興味があるので，この一辺 L の箱で空間を埋め尽くしたところをイメージし，各箱の境界で電子は周期的境界条件を満たすと仮定するのが固体物理学の常道である．そうすると系の固有状態を与える **k** は $k_i = 2\pi n_i/L$ に量子化される ($i = x, y, z$, n_i は整数)※1．そのため **k** が張る 3 次元空間である**波数空間** (momentum space) においては，固有状態は $2\pi/L$ の間隔でとびとびに存在する．このとき，1 つの固有状態が波数空間で占める体積は $(2\pi/L)^3$ であるから，dk を波数空間の微小な長さとして，$(dk)^3$ の体積の中にある固有状態の数は

$$(dk)^3 / \left(\frac{2\pi}{L}\right)^3 = \frac{V dk^3}{(2\pi)^3} \tag{3.3}$$

で与えられる．このことから，**量子状態の足し上げを波数 k の積分で置き換えるときは，必ず量子化条件に起因するファクター $V/(2\pi)^3$ がかかる**ことを覚えておこう．

なお，このように波数空間で取り得る **k** が量子化されると，エネルギー固有値 $E = \hbar^2(k_x^2 + k_y^2 + k_z^2)/(2m)$ も量子化される．いま，電子が閉じ込められている体積 L^3 の箱のうちの一辺，例えば z 軸方向の長さを非常に短くし，$L_z \ll L$ とすることを考えよう．そうすると k_z は $2\pi n_i/L_z$ に量子化されているので，L_z が小さくなればなるほど，波数空間で取り得る k_z の値の間隔は広くなり，それに伴って z 軸方向の運動エネルギーの固有値 E_{z,n_z} の間隔は大きくなる．極端な場合，L_z が原子層 1 枚分まで小さくなれば電子は z 軸方向には動けないので $E_z = 0$ となるが，これは基底状態で $E_{z,0} = 0$ の固有状態のみが占められ，その上の固有状態への励起エネルギーが非常に大きくなった状況に対応する．このように，試料サイズが小さくなったときにエネルギー固有値の量子化の影響が無視できなくなることを，**量子閉じ込め効果** (quantum confinement) という．また，L が十分大きいときに準連続的だったエネルギー固有値が量子閉じ込め効果でとびとびの値に量子化されたとき，そのとびとびの固有状態を**サブバンド** (subband) と呼ぶ．

さて話を体積 L^3 の箱に戻そう．電子はフェルミオンなので第 2 章で述べたように同じ状態を 2 つの電子が占めることはできず (**パウリの排他律** (Pauli's exclusion principle))，熱励起のない絶対零度では最も低いエネルギーから N 番目の準位までを電子が占める．つまり，占有状態が持つ k には最大値が存

[※1] これに対して「電子が箱の中で定在波を作る」という境界条件を仮定すると，**k** は $k_i = \pi n_i/L$ (n_i は正の整数) に量子化される．

在する．この最大値を k_F と書き，**フェルミ波数** (Fermi wave number) と呼ぶ．これを計算してみよう．

$$N = \sum_{\mathbf{k},\sigma} \theta(k_\mathrm{F} - k) = 2\int \frac{Vd^3\mathbf{k}}{(2\pi)^3} \theta(k_\mathrm{F} - k) = \frac{2V}{(2\pi)^3} \int_0^{k_\mathrm{F}} 4\pi k^2 dk = V\frac{k_\mathrm{F}^3}{3\pi^2} \tag{3.4}$$

ここで総和を積分で置き換えるときに，上で注意した量子化条件のファクターと，スピンの自由度に起因する 2 倍のファクターがかかっている．また $\theta(x)$ は $x<0$ のとき 0，$x>0$ のとき 1 の値をとる関数として定義され，**ヘヴィサイドの階段関数** (Heaviside step function) と呼ばれる（これを微分するとデルタ関数 $\delta(x)$ になる）．

電子密度 $n = N/V$ を用いると式 (3.4) は

$$k_\mathrm{F} = (3\pi^2 n)^{\frac{1}{3}} \tag{3.5}$$

と書き直すことができる．これに対応するエネルギー，つまり占有状態の持つ固有エネルギーの最大値は**フェルミエネルギー** (Fermi energy) と呼ばれ，

$$E_\mathrm{F} = \frac{\hbar^2 k_\mathrm{F}^2}{2m} \tag{3.6}$$

で与えられる．また k_F に対応する速度 $v_\mathrm{F} = \hbar k_\mathrm{F}/m$ を**フェルミ速度** (Fermi velocity) と呼ぶ．さらに波数空間において，占有状態は半径 k_F の球を形成するので，これを**フェルミ球** (Fermi sphere) と呼び，その表面を**フェルミ面** (Fermi surface) と呼ぶ．

ここで参考までに，N 個の自由電子系の総エネルギー U，つまりフェルミ面以下の固有状態のエネルギーの総和を求めておこう．これは次のように計算される．

$$U = \sum_{\mathbf{k},\sigma} E_{\mathbf{k},\sigma}\theta(k_\mathrm{F} - k) = 2\int \frac{Vd^3\mathbf{k}}{(2\pi)^3} \frac{\hbar^2 k^2}{2m}\theta(k_\mathrm{F} - k) = \frac{3}{5}NE_\mathrm{F} \tag{3.7}$$

つまり自由電子系の平均エネルギーは E_F の 60%であることがわかる．

有限温度では電子の熱励起が起こって平衡状態に達するので，固有状態の電子による占有確率はフェルミ–ディラック分布関数

$$f(E,T) = \frac{1}{e^{\beta(E-\mu)}+1} \qquad \left(\beta \equiv \frac{1}{k_\mathrm{B}T}\right) \tag{3.8}$$

で与えられる．ここで T は絶対温度，k_B はボルツマン定数で，μ が平衡状態

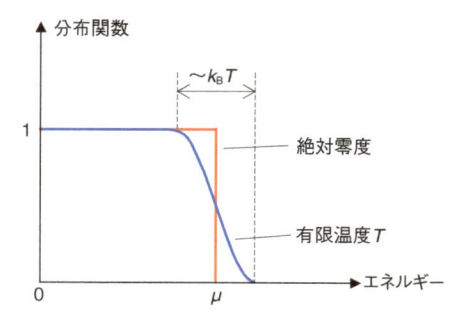

図 3.1 **フェルミ–ディラック分布関数 $f(E,T)$ の振舞い**
絶対零度 (0K) と有限温度 T について示した．有限温度では分布関数が $k_B T$ 程度の幅の間で 1 から 0 まで変化するため，これがフェルミ面の「ぼけ」を生じさせる．

における化学ポテンシャルを表し，μ のことを特に**フェルミ準位** (Fermi level) あるいは**フェルミレベル**と呼ぶ．これは，絶対零度でどの固有状態まで占有されているかを表す**フェルミエネルギーとは異なる概念**であることに注意してほしい．絶対零度ではフェルミ準位とフェルミエネルギーは一致するが，有限温度では異なるのが普通である．フェルミ–ディラック分布関数 $f(E,T)$ の振舞いを**図 3.1** に示す．

[3.2] 状態密度

エネルギー幅 dE の中に，単位体積あたり何個の固有状態が含まれるかを $\rho(E)dE$ と書き，$\rho(E)$ を**状態密度**と呼ぶ．これは

$$\rho(E) = \frac{\partial}{\partial E}\left(\frac{N}{V}\right) = \frac{\partial n}{\partial E} \tag{3.9}$$

で与えられる（n は電子密度）．これを具体的に 3.1 節の自由電子模型の場合に計算してみよう．まず 3 次元系では式 (3.4) で計算したように

$$N = \frac{V}{3\pi^2}k_F^3 \tag{3.10}$$

であり，この中の k_F は $E_F = \hbar^2 k_F^2/(2m)$ から

$$k_F = \sqrt{2mE_F}/\hbar \tag{3.11}$$

と書くことができるので，

$$n = \frac{N}{V} = \frac{(2mE_{\mathrm{F}})^{\frac{3}{2}}}{3\pi^2 \hbar^3} \tag{3.12}$$

となり，状態密度は次式で与えられる．

$$\rho(E) = \frac{\partial n}{\partial E} = \frac{(2m)^{\frac{3}{2}}}{2\pi^2 \hbar^3} \sqrt{E} \quad (3\,\text{次元}) \tag{3.13}$$

他の次元の場合も同様に計算すると次の結果が得られる．

$$N = \frac{S}{2\pi} k_{\mathrm{F}}^2 \quad \to \quad n_{\mathrm{2D}} = \frac{mE}{\pi \hbar^2} \quad \to \quad \rho(E) = \frac{m}{\pi \hbar^2} \quad (2\,\text{次元}) \tag{3.14}$$

$$N = \frac{L}{\pi} k_{\mathrm{F}} \quad \to \quad n_{\mathrm{1D}} = \frac{\sqrt{2mE}}{\pi \hbar} \quad \to \quad \rho(E) = \frac{1}{2\pi \hbar} \sqrt{\frac{2m}{E}} \quad (1\,\text{次元}) \tag{3.15}$$

[3.3] ブラベー格子と逆格子

電子は結晶中では周期的ポテンシャル $V(\mathbf{r})$ を感じて運動する．ポテンシャル $V(\mathbf{r})$ が周期的であるとは，

$$V(\mathbf{r} + \mathbf{R}) = V(\mathbf{r}) \tag{3.16}$$

を満たすベクトルの集合 $\{\mathbf{R}\}$ が存在することである．このとき $\{\mathbf{R}\}$ を結晶の**ブラベー格子** (Bravais lattice) と呼ぶ．これは結晶の単位胞を 1 点で代表させたとき，その代表点が作る格子と考えればよい．このブラベー格子は結晶の周期性だけを表すので，一周期の中の具体的な原子配置などの情報は含まない．例えば 2 次元のブラベー格子には，正方格子，長方格子，面心長方格子，六方格子，斜格子の 5 種類しかない．3 次元ではブラベー格子は 14 種類あり，これが結晶の対称性を分類する基本になっているが，詳しくは固体物理学の教科書を参照してほしい．

ブラベー格子 $\{\mathbf{R}\}$ が与えられると，それに対応して

$$e^{i\mathbf{G}\cdot\mathbf{R}} = 1 \tag{3.17}$$

を満たすベクトルの集合 $\{\mathbf{G}\}$ が一意に決まる．この $\{\mathbf{G}\}$ を**逆格子ベクトル** (reciprocal lattice vector) と呼ぶ．式 (3.16) を満たす周期ポテンシャル $V(\mathbf{r})$ は，逆格子ベクトル $\{\mathbf{G}\}$ を用いてフーリエ展開でき，

$$V(\mathbf{r}) = \sum_{\mathbf{G}} V_{\mathbf{G}}\, e^{i\mathbf{G}\cdot\mathbf{r}} \tag{3.18}$$

となる．

これを少し具体的に見てみよう．n 次元のブラベー格子は n 個の**基本並進ベクトル** (primitive vector) で張られる．例えば 3 次元の場合は 3 つの基本並進ベクトル $\mathbf{r}_1, \mathbf{r}_2, \mathbf{r}_3$ を用いて，$\mathbf{R}$ は必ず

$$\mathbf{R} = n_1\mathbf{r}_1 + n_2\mathbf{r}_2 + n_3\mathbf{r}_3 \quad (n_1, n_2, n_3\ \text{は整数}) \tag{3.19}$$

の形に書くことができる．これに対応する逆格子ベクトルの基本並進ベクトル $\mathbf{g}_i$ は

$$\mathbf{g}_1 = 2\pi\frac{\mathbf{r}_2\times\mathbf{r}_3}{\mathbf{r}_1\cdot\mathbf{r}_2\times\mathbf{r}_3},\quad \mathbf{g}_2 = 2\pi\frac{\mathbf{r}_3\times\mathbf{r}_1}{\mathbf{r}_1\cdot\mathbf{r}_2\times\mathbf{r}_3},\quad \mathbf{g}_3 = 2\pi\frac{\mathbf{r}_1\times\mathbf{r}_2}{\mathbf{r}_1\cdot\mathbf{r}_2\times\mathbf{r}_3} \tag{3.20}$$

で与えられ，$\mathbf{r}_i$ との間には

$$\mathbf{g}_i \cdot \mathbf{r}_j = 2\pi\delta_{ij} \tag{3.21}$$

という関係が成立する．この $\mathbf{g}_i$ を用いて $\mathbf{G}$ は必ず

$$\mathbf{G} = j_1\mathbf{g}_1 + j_2\mathbf{g}_2 + j_3\mathbf{g}_3 \quad (j_1, j_2, j_3\ \text{は整数}) \tag{3.22}$$

と書くことができる．このとき，式 (3.21) を用いると

$$\mathbf{G}\cdot\mathbf{R} = 2\pi(j_1 n_1 + j_2 n_2 + j_3 n_3) \tag{3.23}$$

が得られ，右辺は必ず 2π の整数倍となり，式 (3.17) が常に成立することがわかる．

逆格子ベクトルが**逆格子空間** (reciprocal lattice space) における格子点を与えると考え，この空間における単位胞として**ブリルアン域** (Brillouin zone) を定義しよう．これは，原点とその周りの格子点を結ぶ線分の中点を通って直交する面（垂直二等分面）によって囲まれた領域として定義される．特に原点を中心とする領域を第一ブリルアン域と呼ぶ．

[3.4] ブロッホの定理

周期ポテンシャル $V(\mathbf{r})$ が存在するときのシュレーディンガー方程式は

$$\left[-\frac{\hbar^2}{2m}\nabla^2 + V(\mathbf{r})\right]\psi(\mathbf{r}) = E\psi(\mathbf{r}) \tag{3.24}$$

である．$\psi(\mathbf{r})$ がこの解であれば，系の周期性から，座標を $\mathbf{R}$ だけ平行移動した $\psi(\mathbf{r}+\mathbf{R})$ も解とならなければならない（ただし $\mathbf{R}$ はブラベー格子ベクトル）．したがって，両者の違いは高々定数倍であり，

$$\psi(\mathbf{r}+\mathbf{R}) = \tau_\mathbf{R}\,\psi(\mathbf{r}) \tag{3.25}$$

と書けるはずである．このファクター $\tau_\mathbf{R}$ について，もし $|\tau_\mathbf{R}|=1$ でないと波動関数の規格化条件を満たせなくなるので

$$\tau_\mathbf{R} = e^{i\theta_\mathbf{R}} \tag{3.26}$$

でなければならない．ここで $\mathbf{R}_1$ と $\mathbf{R}_2$ の連続した平行移動を考えれば

$$\tau_{\mathbf{R}_1}\,\tau_{\mathbf{R}_2} = \tau_{\mathbf{R}_1+\mathbf{R}_2} \tag{3.27}$$

を満たさなければならないことがわかり，したがって $\theta_\mathbf{R}$ は

$$\theta_{\mathbf{R}_1} + \theta_{\mathbf{R}_2} = \theta_{\mathbf{R}_1+\mathbf{R}_2} \tag{3.28}$$

を満たす $\mathbf{R}$ の関数である．もし

$$\theta_\mathbf{R} = \mathbf{k}\cdot\mathbf{R} \tag{3.29}$$

であればこの条件は満足されるので，

$$\psi(\mathbf{r}+\mathbf{R}) = e^{i\mathbf{k}\cdot\mathbf{R}}\psi(\mathbf{r}) \tag{3.30}$$

と書けることが周期性を満たす波動関数の条件である．これが**ブロッホの定理** (Bloch's theorem) の 1 つ目の表現である．

また式 (3.30) のような性質を持つ波動関数は，$\mathbf{R}$ の周期関数 $u_\mathbf{k}(\mathbf{r})$ を用いて

$$\psi_\mathbf{k}(\mathbf{r}) = e^{i\mathbf{k}\cdot\mathbf{r}}u_\mathbf{k}(\mathbf{r}) \tag{3.31}$$

と書くことができる．これがブロッホの定理の 2 つ目の表現である．これは以下のように確認できる．

$$
\begin{aligned}
\psi_{\mathbf{k}}(\mathbf{r}+\mathbf{R}) &= e^{i\mathbf{k}\cdot(\mathbf{r}+\mathbf{R})} u_{\mathbf{k}}(\mathbf{r}+\mathbf{R}) \\
&= e^{i\mathbf{k}\cdot\mathbf{R}} e^{i\mathbf{k}\cdot\mathbf{r}} u_{\mathbf{k}}(\mathbf{r}) \qquad [\because u_{\mathbf{k}}(\mathbf{r}+\mathbf{R}) = u_{\mathbf{k}}(\mathbf{r})] \\
&= e^{i\mathbf{k}\cdot\mathbf{R}} \psi_{\mathbf{k}}(\mathbf{r}) \tag{3.32}
\end{aligned}
$$

よって式 (3.31) で与えられる $\psi_{\mathbf{k}}(\mathbf{r})$ は式 (3.30) の形に書くことができるので，先の議論からこれが結晶の周期性を満たすことがわかる．ここで出てきた周期 $\mathbf{R}$ を持つ関数 $u_{\mathbf{k}}(\mathbf{r})$ を**ブロッホ波動関数** (Bloch wave function) という．

[3.5] エネルギースペクトル

式 (3.31) で導入した $u_{\mathbf{k}}(\mathbf{r})$ は $\mathbf{R}$ の周期関数なので，式 (3.18) でポテンシャル $V(\mathbf{r})$ をフーリエ展開したのと同様に逆格子ベクトル $\mathbf{G}$ を用いて

$$
u_{\mathbf{k}}(\mathbf{r}) = \sum_{\mathbf{G}} u_{\mathbf{G}}(\mathbf{k}) \, e^{i\mathbf{G}\cdot\mathbf{r}} \tag{3.33}
$$

とフーリエ展開できる．これをシュレーディンガー方程式 (3.24) に代入すれば

$$
\left(-\frac{\hbar^2}{2m}\nabla^2 + \sum_{\mathbf{G'}} V_{\mathbf{G'}} e^{i\mathbf{G'}\cdot\mathbf{r}} - E \right) \sum_{\mathbf{G}} u_{\mathbf{G}}(\mathbf{k}) \, e^{i(\mathbf{G}+\mathbf{k})\cdot\mathbf{r}} = 0 \tag{3.34}
$$

が得られる．$\mathbf{G}$ に関する総和においては $\mathbf{G} \to \mathbf{G} - \mathbf{G'}$ という置き換えをしても変わらないので

$$
\sum_{\mathbf{G},\mathbf{G'}} V_{\mathbf{G'}} u_{\mathbf{G}} \, e^{i(\mathbf{G}+\mathbf{G'})\cdot\mathbf{r}} = \sum_{\mathbf{G},\mathbf{G'}} V_{\mathbf{G'}} u_{\mathbf{G}-\mathbf{G'}} \, e^{i\mathbf{G}\cdot\mathbf{r}} \tag{3.35}
$$

となることを使うと，式 (3.34) は次のように変形できる．

$$
\left[\frac{\hbar^2}{2m}(\mathbf{k}+\mathbf{G})^2 - E \right] u_{\mathbf{G}}(\mathbf{k}) + \sum_{\mathbf{G'}} V_{\mathbf{G'}} u_{\mathbf{G}-\mathbf{G'}}(\mathbf{k}) = 0 \tag{3.36}
$$

式 (3.36) の解となる $u_{\mathbf{G}}(\mathbf{k})$ は無数にあるので，それに番号をつけて n 番目の解を $u_{n,\mathbf{G}}(\mathbf{k})$ と書くことにする．つまりこの解の集合は $\{u_{n,\mathbf{G}}(\mathbf{k})\}$ で与えられる．ここで用いた n は**バンドインデックス** (band index) と呼ばれる．これらの解に対応する固有エネルギーも同じインデックスで区別され，$E_n(\mathbf{k})$ と書くことができる．

無限個の式からなる連立方程式 (3.36) を解いて固有関数を求めることは一般には非常に難しいが，固有エネルギー E を求めるだけなら比較的簡単である．これには，式 (3.36) が非自明な解を持つ条件を考えればよい．そのために第 2 項で $\mathbf{G} - \mathbf{G}' = \mathbf{G}''$ とおいて総和をこの $\mathbf{G}''$ についてとるように変えると，

$$\sum_{\mathbf{G}'} V_{\mathbf{G}'} u_{\mathbf{G}-\mathbf{G}'}(\mathbf{k}) = \sum_{\mathbf{G}''} V_{\mathbf{G}-\mathbf{G}''} u_{\mathbf{G}''}(\mathbf{k}) \tag{3.37}$$

となり，式 (3.36) は

$$\sum_{\mathbf{G}''} \left\{ \left[\frac{\hbar^2}{2m}(\mathbf{k}+\mathbf{G})^2 - E \right] \delta_{\mathbf{G},\mathbf{G}''} + V_{\mathbf{G}-\mathbf{G}''} \right\} u_{\mathbf{G}''}(\mathbf{k}) = 0 \tag{3.38}$$

と変形できる．これが非自明な解を持つためには

$$\left| \left[\frac{\hbar^2}{2m}(\mathbf{k}+\mathbf{G})^2 - E \right] \delta_{\mathbf{G},\mathbf{G}''} + V_{\mathbf{G}-\mathbf{G}''} \right| = 0 \tag{3.39}$$

であればよい．この行列式では，$\mathbf{G}$ と $\mathbf{G}''$ のすべての組み合わせについての行列を考えている．式 (3.39) を解くことによって $\{E_n(\mathbf{k})\}$ の集合を得ることができる．この $\{E_n(\mathbf{k})\}$ をバンドの**エネルギースペクトル** (energy spectrum) という．

なお，$\mathbf{K}$ をある逆格子ベクトルとして，式 (3.39) で $\mathbf{k} \to \mathbf{k}+\mathbf{K}$ と置き換えると

$$\left| \left[\frac{\hbar^2}{2m}(\mathbf{k}+\mathbf{K}+\mathbf{G})^2 - E \right] \delta_{\mathbf{G},\mathbf{G}''} + V_{\mathbf{G}-\mathbf{G}''} \right| = 0 \tag{3.40}$$

となるが，ここで $\mathbf{G}' = \mathbf{K}+\mathbf{G}$, $\mathbf{K}' = \mathbf{K}+\mathbf{G}''$ とすると式 (3.40) は

$$\left| \left[\frac{\hbar^2}{2m}(\mathbf{k}+\mathbf{G}')^2 - E \right] \delta_{\mathbf{G}',\mathbf{K}'} + V_{\mathbf{G}'-\mathbf{K}'} \right| = 0 \tag{3.41}$$

という形になって式 (3.39) と同じものに戻る．したがって，その解である $\{E_n(\mathbf{k})\}$ も，$\mathbf{k}$ を任意の逆格子ベクトル分だけ平行移動しても変わらない．これはつまり，$\{E_n(\mathbf{k})\}$ は第一ブリルアン域について解けば，あとはその繰り返しになることを意味しており，バンドのエネルギースペクトルは第一ブリルアン域のみで考えればよいことがわかる．

[3.6] 強束縛近似とバンド描像

これまできちんとした物理的描像を与えずにバンドという言葉を使った

が，本節でバンド描像の説明をしよう．ここでは**強束縛近似** (tight-binding approximation) と呼ばれる方法でバンドのでき方を見る．

ナトリウム Na などの単純なアルカリ金属では，各原子が 1 個ずつ電子を出し合って全体で共有する**金属結合** (metallic bonding) が形成され，伝導電子は非局在化している．このとき，結晶の格子点には陽イオンが存在し，それが作る周期ポテンシャルが全体に広がった電子の波動関数を規定することになる．このような全体に広がった波動関数を求めるため，強束縛近似では電子が陽イオンの周囲の深いポテンシャルに束縛された状態から出発する．そしてそのような局在電子波動関数の重なりの結果として，全体に広がった波動関数を計算する．

このような局在波動関数の重なりを計算するための導入として，**ヒュッケル近似** (Hückel approximation) を考えよう．これは分子を形成する 2 つの原子間の相互作用を記述する単純なモデルで，2 個の原子がそれぞれ単一の状態，$|1\rangle$ と $|2\rangle$ しか持たないと仮定する．このとき分子の波動関数は

$$|\psi\rangle = a_1|1\rangle + a_2|2\rangle \tag{3.42}$$

と書くことができる．系のハミルトニアンを H とすると各原子の固有エネルギーは

$$\langle 1|H|1\rangle = \epsilon_1, \quad \langle 2|H|2\rangle = \epsilon_2 \tag{3.43}$$

であり，電子が 2 つの原子間を飛び移る確率（**トンネル行列要素** (tunnel matrix element) と呼ぶ）は

$$\langle 1|H|2\rangle = t, \quad \langle 2|H|1\rangle = t^* \tag{3.44}$$

と書くことができるので，

$$|1\rangle = \begin{pmatrix} 1 \\ 0 \end{pmatrix}, \quad |2\rangle = \begin{pmatrix} 0 \\ 1 \end{pmatrix} \tag{3.45}$$

という二元ベクトル基底を定義したときの H の行列表示は次のようになる．

$$H = \begin{pmatrix} \epsilon_1 & t \\ t^* & \epsilon_2 \end{pmatrix} \tag{3.46}$$

式 (3.45) の定義から $|1\rangle$ と $|2\rangle$ は直接の重なりを持たない，つまり

$$\langle i|j\rangle = \delta_{ij} \tag{3.47}$$

なので，波動関数の規格化条件 $\langle\psi|\psi\rangle = 1$ より次式が得られる．

$$|a_1|^2 + |a_2|^2 = 1 \tag{3.48}$$

さて，シュレーディンガー方程式は

$$(H - E)|\psi\rangle = 0 \tag{3.49}$$

であり，これより

$$(\epsilon_1 - E)a_1 + t^* a_2 = 0 \tag{3.50}$$
$$t\, a_1 + (\epsilon_2 - E)a_2 = 0 \tag{3.51}$$

が得られる．これらを a_1, a_2 の連立方程式として見ると，非自明な解が存在する条件は

$$E^2 - E(\epsilon_1 + \epsilon_2) + \epsilon_1\epsilon_2 - |t|^2 = 0 \tag{3.52}$$

であり，これを E について解くと，次のエネルギー固有値が得られる．

$$E_\pm = \frac{\epsilon_1 + \epsilon_2}{2} \pm \sqrt{\left(\frac{\epsilon_1 - \epsilon_2}{2}\right)^2 + |t|^2} \tag{3.53}$$

E_- と E_+ はそれぞれ，**結合状態** (bonding state) と**反結合状態** (antibonding state) のエネルギーである．

ここでヒュッケル近似を N 個の原子からなる 1 次元のチェーン（鎖）へ拡張しよう．その波動関数は

$$|\psi\rangle = \sum_{j=1}^{N} a_j |j\rangle \tag{3.54}$$

と書くことができる．簡単のため，隣り合う原子の間の相互作用（最近接間相互作用）だけを考え，あとは無視する．そうすると，次の行列要素が定義できる．

$$\langle j|H|j\rangle \equiv \epsilon_j, \qquad \langle j+1|H|j\rangle \equiv t_j, \qquad \langle j|H|j+1\rangle \equiv t_j^* \tag{3.55}$$

ここでチェーンの端に周期的境界条件を課す（つまりチェーンが閉じた輪を作ると考える）と，

$$N+1 \to 1, \quad 0 \to N \tag{3.56}$$

と同一視できる．このときシュレーディンガー方程式 (3.49) より，次の N 個の方程式の組が得られる．

$$(\epsilon_j - E)a_j + t_{j-1}a_{j-1} + t_j^* a_{j+1} = 0 \tag{3.57}$$

チェーンを構成するすべての原子が同一であれば，すべての j について

$$\epsilon_j = \epsilon, \quad t_j = t \tag{3.58}$$

とおいてよい．ここで天下り的だが，a_j が数 A と c を用いて

$$a_j = Ac^j \tag{3.59}$$

の形に書くことができるとすると，方程式 (3.57) は

$$\epsilon - E + \frac{t}{c} + t^* c = 0 \tag{3.60}$$

という簡単な式になる．さらに $\langle \psi | \psi \rangle$ が発散しないためには $|c| = 1$，つまり

$$c = e^{i\theta} \tag{3.61}$$

の形でなければならない．したがって，t を実数とすると式 (3.60) は

$$\epsilon - E + te^{-i\theta} + te^{i\theta} = 0 \tag{3.62}$$

となり，これは次式と等しい．

$$\epsilon - E + 2t\cos\theta = 0 \tag{3.63}$$

さらに周期的境界条件 $a_{N+1} = a_1$ より，

$$e^{iN\theta} = 1 \tag{3.64}$$

が成立しなければならず，この条件から θ が取り得る値として

$$\theta = 2\pi n/N \quad (n = 0, 1, \cdots, N-1) \tag{3.65}$$

が得られる．チェーンの中の原子間隔を a とすれば，逆格子空間の座標

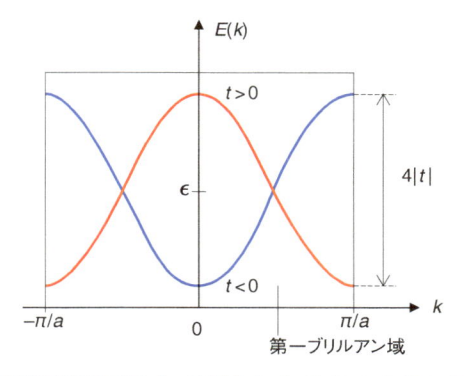

図 3.2　強束縛近似の解として得られた式 (3.67) のエネルギー分散

$$k_n = \frac{2\pi n}{Na} \tag{3.66}$$

を θ に対応させることができ，結局，系のエネルギー分散は

$$E(k) = \epsilon + 2t\cos(ka) \tag{3.67}$$

と書くことができる．

　この計算からわかることは，もともと 1 個の原子が 1 つの状態しか持っていなくても，その波動関数の重なりの結果として一連の固有状態ができ，その固有エネルギーは $4|t|$ の広がりを持つということである．この広がりを持った一連の固有状態を**エネルギーバンド** (energy band) または単に**バンド** (band) と呼び，その広がり $4|t|$ を**バンド幅** (band width) と呼ぶ．

　すでに述べたように，バンドのエネルギー分散は第一ブリルアン域の中だけを見れば十分である．上で計算した N 個の原子からなる 1 次元チェーンの場合，第一ブリルアン域の中の k は，$-\frac{\pi}{a}$ から $+\frac{\pi}{a}$ の間で $N+1$ 個のとびとびの値をとる．しかし N が十分大きければ k は準連続的に変化するので，エネルギー分散は k に対する連続関数として図示することが多い．式 (3.67) のエネルギー分散を図示すると**図 3.2** のようになる．

[3.7]　絶縁体と金属

　3.6 節の強束縛近似の計算では，各原子が 1 つの状態しか持っていないと仮定したが，実際には各原子は無限個の固有状態を持っている．そのため，原

子の重なりの結果として生じるバンドも無限個となる．実はこの無限個のバンドの集合は，3.5 節で議論した周期ポテンシャル系のエネルギースペクトル $\{E_n(\mathbf{k})\}$ にほかならない．したがって $E_n(\mathbf{k})$ の n は，エネルギーの低い方から数えて何番目のバンドのエネルギー固有値に対応するのかという指標と定義することができ，この意味で n をバンドインデックスと呼ぶ．多くの場合，バンドはそのもととなった原子の固有状態の性質を反映している．このため例えば，単原子の s 軌道から派生したバンドは「s 軌道的バンド」などと呼ぶことも多い．

ここで固体の電気特性を考えよう．固体に電場をかけると，固体中の電子はそれによって加速されて運動エネルギーのより高い状態に移ろうとするが，もし移る先の状態がすでに占有されていれば，パウリの排他律によりその状態には移れない．これはつまり，フェルミ準位よりも十分低いエネルギーの固有状態にある電子は加速できないことを意味する．電場によって加速できるのは，電子がいまいる占有状態のすぐ上に（より正確には電場による加速によって得る運動エネルギー程度の範囲に）非占有状態があるときだけである．

もし固体中で n 番目のバンドまで電子で完全に占有され，$n+1$ 番目のバンドはまったく占有されていなかったらどうなるだろうか．この場合，有限温度でのフェルミ準位はこの 2 つのバンドの間に来る（**図 3.3** のフェルミ準位 A）．つまりフェルミ準位には電子がいない．フェルミ準位よりも十分深いところには電子がいるが，それらの電子の状態のすぐ上に非占有状態はない．したがって，このような系に電場をかけても電子の運動量は変化せず，電流

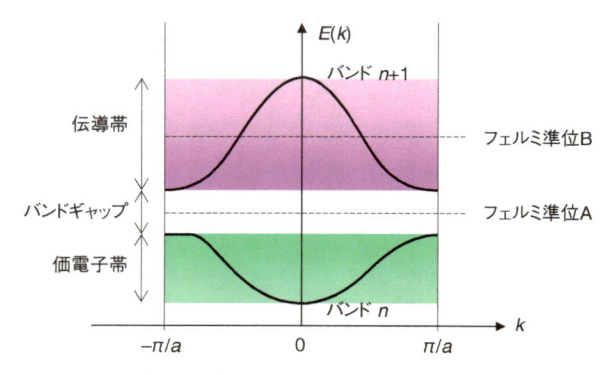

| **図 3.3**　**絶縁体と金属の概念図**
フェルミ準位がバンドギャップの中にあれば絶縁体，バンドの中にあれば金属である．

は流れない．これが**バンド絶縁体** (band insulator) の状態である．

一方，フェルミ準位がバンドの中に位置していれば，フェルミ準位近傍で占有状態にある電子は，電場によって加速されてより高い運動エネルギーの状態に移ることができる．これはすなわち，電流が流れることを意味する．このようにフェルミ準位がバンドの中に存在するのが**金属** (metal) である（図3.3 のフェルミ準位 B）．

なお固体が絶縁体になるか金属になるかは，ごく大雑把には，結晶の単位胞あたり電子が偶数個あるか奇数個あるかで決まる．これは電子が持つスピンの自由度によって各エネルギー固有状態が二重に縮退しており，このため単位胞あたりの電子が奇数個のときにはバンドの中のエネルギー固有状態は半分しか埋まらないからである．

バンド絶縁体におけるフェルミ準位直下の占有バンドを**価電子帯** (valence band)，直上の非占有バンドを**伝導帯** (conduction band) と呼ぶ（図 3.3 参照）．また価電子帯の上端と伝導帯の下端の間のエネルギー差のことを**バンドギャップ** (band gap) と呼ぶ．バンドギャップが小さい（だいたい数 eV 以下の）絶縁体では，高温にすると熱励起によって価電子帯に非占有状態が，伝導帯には占有状態が現れ，このため電気伝導が起こるので，そのような絶縁体を**半導体** (semiconductor) と呼ぶ．半導体では不純物をドープすることにより，フェルミエネルギーを価電子帯や伝導帯の中に位置させることができ，このようなドープされた半導体では（キャリア濃度は金属よりも低いながらも）低温まで金属と同じような電気伝導を示す．このようなドープされた半導体を**縮退半導体** (degenerate semiconductor) と呼ぶ．

[3.8] 有効質量

ここで 3.6 節で議論した 1 次元チェーンのモデルに戻ることにし，$t < 0$ の場合を考えよう．このときバンドの底は $k = 0$ にあるので，この底の近くの小さい k に対しては式 (3.67) を展開してエネルギー分散を

$$E \simeq \epsilon - 2|t| + |t|\, a^2 k^2 \tag{3.68}$$

と近似できる（$\cos\theta \simeq 1 - \frac{1}{2}\theta^2$ を使う）．ここで

$$E_0 \equiv \epsilon - 2|t|, \quad m^* \equiv \frac{\hbar^2}{2|t|\, a^2} \tag{3.69}$$

と定義すると，バンドの底では

$$E \simeq E_0 + \frac{\hbar^2 k^2}{2m^*} \tag{3.70}$$

と書くことができ，自由電子の場合と類似した形になる．ここで $k=0$ におけるバンドの曲率を計算すると，

$$\begin{aligned} \left[\frac{d^2 E}{dk^2}\right]_{k=0} &= \left[\frac{d^2}{dk^2}\{\epsilon + 2t\cos(ka)\}\right]_{k=0} \\ &= \left[-2t\,a^2 \cos(ka)\right]_{k=0} \\ &= -2ta^2 = 2|t|a^2 \quad (t<0 \text{のとき}) \end{aligned} \tag{3.71}$$

となるので，式 (3.69) で定義した m^* は，その逆数がバンドの曲率に比例していることがわかる．この m^* を**有効質量** (effective mass) と呼び，バンド端における電子の動きやすさを表すパラメータとしてよく用いられる．なお「負の質量」というのは物理的な意味が考えにくいので，有効質量は必ず正の値になるように定義する．上では $t<0$ の場合を考えたが，$t>0$ のときには $\left[\dfrac{d^2 E}{dk^2}\right]_{k=0} = -2ta^2 < 0$ となり，バンドの曲率は負の値になる．したがってこの場合，式 (3.69) で定義される m^* は，バンドの曲率の符号を反転させたものの逆数，つまり

$$m^* = \hbar^2 \left\{ -\left[\frac{d^2 E}{dk^2}\right]_{k=0} \right\}^{-1} \quad (t>0 \text{のとき}) \tag{3.72}$$

で与えられる．実はこのように m^* の定義の際にバンドの曲率の符号を反転させる場合は，「正孔」の運動を扱うことに対応する．この事情を次節で説明しよう．

[3.9] ブロッホ電子の運動

n 番目のバンドの電子は，ブロッホ波動関数 $u_{n,\mathbf{k}}(\mathbf{r})$ で記述されエネルギー固有値 $E_n(\mathbf{k})$ を持つ．このような電子を**ブロッホ電子** (Bloch electron) と呼ぶ．固体物理学では，ブロッホ電子は**結晶運動量** (crystal momentum) $\hbar\mathbf{k}$ を持つと考える（ただし $\mathbf{k}$ は第一ブリルアン域の中に限る）．詳細は省くが，ブロッホ電子の運動を波束の運動としてモデル化することにより，電場 $\mathbf{E}$ と磁場 $\mathbf{B}$ が存在するときのブロッホ電子の半古典的な運動方程式として，次式が得られる．

$$\frac{d}{dt}(\hbar \mathbf{k}) = -e\left(\mathbf{E} + \frac{1}{c}\mathbf{v}_n \times \mathbf{B}\right) \tag{3.73}$$

ただし電子の電荷は $-e$ であり，**ブロッホ電子の速度** (Bloch electron velocity) $\mathbf{v}_n$ は群速度

$$\mathbf{v}_n = \frac{1}{\hbar}\frac{\partial}{\partial \mathbf{k}}E_n(\mathbf{k}) \tag{3.74}$$

で与えられる．ここで，一般的な波動 $h(t,x) = \sin(\omega t - kx)$ について，位相速度が $\frac{\omega}{k}$ なのに対して群速度が $\frac{\partial \omega}{\partial k}$ となることに注意しておこう．式 (3.73) は，結晶運動量を通常の古典力学における運動量と見なし，古典運動方程式 $\mathbf{F} = m\mathbf{a} = \dot{\mathbf{p}}$（$\mathbf{a}$ は加速度）を思い出すと直観的に理解しやすい．

ここで具体的にフェルミエネルギーが伝導帯の底 E_c の近くにある縮退半導体を考えよう．エネルギー固有値 E_c に対応する $\mathbf{k}$ を $\mathbf{k}^0$ と書く．そうすると，$\mathbf{k} = \mathbf{k}^0$ にあるバンドの底の近傍でエネルギー分散を展開でき，

$$\begin{aligned} E_n(\mathbf{k}) &= E_\mathrm{c} + \frac{1}{2}\sum_{ij}(k_i - k_i^0)(k_j - k_j^0)\frac{\partial^2 E_n}{\partial k_i \partial k_j} + \cdots \\ &\equiv E_\mathrm{c} + \frac{\hbar^2}{2}(\mathbf{k} - \mathbf{k}^0)\cdot \frac{1}{M_\mathrm{e}^*}\cdot (\mathbf{k} - \mathbf{k}^0) + \cdots \end{aligned} \tag{3.75}$$

と書くことができる．ただしここで行列

$$\left(\frac{1}{M_\mathrm{e}^*}\right)_{ij} = \frac{1}{\hbar^2}\frac{\partial^2 E_n}{\partial k_i \partial k_j} \tag{3.76}$$

は有効質量テンソル M_e^* の逆テンソルであり，その固有値はすべて実数となる．M_e^* は座標の取り方によって対角化でき，一般に m_1^*, m_2^*, m_3^* の対角要素を持つ．

式 (3.75) を $\frac{\partial}{\partial \mathbf{k}}$ で微分すると

$$\frac{\partial E_n(\mathbf{k})}{\partial \mathbf{k}} \simeq 2 \cdot \frac{\hbar^2}{2}\frac{1}{M_\mathrm{e}^*}\cdot (\mathbf{k} - \mathbf{k}^0) \tag{3.77}$$

となるので

$$\mathbf{v}_n = \frac{1}{\hbar}\frac{\partial E_n(\mathbf{k})}{\partial \mathbf{k}} \simeq \frac{\hbar}{M_\mathrm{e}^*}\cdot (\mathbf{k} - \mathbf{k}^0) \tag{3.78}$$

となり，両辺に M_e^* をかけて

$$M_\mathrm{e}^* \cdot \mathbf{v}_n \simeq \hbar(\mathbf{k} - \mathbf{k}^0) \tag{3.79}$$

が得られる．この両辺を時間で微分すれば，運動方程式

$$M_e^* \cdot \frac{d\mathbf{v}_n}{dt} \simeq \hbar \frac{d\mathbf{k}}{dt} = -e\left(\mathbf{E} + \frac{1}{c}\mathbf{v}_n \times \mathbf{B}\right) \tag{3.80}$$

が得られ，これは質量 m_i^* で電荷 $-e$ を持つ粒子の運動を記述する方程式と形式的に等しい．したがって，伝導帯の底の近くにフェルミ準位があるとき，ブロッホ電子の運動は形式的に自由電子の運動と同じように扱うことができる．

次にフェルミエネルギーが価電子帯の上端 E_v の近くにある場合を考えよう．このときも上と同様にエネルギー分散を E_v に対応する $\mathbf{k}^0$ のまわりで展開するが，今回は有効質量テンソルの逆テンソルを

$$\left(\frac{1}{M_e^*}\right)_{ij} \equiv -\frac{1}{\hbar^2}\frac{\partial^2 E_n}{\partial k_i \partial k_j} \tag{3.81}$$

と定義する必要がある．なぜなら，バンドの上端では $E_n(\mathbf{k})$ が上に凸であるため，行列 $\dfrac{\partial^2 E_n}{\partial k_i \partial k_j}$ の固有値はすべて負になり，式 (3.76) の定義だと負の有効質量が出てきてしまうからである．このとき運動方程式は M_e^* の定義の違いを反映して

$$M_e^* \cdot \frac{d\mathbf{v}_n}{dt} \simeq +e\left(\mathbf{E} + \frac{1}{c}\mathbf{v}_n \times \mathbf{B}\right) \tag{3.82}$$

となるが，これはあたかも**正の電荷を持つ粒子の運動**を記述しているように見えるので，価電子帯の上端では形式的に**正孔** (hole) が自由粒子として運動しているものとして扱うことができる．

[3.10] ランダウ量子化

前節で述べたように，ブロッホ電子の運動は有効質量の概念を導入することによって自由粒子の運動のように扱える．バンドに対する磁場の効果を見るための準備として，まず質量 m で電荷 $-e$ を持つ 2 次元自由粒子が $L_x \times L_y$ の矩形の中に閉じ込められ，面に垂直な磁場中におかれたときの固有状態を求める．2.16 節で述べたように，磁場の効果はベクトルポテンシャル $\mathbf{A}$ を用いて $\mathbf{p} \to \mathbf{p} - (e/c)\mathbf{A}$ という置き換えによって取り入れることができるので，いま考えている 2 次元系のハミルトニアンは

$$H(p_x, p_y) = \frac{1}{2m}\left(\mathbf{p} - \frac{e}{c}\mathbf{A}\right)^2 \tag{3.83}$$

と書くことができる．磁場は z 軸方向にかかっているので，ベクトルポテンシャルの取り方としてランダウゲージ $\mathbf{A} = (0, Bx, 0)$ を選ぶと H は次のよ

うになる．

$$H(p_x, p_y) = \frac{1}{2m}\left[p_x^2 + \left(p_y - \frac{e}{c}Bx\right)^2\right] \tag{3.84}$$

この H は位置座標 y を含まないので，p_y と H は可換である．したがって p_y は保存量となり，波動関数は y 軸方向に関しては単なる平面波になる．つまり波動関数を

$$\psi(x,y) = \frac{1}{\sqrt{L_y}} e^{ik_y y} \phi_{k_y}(x) \tag{3.85}$$

の形に書くことができる．$p_y \to \hbar k_y$ と置き換えて H を変形すると

$$\begin{aligned}H(p_x, \hbar k_y) &= \frac{1}{2m}p_x^2 + \frac{e^2 B^2}{2mc^2}\left(\frac{\hbar c k_y}{eB} - x\right)^2 \\ &\equiv \frac{1}{2m}p_x^2 + \frac{m\omega_c^2}{2}(x - X)^2\end{aligned} \tag{3.86}$$

という形に書くことができるが，ここで新しく導入した変数は

$$\omega_c \equiv \frac{eB}{mc} \tag{3.87}$$

$$X \equiv \frac{\hbar c k_y}{eB} = l_B^2 k_y \qquad \left(l_B = \sqrt{\frac{\hbar c}{eB}}\right) \tag{3.88}$$

と定義される．

　式 (3.86) は 1 次元調和振動子のハミルトニアンと同じ形なので，これは x に関する 1 次元系としては調和振動子の解を持つ．$X = 0$ のときのその具体的な表式は n 次のエルミート多項式 $H_n(x)$ を用いて

$$\phi_n(x) = \left(\frac{1}{2^n n! \sqrt{\pi} l_B}\right)^{\frac{1}{2}} e^{-\frac{1}{2}(x/l_B)^2} H_n\left(\frac{x}{l_B}\right) \tag{3.89}$$

で与えられる．したがって 2 次元系としての式 (3.84) の解は次のようになる．

$$\psi_{n,X}(x,y) = \frac{1}{\sqrt{L_y}} e^{i(X/l_B^2)y} \phi_n(x - X) \tag{3.90}$$

またエネルギー固有値も調和振動子と同じになり

$$E_n = \hbar\omega_c\left(n + \frac{1}{2}\right) \tag{3.91}$$

という離散的な値をとる．これを**ランダウ量子化** (Landau quantization) と呼び，n 番目の準位は「第 n ランダウ準位」と呼ばれる．この量子化されたエネルギー固有値は X の値によらないので，取り得る X の数だけ縮退して

いる．そこで，この縮重度を求めよう．

いま y 軸方向には解は平面波になっているので，k_y は $2\pi m_y/L_y$（ただし $m_y = 0, \pm 1, \pm 2, \cdots$）に量子化されている．したがって式 (3.88) で定義される X も量子化されている．また式 (3.86) において X は調和振動の原点を意味しているが，振動する x は 0 から L_x の間しかとれないので，振動の原点である X の取り得る範囲も $0 \leq X \leq L_x$ に制限される．このことから

$$l_\mathrm{B}^2 (2\pi/L_y) m_\mathrm{max} = X_\mathrm{max} = L_x \quad \rightarrow \quad m_\mathrm{max} = \frac{L_x L_y}{2\pi l_\mathrm{B}^2} \tag{3.92}$$

が得られ，これは各ランダウ準位が m_max 重に縮退していることを意味する．この 2 次元系の中の電子の総数を N_e とすると，**フィリングファクター**（filling factor，充填率ともいう）ν が

$$\nu \equiv \frac{N_\mathrm{e}}{m_\mathrm{max}} = 2\pi l_\mathrm{B}^2 \frac{N_\mathrm{e}}{L_x L_y} = 2\pi l_\mathrm{B}^2 n_\mathrm{2D} \tag{3.93}$$

で定義され，電子が占有しているランダウ準位の数を表す（n_2D は 2 次元電子密度）．

次に 3 次元系を考えよう．つまり，電子は磁場に垂直な xy 面の中だけでなく z 軸方向にも動けるとする．このとき，磁場はそれと平行な方向の運動には影響を与えないので，z 軸方向の運動エネルギーは磁場がないときと変わらない．したがって，3 次元の自由電子系に z 軸方向の磁場がかかったときのエネルギー固有値は

$$E_n(k_z) = \frac{\hbar^2 k_z^2}{2m} + \hbar\omega_\mathrm{c}\left(n + \frac{1}{2}\right) \tag{3.94}$$

で与えられる（z 軸方向の系の長さが L_z なら $k_z = 2\pi m_z/L_z$ と量子化される）．つまり，3 次元系ではエネルギースペクトルがランダウ量子化を受けるのは磁場に垂直な面内方向だけで，磁場と平行な方向の運動エネルギーは変化しない．

上記の議論から類推できるように，固体中の電子系に磁場がかかると，磁場と平行な運動量方向のバンド分散は影響を受けないが，磁場と垂直な面内方向では準連続的だったバンド分散がランダウ量子化を受けて離散化される．磁場が十分強くて $\nu = 1$ になると，電子の面内方向の運動はすべて最低ランダウ準位に凝縮してしまう．逆に磁場が十分に弱ければ，ランダウ量子化によるバンドの離散化の影響は小さく，バンド分散はほぼ連続関数と考えて差し支えない．このランダウ量子化の概念は，次章で説明する量子振動の理論において本質的な役割を果たす．

[参考文献]

1) N. W. Ashcroft and N. D. Mermin: *Solid State Physics* (Saunders College, Philadelphia, 1976).
2) J. I. Gersten and F. W. Smith: *The Physics and Chemistry of Materials* (John Wiley & Sons, New York, 2001).

Introduction to
Topological Insulators

第4章 フェルミ面の観測法

フェルミ面の形を知ることは，固体中の電子系の電磁応答を解析する際に非常に重要になる．3次元トポロジカル絶縁体の研究においても，トポロジカル表面状態として現れる2次元電子系のフェルミ面を実験で観測することが決定的な重要さを持つ．そこで本章では，フェルミ面の観測法として代表的なものである，角度分解光電子分光と量子振動について解説する．

[4.1] 角度分解光電子分光

光電効果は固体に光を当てると電子が飛び出す現象である．これを利用してフェルミ面の形を求める実験手法が**角度分解光電子分光** (angle-resolved photo-emission spectroscopy) である．英語の頭文字をとって **ARPES** と略称される．この実験では，単色の光を一定の方向から当てたときに出てくる光電子の運動エネルギーと運動量の方向を同時に測定する（**図 4.1**）．そのデータから，固体中で電子が持っていた結晶運動量 $\hbar \mathbf{k}$ と占有していたエネルギー

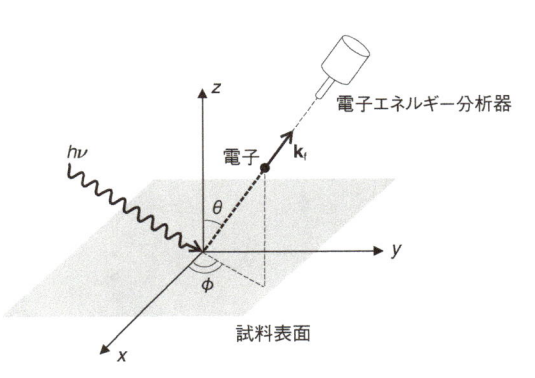

| 図 4.1 | **角度分解光電子分光（ARPES）測定の概念図**

エネルギー $h\nu$ を持つ光が入射したときに飛び出してくる光電子を，わずかな立体角だけを開口部とする電子エネルギー分析器で検出する．これによって，光電子の運動エネルギーと運動量の方向を同時に測定できる．xy 面が試料表面である．

準位 E_n とを求めることができる．つまり，エネルギースペクトル $E_n(\mathbf{k})$ を直接求めることができる強力な実験手法である．測定された光電子の運動方向と結晶運動量 $\hbar\mathbf{k}$ を関係づけるためには，試料は単結晶でなければならず，また入射光の方向と結晶軸の関係もよくわかっている必要がある．

[4.1.1] エネルギー保存則と運動量保存則

電子が固体から飛び出すために最低限必要なエネルギーを**仕事関数** (work function) ϕ と呼ぶ．仕事関数は真空準位とフェルミ準位 E_F の差に等しい．光のエネルギー $h\nu$ が ϕ より大きければ電子がたたき出され，光電効果が起こる．このときのエネルギーの関係を少し詳しく見てみよう．

図 4.2 に示すように，たたき出される電子は必ずしもフェルミ準位にあるとは限らず，占有状態にある電子ならどれでもたたき出される可能性がある．たたき出された電子が占めていた準位とフェルミ準位の差を**結合エネルギー** (binding energy) E_B と呼ぶ．E_B は通常，フェルミ準位から電子エネルギーが減る方向に向かって測る．電子が固体から出てくるときに運動エネルギー E_{kin} を持っているとすると，エネルギー保存則から次が成り立つ．

$$h\nu = E_B + \phi + E_{\text{kin}} \tag{4.1}$$

ここで注意しておくべきことは，電子が出てくるときに結合エネルギー E_B と仕事関数 ϕ の分だけエネルギーを失うということである．電子は光からもらっ

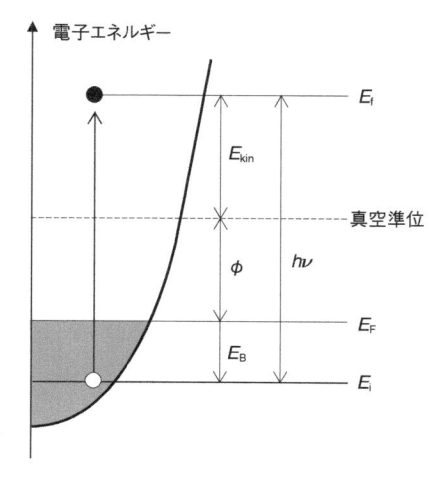

| 図 **4.2** | **光電子分光におけるエネルギーの関係図**

たエネルギー $h\nu$ のうち，$E_B + \phi$ を固体内で非占有準位に移るために使い，残った分が外に出たときの運動エネルギーになる．もし $h\nu - (E_B + \phi) < 0$ であれば，電子は固体内で E_F より $h\nu - E_B$ だけ高いところの非占有準位に移るだけで，外には出てこない．

光電子が単結晶表面から真空中に出てくる過程において，電子の運動量のうちの表面に平行な方向の成分は保存される．もともと電子が結晶運動量 $\hbar\mathbf{k}_i$ を持っていて固有エネルギー $E_i(\mathbf{k}_i)$ のブロッホ状態 $u_{i,\mathbf{k}_i}$ を占めていたとする．光を吸収すると，電子はまず光学遷移を起こして固体内の非占有ブロッホ状態に移る．光学遷移では運動量は保存されるので，遷移を起こした後の固体内での終状態は $u_{f,\mathbf{k}_i}$ と書け，その固有エネルギーを $E_f(\mathbf{k}_i)$ とする．真空準位より上のブロッホ状態は，真空中の自由電子の平面波状態 $e^{i\mathbf{k}_f \cdot \mathbf{r}}$ と表面で滑らかにつながっていると考えてよいため，励起された電子は固体内をエネルギーを失わずに移動し，最後に表面で真空準位分のエネルギー ϕ を失って真空中の平面波状態に移る．

結晶中では量子状態は逆格子ベクトル $\mathbf{G}$ 分だけ平行移動しても同じであることを思い出すと，表面に平行な方向の運動量保存則には $\mathbf{G}$ の分だけ不定性があり

$$(\mathbf{k}_i + \mathbf{G})_\| = \mathbf{k}_{f\|} \tag{4.2}$$

となる．また図 4.2 を参考にし，エネルギーの原点を E_F にとることにしてエネルギー保存則 (4.1) をいまの場合に書き直すと

$$E_i(\mathbf{k}_i) + h\nu = E_f(\mathbf{k}_i) = \frac{\hbar^2 k_f^2}{2m} + \phi \tag{4.3}$$

が得られる．ただしここで E_i や E_f は E_F から測った相対的なものなので，$E_i < 0$ となっていることに注意しておく．

[4.1.2] ARPES データ解析の原理

実験で直接測定されるのは，光電子の運動エネルギー $\dfrac{\hbar^2 k_f^2}{2m}$ と運動量の方向 $\mathbf{k}_f/|\mathbf{k}_f|$ であるが，両方がわかれば運動量ベクトル $\mathbf{k}_f$ はすぐに計算できる．したがって式 (4.2) から $(\mathbf{k}_i + \mathbf{G})_\|$ もわかる．さらに試料の結晶構造がわかっていれば，得られた $(\mathbf{k}_i + \mathbf{G})_\|$ が第何ブリルアン域に入っているかを検討することで $\mathbf{G}_\|$ を計算でき，$\mathbf{k}_{i\|}$ を求めることができる．

次に求めたいのは $E_i(\mathbf{k}_i)$ であるが，まず簡単のため試料が擬 2 次元系である場合を考え，試料表面が 2 次元伝導面に平行であるとしよう．この場合，

$E_i(\mathbf{k}_i)$ と $E_f(\mathbf{k}_i)$ はともに $\mathbf{k}_i$ の面内成分 $\mathbf{k}_{i\parallel}$ にのみ依存し，垂直成分 $k_{i\perp}$ にはよらない．試料の仕事関数 ϕ は既知だとすると，式 (4.3) から

$$E_i(\mathbf{k}_{i\parallel}) = E_i(\mathbf{k}_i) = \frac{\hbar^2 k_f^2}{2m} + \phi - h\nu \quad (擬 2 次元系の場合) \quad (4.4)$$

の関係が得られ，右辺はすべて既知なので，これから $E_i(\mathbf{k}_{i\parallel})$ が求まることがわかる．ここで再び注意しておくが，E_i は E_F に対する相対的なエネルギーである．このため ARPES の実験では，バンドのエネルギー分散をプロットする際に，縦軸には結合エネルギー E_B を用いることが多い．

次に一般の 3 次元物質の場合を考えよう．この場合，$\mathbf{k}$ を $(\mathbf{k}_\parallel, k_\perp)$ と書いて，面内成分と垂直成分に分けると考えやすい．そうすると式 (4.3) は

$$E_i(\mathbf{k}_{i\parallel}, k_{i\perp}) = \frac{\hbar^2 k_{f\parallel}^2}{2m} + \frac{\hbar^2 k_{f\perp}^2}{2m} + \phi - h\nu \quad (3 次元系の場合) \quad (4.5)$$

と書くことができる．表面と垂直な方向には運動量保存則は成立しないので，$k_{f\perp}$ がわかっていても $k_{i\perp}$ はわからない．したがって，右辺は既知なので左辺の E_i は求まるが，そのエネルギー固有値がどの $\mathbf{k}_i = (\mathbf{k}_{i\parallel}, k_{i\perp})$ に対するものなのか，という情報のうち，$k_{i\perp}$ が欠落しており，これを求めるのは難しい．このため，3 次元物質のフェルミ面を ARPES によって完全に求めるのは難しく，これが ARPES の適用限界の 1 つになっている．

しかし式 (4.5) を利用すると，ARPES で観測されたバンドが 2 次元的か 3 次元的かの判別ができる．具体的には，入射光のエネルギー $h\nu$ を変えてデータを比較する．$h\nu$ が変わると当然出てくる光電子の運動エネルギーも変わるので，異なる $h\nu$ に対する光電子が同じ $\mathbf{k}_{f\parallel}$ を持っているときは，必ず $k_{f\perp}$ が異なることになる．そこで，そのような同じ $\mathbf{k}_{f\parallel}$ における異なる $h\nu$ のデータが示すエネルギー固有値が変化するか否かを見ることによって，$E_i(\mathbf{k}_{i\parallel}, k_{i\perp})$ が $k_{f\perp}$ に依存するかどうかが判断できる．もしエネルギー固有値が変化していなければバンドは 2 次元的であることを意味する．この場合，$h\nu$ の変化分は結合エネルギーの変化には使われることなくすべて $\frac{\hbar^2 k_{f\perp}^2}{2m}$ の変化として使われた（つまり $\frac{\hbar^2 k_{f\perp}^2}{2m} - h\nu$ は不変だった）ということになる．

トポロジカル絶縁体に対する ARPES 実験においては，観測されたバンドが表面状態なのかバルク状態なのかを判別することが非常に重要である．上で述べた入射光のエネルギー $h\nu$ を変える判別法は，トポロジカル表面状態の存在を証明するための強力な方法であり，このため ARPES はトポロジカル絶縁体の物質探索において欠かせない実験手法となっている．

なお 3 次元物質についても，固体内の終状態 $E_\mathrm{f}(\mathbf{k}_\mathrm{i})$ について適当な仮定をおくことによって，$\mathbf{k}_{\mathrm{i}\perp}$ を求めることがしばしば行われる．この際によく使われる仮定は，終状態は運動エネルギーが高いので周期ポテンシャルの影響は弱いはずであり，平面波で近似してもよいだろうというものである．そうするとエネルギー保存則 (4.3) は次のようになる．

$$E_\mathrm{i}(\mathbf{k}_\mathrm{i}) + h\nu = \frac{\hbar^2 (\mathbf{k}_\mathrm{i} + \mathbf{G})^2}{2m} + V_0 = \frac{\hbar^2 k_\mathrm{f}^2}{2m} + \phi \tag{4.6}$$

この式で終状態平面波の運動エネルギーの原点である V_0 をどこにとるかについて，さらなる仮定が必要だが，これには例えば原子の間の領域の平均ポテンシャルがよく用いられる．これと面内方向の運動量保存則 (4.2) を組み合わせると $k_{\mathrm{i}\perp}$ を求めることが可能になり，E_i というエネルギー固有値がどの $\mathbf{k}_\mathrm{i} = (\mathbf{k}_{\mathrm{i}\|}, k_{\mathrm{i}\perp})$ に対するものなのかを決めることができる．つまり 3 次元的なエネルギー分散 $E_\mathrm{i}(\mathbf{k}_{\mathrm{i}\|}, k_{\mathrm{i}\perp})$ が求まるわけである．

[4.1.3] 表面敏感性

ARPES は非常に試料の表面の条件に敏感な測定手法である．これは，光電効果によって電子が外に出てこられるのは試料表面ごく近傍の領域に限られることによる．この光電効果が起こる深さの限界を **脱出深さ** (escape depth) と呼ぶ．脱出深さは入射する光のエネルギーによって変わるが，よく実験に使われる $h\nu = 10 \sim 100$ eV 程度（波長にして 12〜120 nm 程度）の領域ではだいたい 1 nm 程度である．

普通，空気中では固体の表面は酸化していたり分子が吸着していたりするので，表面から 1 nm 程度の領域は内部とはまったく様子が異なる．したがって，表面から 1 nm 程度しかプローブできない ARPES で固体の本質的な性質を測定するためには，超高真空中で試料を劈開するなどして，清浄表面を得ることが必須である．また試料表面の平坦性も重要である．ガタガタした表面では，局所的には表面がいろいろな方向を向いていることになり，大局的に見た「表面に平行な方向の運動量保存則」が破れることになる．

結晶構造上劈開しにくい物質の場合，清浄かつ平坦な表面が得られないこともあり，その場合にはよい ARPES のデータを得ることができない．これは ARPES 実験の大きな制限事項となっている．

[4.2] 量子振動

ARPESによって高分解能でフェルミ面が直接観測できるようになったのは最近20年くらいであり,それ以前はフェルミ面の観測を最も高分解能で行える手法が**量子振動** (quantum oscillation) の測定だった.磁場中で電子状態がランダウ量子化されることによってフェルミ準位における状態密度が磁場Bの逆数(つまり$1/B$)に対して周期的に極大を示し,それが原因でさまざまな物理量が$1/B$に対して周期的に振動する現象が量子振動である.その振動周期は,フェルミ面を磁場に垂直な面で切った断面積の極大値もしくは極小値を反映するので,磁場を系統的にいろいろな方向からかけたときの振動周期の変化を見ることによってフェルミ面の大きさと形を知ることができる.発見者の名前にちなんで,磁化率に現れる量子振動を特に**ドハース・ファンアルフェン振動** (de Haas-van Alphen oscillation) と呼び,抵抗率に現れる量子振動を**シュブニコフ・ドハース振動** (Shubnikov-de Haas oscillation) と呼んでいる.本節では,この量子振動の原理を少し詳しく解説する.

[4.2.1] 磁場中におけるブロッホ電子の半古典的運動論

3.9節で紹介したブロッホ電子の半古典的運動方程式を用いて,磁場だけがかかっているときのブロッホ電子の運動を考えよう.このときの基本方程式は式 (3.73) と式 (3.74) から

$$\hbar\dot{\mathbf{k}} = -\frac{e}{c}\mathbf{v} \times \mathbf{B} \tag{4.7}$$

$$\dot{\mathbf{r}} = \mathbf{v}(\mathbf{k}) = \frac{1}{\hbar}\frac{\partial E(\mathbf{k})}{\partial \mathbf{k}} \tag{4.8}$$

と書くことができる.ただしここでは単一のバンドのみを考えるのでバンドインデックスは省略した.波数空間におけるブロッホ電子は,それぞれの波数に対応した固有エネルギーを持っているが,一定の固有エネルギーに対応する波数をつないでいくと,波数空間中で閉じた面ができる.これを**等エネルギー面** (constant-energy surface) という (**図4.3**).例えばフェルミ面は,フェルミエネルギーに対応する波数が形成する等エネルギー面である.式 (4.8) で与えられる$\mathbf{v}$は電子の実空間における速度ベクトルだが,これが$\partial E/\partial \mathbf{k}$に平行ということは,波数空間中で等エネルギー面の法線方向を向いていることを意味する.したがって式 (4.7) で与えられる$\dot{\mathbf{k}}$は常に等エネルギー面に平行な方向を向いていることになる.このため,磁場中におけるブロッホ電子の運動は常に等エネルギー面の上に拘束されている.また式 (4.7) からは,

(a) 波数空間 (b) 実空間

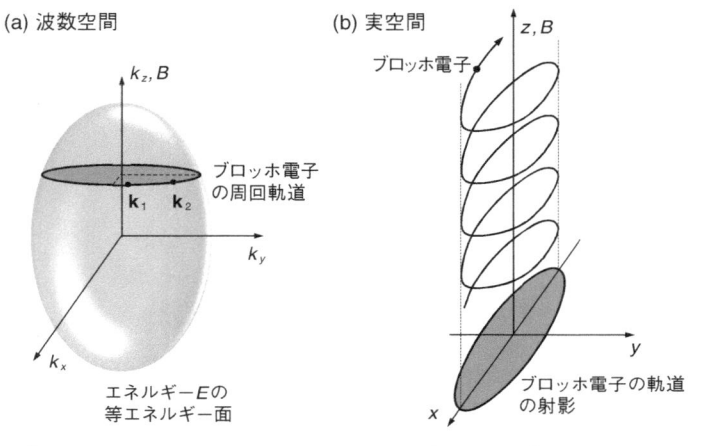

図 4.3 波数空間 (a) と実空間 (b) における磁場中のブロッホ電子の軌道
波数空間では k_z が一定の周回軌道をとるが、実空間では一般に z 軸方向に螺旋運動をする．この実空間における軌道を磁場に垂直な面に射影したものは，波数空間における軌道を $\hbar c/eB$ 倍して $90°$ 回転したものになっている．

$\mathbf{k}$ のうち磁場に平行な成分は変化しないこともわかる．つまり固体が磁場中におかれると，ブロッホ電子は等エネルギー面上を周回し，その軌道が作る面は磁場と垂直になる（図 4.3）．

なお式 (4.7) と式 (4.8) から得られる $\hbar\dot{\mathbf{k}} = -\frac{e}{c}\dot{\mathbf{r}} \times \mathbf{B}$ の両辺に磁場の方向の単位ベクトル $\hat{\mathbf{B}}$ をかけると

$$\hat{\mathbf{B}} \times \hbar\dot{\mathbf{k}} = -\frac{eB}{c}[\dot{\mathbf{r}} - \hat{\mathbf{B}}(\hat{\mathbf{B}} \cdot \dot{\mathbf{r}})] = -\frac{eB}{c}\dot{\mathbf{r}}_{\mathrm{proj}} \tag{4.9}$$

となる．ここで $\mathbf{r}_{\mathrm{proj}} \equiv \mathbf{r} - \hat{\mathbf{B}}(\hat{\mathbf{B}} \cdot \mathbf{r})$ はブロッホ電子の位置ベクトル $\mathbf{r}$ のうちの磁場と垂直な成分であり，その軌跡は実空間におけるブロッホ電子の軌跡を磁場に垂直な面に投影したものとなる．$\dot{\mathbf{r}}_{\mathrm{proj}}$ はこれを時間で微分した速度である．式 (4.9) を時間で積分すれば

$$\mathbf{r}_{\mathrm{proj}}(t) - \mathbf{r}_{\mathrm{proj}}(0) = -\frac{\hbar c}{eB}\hat{\mathbf{B}} \times [\mathbf{k}(t) - \mathbf{k}(0)] \tag{4.10}$$

が得られる．式 (4.10) は，実空間におけるブロッホ電子の運動を磁場に垂直な面に投影したものは，波数空間におけるブロッホ電子の周回軌道を $\frac{\hbar c}{eB}$ 倍して $90°$ 回転したものとなっていることを意味する（図 4.3 参照）．

次にブロッホ電子が等エネルギー面上を周回する時間を計算しよう．磁場は z 軸方向とし，図 4.3 のように等エネルギー面上を一定の k_z を保って周回

する軌道を考える．そのうち $\mathbf{k}_1$ と $\mathbf{k}_2$ の間の部分を移動するのにかかる時間は，式 (4.7) と式 (4.8) を使って次のように計算できる．

$$t_2 - t_1 = \int_{t_1}^{t_2} dt = \int_{\mathbf{k}_1}^{\mathbf{k}_2} \frac{dk}{|\dot{\mathbf{k}}|} = \frac{\hbar^2 c}{eB} \int_{\mathbf{k}_1}^{\mathbf{k}_2} \frac{dk}{|(\partial E/\partial \mathbf{k})_\perp|} \quad (4.11)$$

ここで $(\partial E/\partial \mathbf{k})_\perp$ は $\partial E/\partial \mathbf{k}$ のうち磁場に垂直な成分である．$\partial E/\partial \mathbf{k}$ というベクトルは等エネルギー面の法線方向を向いているので，$(\partial E/\partial \mathbf{k})_\perp$ はそのベクトルを周回軌道面へ射影したものとなっている．

周回軌道面上でこの $(\partial E/\partial \mathbf{k})_\perp$ と同じ向きの微小なベクトル $\mathbf{\Delta}(\mathbf{k})$ を考えると，**図 4.4** のように，これはもともとの周回軌道上の点 $\mathbf{k}$ を，少し外側の $E + \Delta E$ のエネルギーの軌道に移すベクトルと見なすことができる．この ΔE は

$$\Delta E = \left(\frac{\partial E}{\partial \mathbf{k}}\right)_\perp \cdot \mathbf{\Delta}(\mathbf{k}) = \left|\left(\frac{\partial E}{\partial \mathbf{k}}\right)_\perp\right| \Delta(\mathbf{k}) \quad (4.12)$$

と計算される（ただし，$\Delta(\mathbf{k}) = |\mathbf{\Delta}(\mathbf{k})|$）．最後の等号では $(\partial E/\partial \mathbf{k})_\perp$ と $\mathbf{\Delta}(\mathbf{k})$ は平行であると定義していることを用いた．式 (4.12) を用いて式 (4.11) を次のように変形できる．

$$t_2 - t_1 = \frac{\hbar^2 c}{eB} \frac{1}{\Delta E} \int_{\mathbf{k}_1}^{\mathbf{k}_2} \Delta(\mathbf{k}) \, dk \quad (4.13)$$

この積分は，2 つの隣り合った軌道に挟まれた領域のうち $\mathbf{k}_1$ と $\mathbf{k}_2$ の間の部分の面積を意味している（図 4.4 参照）．

いま t_1 から一周期後の時間になるように t_2 をとると，$t_2 - t_1$ は周期 T と等しく，また $\mathbf{k}_2 = \mathbf{k}_1$ となるので，式 (4.13) から

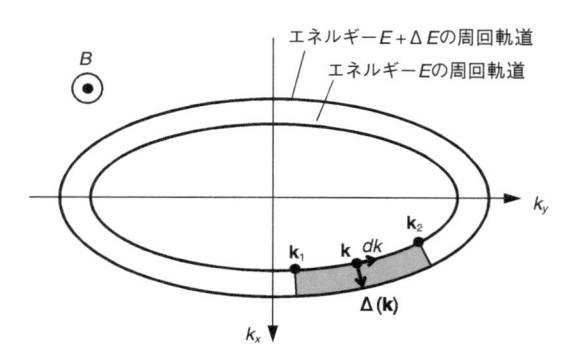

| 図 4.4 | k_z で指定される周回軌道面上でエネルギー E と $E + \Delta E$ に対応する 2 つの周回軌道の図

$$T = \frac{\hbar^2 c}{eB} \frac{1}{\Delta E} \oint \Delta(\mathbf{k}) dk \tag{4.14}$$

が得られ，$\Delta E \to 0$ の極限をとると

$$T = \frac{\hbar^2 c}{eB} \frac{\partial A(E, k_z)}{\partial E} \tag{4.15}$$

と書くことができる．ここで $A(E, k_z)$ は**波数空間において周回軌道によって囲まれる面積**であり，等エネルギー面を指定する E と，その等エネルギー面のどこに周回軌道面があるかを指定する k_z の両方の関数となっている．

ここで出てきた $\partial A(E, k_z)/\partial E$ は**サイクロトロン質量** (cyclotron mass) m_c の定義

$$m_\mathrm{c}(E, k_z) \equiv \frac{\hbar^2}{2\pi} \frac{\partial A(E, k_z)}{\partial E} \tag{4.16}$$

でも用いられ，ブロッホ電子の磁場中の振舞いを解析する際に重要な量である．なお**サイクロトロン周波数** (cyclotron frequency) $\omega_\mathrm{c} = eB/mc$ を決める質量 m としてサイクロトロン質量 m_c を用いると，式 (4.15) は

$$T = \frac{2\pi m_\mathrm{c} c}{eB} = \frac{2\pi}{\omega_\mathrm{c}} \tag{4.17}$$

の形に書け，自由電子のサイクロトロン運動の周期を与える式と同じ形になる．

[4.2.2] 磁場中ブロッホ電子の運動の量子化

4.2.1 項で考えた半古典的な運動を量子化しよう．すでに 3.10 節で学んだように，磁場中ではランダウ量子化が起こり，磁場に垂直な面内の運動はとびとびのエネルギー $E_\nu = \hbar\omega_\mathrm{c}(\nu + \frac{1}{2})$ を持つ多重縮退した準位に束ねられる．なおここでは単一のバンドのみを考えることにするのでバンドインデックスは省略し，エネルギーに現れる添え字 ν はランダウ準位を表すものとする．

4.2.1 項の半古典的な運動論からわかるように，ブロッホ電子は z 軸方向の磁場中では等エネルギー面上で k_z を一定に保った周回運動をする．ランダウ量子化はこの周回運動がとびとびのエネルギー E_ν を持つことを意味するが，このエネルギー E_ν と周回運動の周期 T を関係付けるために**ボーアの対応原理** (Bohr's correspondence principle) を利用しよう．ボーアの対応原理とは「量子数が大きい極限では量子力学の結果は古典力学と一致しなければならない」というものである．ランダウ量子化 $E_\nu = \hbar\omega_c(\nu + \frac{1}{2})$ が起きているときは $E_{\nu+1} - E_\nu = \hbar\omega_\mathrm{c}$ なので，対応原理により ν が十分大きいときには ω_c を古典的周回運動の角振動数 $2\pi/T$ で置き換えられるはずである．こ

のことから次式が得られる．

$$E_{\nu+1} - E_\nu = \frac{h}{T(E_\nu, k_z)} \tag{4.18}$$

ここで古典的運動の周期 T が等エネルギー面を決める E_ν と周回面を決める k_z に依存していることを明示した．この $T(E_\nu, k_z)$ は式 (4.15) で与えられるので，式 (4.18) と合わせて

$$(E_{\nu+1} - E_\nu) \frac{\partial A(E_\nu, k_z)}{\partial E} = \frac{2\pi e B}{\hbar c} \tag{4.19}$$

が得られる．ν が十分大きければ $E_{\nu+1} - E_\nu \ll E_\nu$ なので左辺は

$$(E_{\nu+1} - E_\nu) \frac{\partial A(E_\nu, k_z)}{\partial E} \simeq (E_{\nu+1} - E_\nu) \frac{A(E_{\nu+1}, k_z) - A(E_\nu, k_z)}{E_{\nu+1} - E_\nu}$$
$$= A(E_{\nu+1}, k_z) - A(E_\nu, k_z) \tag{4.20}$$

と近似でき，式 (4.19) から次式が得られる．

$$A(E_{\nu+1}, k_z) - A(E_\nu, k_z) = \Delta A = \frac{2\pi e B}{\hbar c} \tag{4.21}$$

つまり ν が増えるごとに $A(E_\nu, k_z)$ が ΔA ずつ増えるので，$A(E_\nu, k_z)$ は ν によらない定数 λ を用いて

$$A(E_\nu, k_z) = (\nu + \lambda) \Delta A \tag{4.22}$$

と書けるはずである．例として自由電子の場合にこの λ を求めよう．自由電子では等エネルギー面は球なので $A = \pi(k_x^2 + k_y^2)$ である．したがって

$$E = \frac{\hbar^2 k^2}{2m} = \frac{\hbar^2 (A/\pi + k_z^2)}{2m} = \frac{\hbar^2 A}{2\pi m} + \frac{\hbar^2 k_z^2}{2m} \tag{4.23}$$

と書くことができるが，このうちの面内運動のエネルギーは $E_\nu = \hbar\omega_\mathrm{c}(\nu + \frac{1}{2})$ に量子化されているので

$$\frac{\hbar^2 A}{2\pi m} = \hbar\omega_\mathrm{c}\left(\nu + \frac{1}{2}\right) \quad \to \quad A = \left(\nu + \frac{1}{2}\right)\frac{2\pi e B}{\hbar c} \quad (\text{自由電子の場合}) \tag{4.24}$$

が得られる．これは式 (4.22) の λ が自由電子の場合は $\frac{1}{2}$ であることを意味する．

一般にブロッホ電子の磁場中量子化では $\lambda = \frac{1}{2}$ になるとは限らないので，

その $\frac{1}{2}$ からのずれを明示するために $\beta = \frac{1}{2} - \lambda$ として，式 (4.22) を

$$A(E_\nu, k_z) = \left(\nu + \frac{1}{2} - \beta\right) \frac{2\pi eB}{\hbar c} \quad (4.25)$$

の形で書くことも多い．式 (4.22) あるいは式 (4.25) は**オンサガーの半古典的量子化条件** (Onsager's semiclassical quantization condition) と呼ばれる．

式 (4.25) の右辺は k_z によらないので，ある ν で量子化条件を満たす軌道の囲む面積はすべての k_z に対して一定である．これはすなわち，量子化条件を満たす軌道は波数空間で k_z 軸方向に伸びた断面積一定の円筒を形成することを意味する（この円筒のことを**ランダウチューブ** (Landau tube) と呼ぶ）．したがって波数空間において量子化条件 (4.25) から許される状態が形成する構造は，$\nu = 0$ のランダウチューブが一番内側にあり，それをより大きな ν のチューブが順々に取り囲んだ，多層同軸円筒構造になる．

なお1つ注意しておくと，ランダウチューブ上では面内運動のエネルギー E_ν は一定であるが，z 軸方向の運動エネルギーは k_z と一緒に変化する．したがって，電子の総運動エネルギーはランダウチューブ上で変化する．このことは次項の議論を理解する上で重要になる．

[4.2.3] 量子振動の起源

量子振動の物理的起源は，ランダウ量子化によってブロッホ電子の状態密度が鋭い変調を受けることにある．より具体的には，あるエネルギー E に対応する等エネルギー面の**極値軌道** (extremal orbit) が量子化条件 (4.22) を満たすとき，その E において状態密度が鋭い極大を示す．極値軌道とは，$A(E_\nu, k_z)$ を k_z の関数として見たときに極大もしくは極小をとるような k_z における軌道のことである．例えばひょうたん型の等エネルギー面に回転対称軸方向から磁場をかけたときには，くびれのところに極小軌道が1つ，ふくらんだところに極大軌道が1つずつあるので，計3つの極値軌道が存在する．

極値軌道が量子化条件を満たすと状態密度が大きくなる理由は次のようにしてわかる．まず 4.2.2 項で述べたように，量子化条件を満たす軌道はランダウチューブを形成している．状態密度を $\rho(E)$ とすると，エネルギー幅 ΔE の中に含まれる単位体積あたりの状態数は $\rho(E)\Delta E$ で与えられる．ν 番目のランダウチューブからの $\rho(E)\Delta E$ への寄与は，このチューブ上でエネルギー E に対応する軌道から $E + \Delta E$ の軌道までの間に含まれる状態の数である．これはランダウチューブ上で2つの等エネルギー面 E と $E + \Delta E$ の間に挟まれた部分の面積に比例する．この状況を**図 4.5** のようなランダウチューブの

中心を通るように切った縦の断面で考えよう．図 4.5 の中では，等エネルギー面 E と $E+\Delta E$ の間に挟まれた部分は太線の部分である．左図のように，ランダウチューブが等エネルギー面 E の極値軌道を通らない場合，太線部分は比較的短い．しかし右図のようにランダウチューブが等エネルギー面 E の極値軌道を通るときには，太線部分は非常に長くなる．このとき $\rho(E)\Delta E$ が非常に大きくなるわけである．

ここで磁場をだんだん強くすることを考えよう．式 (4.25) から，磁場とともにランダウチューブは全体的に外側に膨らんでいくことがわかる．いま，ある磁場 B_ν で ν 番目のランダウチューブがフェルミエネルギー E_F の等エネルギー面（つまりフェルミ面）の極値軌道を通るとしよう．磁場を強くしていくと，次に今度は磁場 $B_{\nu-1}$ になったところで $\nu-1$ 番目のランダウチューブがフェルミ面の極値軌道を通る．このとき，フェルミ面の極値軌道は k_z^0 に位置し，それが囲む面積が $A(E_\mathrm{F})$ だとすると，次の2つの式が成り立つ．

$$A(E_\mathrm{F}) = A(E_\nu, k_z^0) = \left(\nu + \frac{1}{2} - \beta\right)\frac{2\pi e B_\nu}{\hbar c} \tag{4.26}$$

$$A(E_\mathrm{F}) = A(E_{\nu-1}, k_z^0) = \left(\nu - 1 + \frac{1}{2} - \beta\right)\frac{2\pi e B_{\nu-1}}{\hbar c} \tag{4.27}$$

これらは

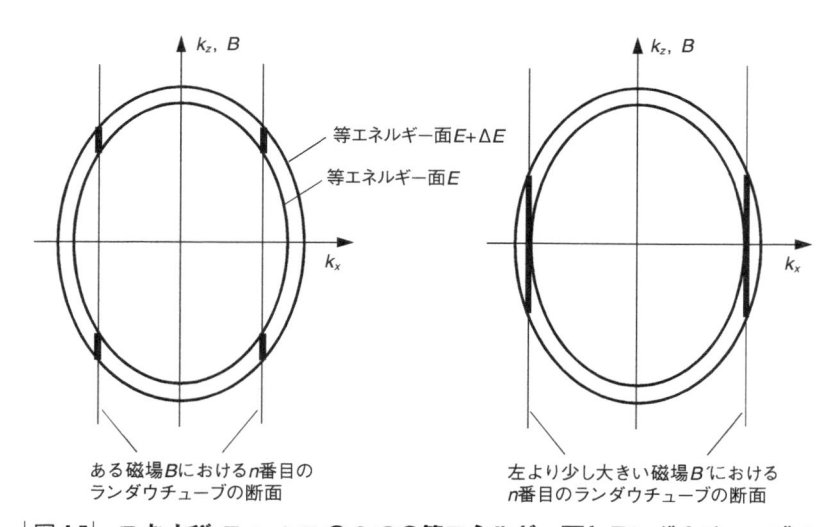

| 図 4.5 | E および $E+\Delta E$ の2つの等エネルギー面とランダウチューブの関係を，ランダウチューブの中心を通るように切った縦の断面で示した図

$$A(E_\mathrm{F})\frac{\hbar c}{2\pi e B_\nu} = \nu + \frac{1}{2} - \beta \tag{4.28}$$

$$A(E_\mathrm{F})\frac{\hbar c}{2\pi e B_{\nu-1}} = \nu - 1 + \frac{1}{2} - \beta \tag{4.29}$$

と変形できるので，その差をとることによって

$$\Delta\left(\frac{1}{B}\right) \equiv \frac{1}{B_\nu} - \frac{1}{B_{\nu-1}} = \frac{2\pi e}{\hbar c A(E_\mathrm{F})} \tag{4.30}$$

が得られる．この右辺は ν によらず一定なので，ランダウチューブがフェルミ面の極値軌道を通るたびに現れる $\rho(E_\mathrm{F})$ の極大は，$1/B$ に対して周期的に現れることがわかる．この周期を与えるのが式 (4.30) であり，この表式から，**量子振動の周期を測定することによってフェルミ面の極値軌道が囲む面積 $A(E_\mathrm{F})$ が直接求まる**ことがわかる．これが量子振動によってフェルミ面が観測できる原理である．

[4.2.4] 有限温度の効果

有限温度 T ではフェルミ面は $\Delta E \sim k_\mathrm{B} T$ 程度の「ぼけ」を持っている（図 3.1 参照）．もしランダウ準位の間隔がこの温度による「ぼけ」の程度よりも小さくなると，$\rho(E_\mathrm{F})\Delta E$ は明確な増減を示さなくなる．これは熱ゆらぎによって量子振動が抑制されることを意味する．ランダウ準位の間隔は $\hbar\omega_\mathrm{c} = e\hbar B/(m_\mathrm{c} c)$ なので，この抑制が起こる条件は大雑把に

$$k_\mathrm{B} T \simeq \frac{e\hbar B}{m_\mathrm{c} c} \quad \rightarrow \quad T/B \simeq \frac{e\hbar}{m_\mathrm{c} c k_\mathrm{B}} \tag{4.31}$$

で与えられる．m_c として自由電子の質量をとると右辺は 1.34 [Kelvin/Tesla] であるので，もしブロッホ電子のサイクロトロン質量が自由電子の質量程度であれば，1 テスラの磁場で量子振動を観測するためには温度は大体 1 K 以下でなければならないことがわかる．実はこの性質は，実験の際に大変役に立つ．というのも，**温度を上げていったときの量子振動の減衰の仕方を見ることによってサイクロトロン質量を実験的に決定できる**からである．

[**参考文献**]

1) 小林俊一（編）: シリーズ物性物理の新展開　物性測定の進歩 II　—SQUID, SOR, 電子分光（丸善, 1996）.
2) 伊達宗行（監）: 大学院物性物理 2　強相関電子系（講談社, 1997）.
3) N. W. Ashcroft and N. D. Mermin: *Solid State Physics* (Saunders College, Philadelphia, 1976).
4) D. Shoenberg: *Magnetic Oscillations in Metals* (Cambridge University Press, Cambridge, 1984).

Introduction to
Topological Insulators

第5章 トポロジカル絶縁体の基礎理論

本章では,トポロジカル絶縁体を規定するトポロジカル不変量が具体的にどのように計算されるのかを紹介し,絶縁体がトポロジカルになる原因は何なのかを,基礎理論に基づいて物理的に理解できるように解説する.より発展的な内容に興味のある読者には,Qi と Zhang による英語のレビュー[1]や,東北大学金属材料研究所の野村健太郎氏の著作[2]などが優れた解説を提供してくれる.

[5.1] ベリー位相

ベリー位相の概念[3]は固体におけるトポロジカル相の議論の基本をなすものである.そこで,トポロジカル絶縁体の基礎理論の取り掛かりとして,まずベリー位相の定義と意味を理解しよう.

固体中の電子状態が N 個の一連のパラメータの組合せ $\mathbf{R}(t)$ で記述でき,各パラメータは時間に依存してもよいとする.このとき $\mathbf{R}(t)$ は N 次元の**位相空間** (topological space) におけるベクトルと見なすことができる[※1].この系のハミルトニアンはパラメータベクトル $\mathbf{R}(t)$ で規定されるので $H[\mathbf{R}(t)]$ と書くことにすると,その n 番目の固有状態は $|n, \mathbf{R}(t)\rangle$ というケットとして表せ,そのシュレーディンガー方程式は次のようになる.

$$H[\mathbf{R}(t)] |n, \mathbf{R}(t)\rangle = E_n[\mathbf{R}(t)] |n, \mathbf{R}(t)\rangle \tag{5.1}$$

ここで $\mathbf{R}$ が断熱的に(つまり系が別の固有状態に飛び移らない程度にゆっくりと)変化する場合を考える.その変化が時刻 $t = 0$ から始まるとし,最初にパラメータが $\mathbf{R}_0$ だったとしよう.この量子状態の時間発展は時間依存のシュレーディンガー方程式

$$H[\mathbf{R}(t)] |n, t\rangle = i\hbar \frac{\partial}{\partial t} |n, t\rangle \tag{5.2}$$

[※1] 「位相空間」という用語は数学における topological space と物理における phase space の両方に使われる.後者は質点の位置と運動量を合わせた空間のことなので,その違いに注意しよう.

によって記述され，時刻 t においては

$$|n,t\rangle = \exp\left(\frac{i}{\hbar}\int_0^t dt' L_n[\mathbf{R}(t')]\right)|n,\mathbf{R}(t)\rangle \tag{5.3}$$

と書くことができる．この中の変数 $L_n[\mathbf{R}(t)]$ は次のように与えられる．

$$L_n[\mathbf{R}(t)] = i\hbar\dot{\mathbf{R}}(t)\cdot\langle n,\mathbf{R}(t)|\nabla_{\mathbf{R}}|n,\mathbf{R}(t)\rangle - E_n[\mathbf{R}(t)] \tag{5.4}$$

$L_n[\mathbf{R}(t)]$ がこのように書けることは，式 (5.3) を式 (5.2) の右辺に代入して以下のように証明できる．

$$\begin{aligned}
H[\mathbf{R}(t)]|n,t\rangle &= i\hbar\frac{\partial}{\partial t}\left\{\exp\left(\frac{i}{\hbar}\int_0^t dt' L_n[\mathbf{R}(t')]\right)|n,\mathbf{R}(t)\rangle\right\} \\
&= i\hbar\left\{\frac{\partial}{\partial t}\exp\left(\frac{i}{\hbar}\int_0^t dt' L_n[\mathbf{R}(t')]\right)\right\}|n,\mathbf{R}(t)\rangle \\
&\quad + i\hbar\left\{\exp\left(\frac{i}{\hbar}\int_0^t dt' L_n[\mathbf{R}(t')]\right)\right\}\frac{\partial}{\partial t}|n,\mathbf{R}(t)\rangle \\
&= i\hbar\left\{\exp\left(\frac{i}{\hbar}\int_0^t dt' L_n[\mathbf{R}(t')]\right)\right\}\left\{\frac{i}{\hbar}L_n[\mathbf{R}(t)]\right\}|n,\mathbf{R}(t)\rangle \\
&\quad + i\hbar\left\{\exp\left(\frac{i}{\hbar}\int_0^t dt' L_n[\mathbf{R}(t')]\right)\right\}\dot{\mathbf{R}}(t)\cdot\nabla_{\mathbf{R}}|n,\mathbf{R}(t)\rangle \\
&= \left\{\exp\left(\frac{i}{\hbar}\int_0^t dt' L_n[\mathbf{R}(t')]\right)\right\} \\
&\quad \times \left\{-L_n[\mathbf{R}(t)] + i\hbar\dot{\mathbf{R}}(t)\cdot\nabla_{\mathbf{R}}\right\}|n,\mathbf{R}(t)\rangle
\end{aligned} \tag{5.5}$$

式 (5.5) の左辺にも式 (5.3) を代入し，両辺を $\exp\left(\frac{i}{\hbar}\int_0^t dt' L_n[\mathbf{R}(t')]\right)$ で割ると

$$H[\mathbf{R}(t)]|n,\mathbf{R}(t)\rangle = \left\{-L_n[\mathbf{R}(t)] + i\hbar\dot{\mathbf{R}}(t)\cdot\nabla_{\mathbf{R}}\right\}|n,\mathbf{R}(t)\rangle \tag{5.6}$$

が得られる．式 (5.6) の左辺が $E_n[\mathbf{R}(t)]|n,\mathbf{R}(t)\rangle$ と書けることに注意して，両辺に左からブラ $\langle n,\mathbf{R}(t)|$ を作用させると，$E_n[\mathbf{R}(t)]$ と $\dot{\mathbf{R}}(t)$ は演算子ではなく数なので

$$E_n[\mathbf{R}(t)] = -L_n[\mathbf{R}(t)] + i\hbar\dot{\mathbf{R}}(t)\cdot\langle n,\mathbf{R}(t)|\nabla_{\mathbf{R}}|n,\mathbf{R}(t)\rangle \tag{5.7}$$

が得られ，$E_n[\mathbf{R}(t)]$ と $L_n[\mathbf{R}(t)]$ を左右で入れ替えれば，式 (5.4) になる．

この $L_n[\mathbf{R}(t)]$ を用いると，時刻 t における量子状態 $|n,t\rangle$ は次のように書き直すことができる．

$$|n,t\rangle = \exp\left(i\int_0^t dt' \dot{\mathbf{R}}(t') \cdot i\langle n, \mathbf{R}(t')|\nabla_{\mathbf{R}}|n, \mathbf{R}(t')\rangle\right)|n, \mathbf{R}(t)\rangle$$
$$\times \exp\left(-\frac{i}{\hbar}\int_0^t dt' E_n[\mathbf{R}(t')]\right) \tag{5.8}$$

この $|n,t\rangle$ の表式における最初の指数項が，系の時間発展の間にパラメータ $\mathbf{R}(t)$ が変化してしまうことに起因する非自明な量子位相の累積を反映するもので，**ベリー位相項** (Berry phase term) と呼ばれる．2番目の指数項は，時間依存シュレーディンガー方程式からいつも出てくる自明な量子位相であり，**ダイナミカル項** (dynamical term) と呼ばれる．

ここで，$|n,t\rangle$ と $|n, \mathbf{R}(t)\rangle$ の関係について少し説明しておこう．もしパラメータが初期状態のまま時間で変化しないなら，普通の時間依存シュレーディンガー方程式の解は $|n,t\rangle = e^{-iE_n t/\hbar}|n, \mathbf{R}_0\rangle$ と書くことができる．パラメータが時間によらないということは $\mathbf{R}(t) = \mathbf{R}_0$ なので，この式は

$$|n,t\rangle = e^{-iE_n t/\hbar}|n, \mathbf{R}(t)\rangle \quad \text{（ただしすべての } t \text{ において } \mathbf{R}(t) = \mathbf{R}_0 \text{ のとき）} \tag{5.9}$$

と書いてもよい．そうすると，これは式 (5.8) でベリー位相項が1となった場合に対応する．このことから，ベリー位相項は $\mathbf{R}(t)$ が時間とともに変化することによって生じた項であることが直観的に理解できるだろう．

では次にベリー位相項の具体的な意味を考える．いま $\mathbf{R}$ は位相空間中における閉じたループ C の上を動くものとし，$t=0$ から出発して $t=T$ でもとのところに戻るとする．これはつまり，$\mathbf{R}(T) = \mathbf{R}_0$ という境界条件を付けることに対応する．このとき，このループ C に対する**ベリー位相** (Berry phase) $\gamma_n[C]$ を次のように定義する．

$$\gamma_n[C] \equiv \int_0^T dt \dot{\mathbf{R}}(t) \cdot i\langle n, \mathbf{R}(t)|\nabla_{\mathbf{R}}|n, \mathbf{R}(t)\rangle \tag{5.10}$$
$$= \oint_C d\mathbf{R} \cdot i\langle n, \mathbf{R}|\nabla_{\mathbf{R}}|n, \mathbf{R}\rangle \tag{5.11}$$
$$\equiv -\oint_C d\mathbf{R} \cdot \mathbf{A}_n(\mathbf{R}) \tag{5.12}$$
$$= -\int_S d\mathbf{S} \cdot \mathbf{B}_n(\mathbf{R}) \tag{5.13}$$

ただし S はループ C が囲む任意の曲面であり，最後の等号にはストークスの定理を用いた．上の表式の中で新たに

$$\mathbf{A}_n(\mathbf{R}) \equiv -i\langle n, \mathbf{R}|\nabla_{\mathbf{R}}|n, \mathbf{R}\rangle \tag{5.14}$$

で定義される**ベリー接続** (Berry connection) と，さらにそのローテーションとして

$$\mathbf{B}_n(\mathbf{R}) \equiv \nabla_\mathbf{R} \times \mathbf{A}_n(\mathbf{R}) \tag{5.15}$$

で定義される**ベリー曲率** (Berry curvature) を用いた．式 (5.8) と式 (5.10) を見比べれば，量子系のパラメータ $\mathbf{R}$ が周期的に変化するときに，そのパラメータの 1 周期分の変化に起因して累積される非自明な量子位相がベリー位相であることが理解できるだろう．

ベリー接続は一般的な位相空間上で定義されるゲージ場と見ることができ，電磁気学において実空間上で定義されるベクトルポテンシャルに対応するものである．なお正確には，これらは $U(1)$ ゲージ場と呼ばれ，波動関数の位相の回転に対応するゲージ変換を施しても物理的な帰結が変化しない場として定義される．ベリー接続のローテーションであるベリー曲率は，ベクトルポテンシャルのローテーションである磁場 $\mathbf{B}$ に対応する．

ここで参考までに，ベリー接続におけるゲージ変換の効果を直接確認しておこう．波動関数の位相の回転に対応するゲージ変換によって，固有状態 $|n, \mathbf{R}\rangle$ は

$$|n, \mathbf{R}\rangle' = e^{i\Lambda(\mathbf{R})}|n, \mathbf{R}\rangle \tag{5.16}$$

と変換される．その際のベリー接続の変化を計算すると

$$\begin{aligned}\mathbf{A}'_n(\mathbf{R}) &= -i\left(\langle n, \mathbf{R}|e^{-i\Lambda(\mathbf{R})}\right)\nabla_\mathbf{R}\left(e^{i\Lambda(\mathbf{R})}|n, \mathbf{R}\rangle\right) \\ &= \mathbf{A}_n(\mathbf{R}) + \nabla_\mathbf{R}\Lambda(\mathbf{R})\end{aligned} \tag{5.17}$$

となる．これは $U(1)$ ゲージ変換によって，導入されたゲージの勾配分だけゲージ場が変化することを意味する．しかしこのゲージ $\Lambda(\mathbf{R})$ はスカラーなので，ベクトル解析の公式から

$$\nabla_\mathbf{R} \times \nabla_\mathbf{R}\Lambda(\mathbf{R}) = 0 \tag{5.18}$$

が常に成立する．したがって，観測にかかる物理量である「磁場」に対応するベリー曲率 $\mathbf{B}_n(\mathbf{R}) = \nabla_\mathbf{R} \times \mathbf{A}_n(\mathbf{R})$ はゲージ変換によって不変であることがわかる．

[5.2] TKNN数

量子ホール系を規定するトポロジカル不変量は TKNN 数[4)] と呼ばれるが，

これは 5.1 節で定義したベリー位相と密接に関連している．そのことを見るために，サイズが $L \times L$ の周期的境界条件を持つ 2 次元電子系を考え [※1]（137 ページ参照），これが垂直磁場中におかれたときのホール伝導度を計算することによって TKNN 数を導いてみよう．

電場 **E** と磁場 **B** はそれぞれ y 軸および z 軸方向からかけるものとする．磁場中なので 3.10 節で議論したランダウ量子化が起こっており，電子の固有状態はランダウ準位の量子数（ランダウ準位指数）n を用いて $|n\rangle$ で表される．電場の効果を摂動ポテンシャル $V = -eEy$ として取り入れ（ここで $E = |\mathbf{E}|$ は電場の強さ），2.9 節で導いた量子力学の摂動論を使って電場がかかったときの固有状態を近似する [2]．式 (2.65) を用いると，1 次摂動の効果によって変化した固有状態 $|n\rangle_E$ は次のように書くことができる．

$$|n\rangle_E = |n\rangle + \sum_{m(\neq n)} \frac{\langle m|(-eEy)|n\rangle}{E_n - E_m}|m\rangle + \cdots \tag{5.19}$$

この摂動後の固有状態を使って，y 軸方向の電場が存在するときの x 軸方向の電流密度の期待値 j_x を計算すると

$$\begin{aligned}\langle j_x \rangle_E &= \sum_n f(E_n) \langle n|_E \left(\frac{ev_x}{L^2}\right) |n\rangle_E \\ &= \langle j_x \rangle_{E=0} + \frac{1}{L^2} \sum_n f(E_n) \sum_{m(\neq n)} \left(\frac{\langle n| ev_x |m\rangle \langle m|(-eEy)|n\rangle}{E_n - E_m} \right. \\ &\quad \left. + \frac{\langle n|(-eEy)|m\rangle \langle m| ev_x |n\rangle}{E_n - E_m}\right) \end{aligned} \tag{5.20}$$

となる．ただし v_x は x 軸方向の電子の速度，$f(E_n)$ はフェルミ分布関数である．もし磁場がかかっていなければ y 軸方向の電場が存在するだけなので，対称性から j_x はゼロになるはずである．したがって式 (5.20) がゼロでない値をとるのは，摂動前の固有状態が磁場によってランダウ量子化された $|n\rangle$ になっていることに起因する．なお試料中に温度勾配などがなければ，$\langle j_x \rangle_{E=0} = 0$ としてよい．ここで，2.10 節で導いたハイゼンベルグの運動方程式 (2.77) を演算子 y に適用した $\frac{d}{dt}y = v_y = \frac{1}{i\hbar}[y, H]$ から得られる

$$\langle m| v_y |n\rangle = \frac{1}{i\hbar}(E_n - E_m)\langle m| y |n\rangle \tag{5.21}$$

を使うと式 (5.20) は簡単になり，ホール伝導率 σ_{xy} は

$$\sigma_{xy} = \frac{\langle j_x \rangle_E}{E} = -\frac{i\hbar e^2}{L^2} \sum_{n \neq m} f(E_n)$$

$$\times \frac{\langle n|\,v_x\,|m\rangle\langle m|\,v_y\,|n\rangle - \langle n|\,v_y\,|m\rangle\langle m|\,v_x\,|n\rangle}{(E_n - E_m)^2} \quad (5.22)$$

と計算される．

ここで結晶の周期ポテンシャルの中にあるブロッホ電子を考えると，4.2.2 項で議論したランダウ量子化されたブロッホ波動関数 $|u_{n\mathbf{k}}\rangle$ が摂動前の系の固有状態となる．まず，計算の際に有用な関係式を導いておこう．$H|u_{n\mathbf{k}}\rangle = E_{n\mathbf{k}}|u_{n\mathbf{k}}\rangle$ の両辺に $\frac{\partial}{\partial k_\mu}$ を作用させることによって

$$\frac{\partial H}{\partial k_\mu}|u_{n\mathbf{k}}\rangle + H\frac{\partial}{\partial k_\mu}|u_{n\mathbf{k}}\rangle = \frac{\partial E_{n\mathbf{k}}}{\partial k_\mu}|u_{n\mathbf{k}}\rangle + E_{n\mathbf{k}}\frac{\partial}{\partial k_\mu}|u_{n\mathbf{k}}\rangle \quad (5.23)$$

が得られるが，式 (4.8) を利用して $\frac{\partial H}{\partial k_\mu} = \hbar v_\mu$ と置き換えた上で，左から $\langle u_{m\mathbf{k}'}|$ を作用させると，$m \neq n$ の場合に

$$\langle u_{m\mathbf{k}'}|\,v_\mu\,|u_{n\mathbf{k}}\rangle = \frac{1}{\hbar}(E_{n\mathbf{k}} - E_{m\mathbf{k}'})\langle u_{m\mathbf{k}'}|\frac{\partial}{\partial k_\mu}|u_{n\mathbf{k}}\rangle \qquad (m \neq n) \quad (5.24)$$

という恒等式が得られる．また $m \neq n$ なら $\langle u_{n\mathbf{k}}|u_{m\mathbf{k}'}\rangle = 0$ であるので，この両辺に $\left(\frac{\partial}{\partial k_\mu} + \frac{\partial}{\partial k'_\mu}\right)$ を作用させると，次の恒等式が得られる．

$$\langle \frac{\partial}{\partial k_\mu} u_{n\mathbf{k}}|u_{m\mathbf{k}'}\rangle + \langle u_{n\mathbf{k}}|\frac{\partial}{\partial k'_\mu} u_{m\mathbf{k}'}\rangle = 0 \qquad (m \neq n) \quad (5.25)$$

式 (5.24) と式 (5.25) を用いて式 (5.22) を書き換えると次のようになる．

$$\begin{aligned}
\sigma_{xy} &= -\frac{ie^2}{\hbar L^2}\sum_{\mathbf{k},\mathbf{k}'}\sum_{n \neq m} f(E_{n\mathbf{k}}) \\
&\quad \times \left(\langle \frac{\partial}{\partial k_x} u_{n\mathbf{k}}|u_{m\mathbf{k}'}\rangle\langle u_{m\mathbf{k}'}|\frac{\partial}{\partial k_y} u_{n\mathbf{k}}\rangle - \langle \frac{\partial}{\partial k_y} u_{n\mathbf{k}}|u_{m\mathbf{k}'}\rangle\langle u_{m\mathbf{k}'}|\frac{\partial}{\partial k_x} u_{n\mathbf{k}}\rangle\right) \\
&= -\frac{ie^2}{\hbar L^2}\sum_{\mathbf{k}}\sum_{n} f(E_{n\mathbf{k}}) \left(\langle \frac{\partial}{\partial k_x} u_{n\mathbf{k}}|\frac{\partial}{\partial k_y} u_{n\mathbf{k}}\rangle - \langle \frac{\partial}{\partial k_y} u_{n\mathbf{k}}|\frac{\partial}{\partial k_x} u_{n\mathbf{k}}\rangle\right) \\
&= -\frac{ie^2}{\hbar L^2}\sum_{\mathbf{k}}\sum_{n} f(E_{n\mathbf{k}}) \left(\frac{\partial}{\partial k_x}\langle u_{n\mathbf{k}}|\frac{\partial}{\partial k_y} u_{n\mathbf{k}}\rangle - \frac{\partial}{\partial k_y}\langle u_{n\mathbf{k}}|\frac{\partial}{\partial k_x} u_{n\mathbf{k}}\rangle\right)
\end{aligned}$$
$$(5.26)$$

ここで，式 (5.14) で与えられるベリー接続がブロッホ波動関数に対して

$$\mathbf{a}_n(\mathbf{k}) = -i\langle u_{n\mathbf{k}}|\,\nabla_\mathbf{k}\,|u_{n\mathbf{k}}\rangle = -i\langle u_{n\mathbf{k}}|\frac{\partial}{\partial \mathbf{k}}|u_{n\mathbf{k}}\rangle \quad (5.27)$$

と書けることに注意すると，式 (5.26) のホール伝導率は

$$\sigma_{xy} = \nu \frac{e^2}{h} \tag{5.28}$$

という非常に単純な形になる．この ν は $\mathbf{a}_n(\mathbf{k})$ を用いて次式で与えられる．

$$\nu = \sum_n \int_{\mathrm{BZ}} \frac{d^2\mathbf{k}}{2\pi} \left(\frac{\partial a_{n,y}}{\partial k_x} - \frac{\partial a_{n,x}}{\partial k_y} \right) \tag{5.29}$$

ただしこの式を得るためには $T = 0$ K を仮定し，

$$\sum_{\mathbf{k}} f(E_{n\mathbf{k}}) F(\mathbf{k}) = \frac{L^2}{(2\pi)^2} \int_{\mathrm{BZ}} d^2\mathbf{k}\, F(\mathbf{k}) \tag{5.30}$$

という総和から積分への変換を使っていることに注意しよう．

式 (5.29) で導いた ν は，n 番目のバンドからの寄与を ν_n として $\nu = \sum_n \nu_n$ と書くことができる．この ν_n は以下のようにベリー位相と関係していることがわかる．

$$\nu_n = \int_{\mathrm{BZ}} \frac{d^2\mathbf{k}}{2\pi} \left(\frac{\partial a_{n,y}}{\partial k_x} - \frac{\partial a_{n,x}}{\partial k_y} \right) \tag{5.31}$$

$$= \frac{1}{2\pi} \int_{\mathrm{BZ}} d^2\mathbf{k}\, \nabla_{\mathbf{k}} \times \mathbf{a}_n(\mathbf{k}) \tag{5.32}$$

$$= \frac{1}{2\pi} \oint_{\partial \mathrm{BZ}} d\mathbf{k} \cdot \mathbf{a}_n(\mathbf{k}) \tag{5.33}$$

$$= -\frac{1}{2\pi} \gamma_n[\partial \mathrm{BZ}] \tag{5.34}$$

ただし，$\partial \mathrm{BZ}$ はブリルアン域の境界を表す．

ではここで，式 (5.33) から計算される ν_n が整数に量子化されることを見よう．いま簡単のため，2 次元ブリルアン域が (k_x, k_y) 面内の 4 つの座標点（A $= (0,0)$, B $= (1,0)$, C $= (1,1)$, D $= (0,1)$）で囲まれる正方形であるとする．またバンドの添え字 n は落とす．このとき式 (5.33) は

$$\begin{aligned}
\nu &= \frac{1}{2\pi} \left[\int_{\mathrm{A}}^{\mathrm{B}} dk_x a_x(k_x, 0) + \int_{\mathrm{B}}^{\mathrm{C}} dk_y a_y(1, k_y) \right. \\
&\qquad \left. + \int_{\mathrm{C}}^{\mathrm{D}} dk_x a_x(k_x, 1) + \int_{\mathrm{D}}^{\mathrm{A}} dk_y a_y(0, k_y) \right] \\
&= \frac{1}{2\pi} \left[\int_0^1 dk_x \{a_x(k_x, 0) - a_x(k_x, 1)\} - \int_0^1 dk_y \{a_y(0, k_y) - a_y(1, k_y)\} \right]
\end{aligned} \tag{5.35}$$

という見やすい形になる．では k_x に関する積分を検討しよう．ブリルアン

域の周期性から $|u(k_x,0)\rangle$ と $|u(k_x,1)\rangle$ は同じ波動関数なので，両者の違いは位相因子だけであり，

$$|u(k_x,1)\rangle = e^{-i\theta_x(k_x)}|u(k_x,0)\rangle \tag{5.36}$$

と書くことができる．$a_x(k_x,k_y) = -i\langle u(k_x,k_y)|\frac{\partial}{\partial k_x}|u(k_x,k_y)\rangle$ であることを思い出すと，

$$\int_0^1 dk_x\{a_x(k_x,0) - a_x(k_x,1)\} = \int_0^1 dk_x \frac{\partial \theta_x}{\partial k_x}$$
$$= \theta_x(1) - \theta_x(0) \tag{5.37}$$

が得られ，同様に $|u(1,k_y)\rangle = e^{-i\theta_y(k_y)}|u(0,k_y)\rangle$ として

$$\int_0^1 dk_y\{a_x(0,k_y) - a_y(1,k_y)\} = \theta_y(1) - \theta_y(0) \tag{5.38}$$

も得られる．したがってブリルアン域境界全部にわたる積分は次のようになる．

$$\nu = \frac{1}{2\pi}[\theta_x(1) - \theta_x(0) + \theta_y(0) - \theta_y(1)] \tag{5.39}$$

一方，ブリルアン域境界における波動関数の同一性から

$$|u(0,1)\rangle = e^{-i\theta_x(0)}|u(0,0)\rangle, \quad |u(1,1)\rangle = e^{-i\theta_x(1)}|u(1,0)\rangle,$$
$$|u(1,0)\rangle = e^{-i\theta_y(0)}|u(0,0)\rangle, \quad |u(1,1)\rangle = e^{-i\theta_y(1)}|u(0,1)\rangle \tag{5.40}$$

となるので，これらを合わせると

$$|u(0,0)\rangle = e^{-i[\theta_x(1)-\theta_x(0)+\theta_y(0)-\theta_y(1)]}|u(0,0)\rangle \tag{5.41}$$

が得られる．すると $|u(0,0)\rangle$ の一価性から，式 (5.41) の右辺に現れている位相は 2π の整数倍である必要がある．したがって式 (5.39) から

$$\nu = \frac{1}{2\pi}(2\pi m) = m \quad (m \in Z) \tag{5.42}$$

となり，式 (5.28) の σ_{xy} は e^2/h の整数倍に量子化されるとの結論となる．

式 (5.42) のように整数値をとる ν は **TKNN 数** (TKNN number) と呼ばれ，量子ホール系の量子状態を規定するトポロジカル不変量としての役割を果たす．つまり，$\nu \neq 0$ である量子ホール系はトポロジカルに非自明な系であり，

この意味で「時間反転対称性の破れたトポロジカル絶縁体」と見なしてよい．なお上記の計算から，TKNN 数の量子化において，ブリルアン域境界の特殊性が本質的な役割を果たしていることがわかるだろう．これに対して，ブリルアン域中の任意の領域を一周する閉曲線に対するベリー位相は，必ずしも量子化されるわけではない．

　TKNN 数がゼロでない値になるような波動関数について具体的なイメージを持つために，簡単な例を考えよう．そのような目的でよく使われるのが一般的な 2 準位系のモデルである．このモデルでは，2 次元ブリルアン域中の点 $\mathbf{k}$ の関数として与えられる三元パラメータ $\mathbf{h}(\mathbf{k})$ を用いて，ハミルトニアンが

$$H(\mathbf{k}) = \begin{pmatrix} h_z(\mathbf{k}) & h_x(\mathbf{k}) - ih_y(\mathbf{k}) \\ h_x(\mathbf{k}) + ih_y(\mathbf{k}) & -h_z(\mathbf{k}) \end{pmatrix} = \mathbf{h}(\mathbf{k}) \cdot \boldsymbol{\sigma} \qquad (5.43)$$

で与えられる系を考える．$\mathbf{h}(\mathbf{k})$ はブリルアン域上で定義されるので $\mathbf{k}$ に対する周期性を満たさなければならない．三元パラメータ $\mathbf{h}(\mathbf{k})$ を 3 次元ベクトルと見なせることを利用して，それが張る 3 次元 $\mathbf{h}$ 空間の極座標表示

$$\mathbf{h} = h \begin{pmatrix} \sin\theta \cos\phi \\ \sin\theta \sin\phi \\ \cos\theta \end{pmatrix} \qquad (5.44)$$

を用いると，シュレーディンガー方程式およびその解が

$$H(\mathbf{k})|u_\pm[\mathbf{h}(\mathbf{k})]\rangle = h \begin{pmatrix} \cos\theta & e^{-i\phi}\sin\theta \\ e^{i\phi}\sin\theta & -\cos\theta \end{pmatrix} |u_\pm[\mathbf{h}(\mathbf{k})]\rangle = \epsilon_\pm(\mathbf{k})|u_\pm[\mathbf{h}(\mathbf{k})]\rangle \qquad (5.45)$$

$$\epsilon_\pm(\mathbf{k}) = \pm h(\mathbf{k}) \qquad (5.46)$$

$$|u_+[\mathbf{h}(\mathbf{k})]\rangle = \begin{pmatrix} \cos\frac{\theta}{2} \\ e^{i\phi}\sin\frac{\theta}{2} \end{pmatrix} \qquad (5.47)$$

$$|u_-[\mathbf{h}(\mathbf{k})]\rangle = \begin{pmatrix} \sin\frac{\theta}{2} \\ -e^{i\phi}\cos\frac{\theta}{2} \end{pmatrix} \qquad (5.48)$$

となることが確認できる．ブリルアン域上のどの $\mathbf{k}$ に対しても $\mathbf{h}(\mathbf{k})$ がゼロにならないという条件を課すと，状態 $|u_-[\mathbf{h}(\mathbf{k})]\rangle$ が占有され，状態 $|u_+[\mathbf{h}(\mathbf{k})]\rangle$

が非占有のとき，この 2 準位系はギャップの開いた絶縁体と見なすことができる．そこで以下では，この単純化された絶縁体の TKNN 数を考えよう．

先回りして結論をいうと，TKNN 数がゼロでない値をとるのは，占有状態のブロッホ波動関数 $|u_-[\mathbf{h}(\mathbf{k})]\rangle$ の位相を 2 次元ブリルアン域全体にわたって連続的に決定することができない場合である．以下では，式 (5.48) で与えられた $|u_-[\mathbf{h}(\mathbf{k})]\rangle$ が実際にそのような波動関数になっていることを見てみよう．そのためにまず，この波動関数（以下では簡単のため $\mathbf{k}$ を省略して $|u_-(\mathbf{h})\rangle$ と書く）は $|\mathbf{h}|$ ($=h$, 式 (5.44) 参照) によらないので，$\mathbf{h}$ 空間の単位球をそのパラメータ空間と考えることができることに注意しておく．つまり，$|u_-(\mathbf{h})\rangle$ のパラメータ空間は 2 次元の球面 S^2 である．

ここで式 (5.48) で与えられる波動関数の $\theta = 0$（つまり単位球の北極）での振舞いを見てみよう．$\theta = 0$ のとき式 (5.48) は

$$|u_-(\theta=0)\rangle = \begin{pmatrix} 0 \\ -e^{i\phi} \end{pmatrix} \tag{5.49}$$

と一応書けるが，極座標系においては北極（$\theta = 0$）および南極（$\theta = \pi$）で ϕ が定義できないので，式 (5.49) の位相は決まらない．また球面上で北極を通る線に沿って $|u_-(\mathbf{h})\rangle$ の第 2 成分の変化を見ると，北極点を通過する前後で ϕ が不連続に π だけ変化する (例えば経度 0° の線に沿って真っ直ぐ北極に近づくとき，北極点を過ぎると経度 180° の線上にいることになる) ので，$|u_-(\mathbf{h})\rangle$ は $\theta = 0$ で不連続になっている．このように式 (5.48) で与えられる波動関数は，$\theta = 0$ に特異点を持つという不都合を抱えている．

そこでパラメータ空間全体で特異点を持たない波動関数を定義するために，式 (5.48) はパラメータ空間の南半球（U_S）のみにおいて波動関数を与えるものと考えて $|u_-^S(\mathbf{h})\rangle$ と書くことにし，北半球（U_N）については別に

$$|u_-^N(\mathbf{h})\rangle = \begin{pmatrix} e^{-i\phi}\sin\frac{\theta}{2} \\ -\cos\frac{\theta}{2} \end{pmatrix} \tag{5.50}$$

という波動関数を考える．これは式 (5.48) に位相項 $e^{-i\phi}$ をかけただけのものなので，同じ固有値を与える固有関数であり，さらに北半球全体で連続関数となっている．したがって，パラメータ空間を北半球と南半球の 2 つに分けて覆うことにし，それぞれで定義される波動関数をその共通部分 (赤道) でゲージ変換

$$|u_-^N(\mathbf{h})\rangle = e^{-i\phi}|u_-^S(\mathbf{h})\rangle \tag{5.51}$$

によってつなぐことで，この絶縁体の価電子帯波動関数を正しく定義できる．

次にTKNN数を求めるために$|u_-^S(\mathbf{h})\rangle$に対するベリー接続を計算すると

$$
\begin{aligned}
\mathbf{A}_-^S(\mathbf{h}) &= -i\langle u_-^S|\nabla_\mathbf{h}|u_-^S\rangle \\
&= -i\left(\sin\frac{\theta}{2}, -e^{-i\phi}\cos\frac{\theta}{2}\right)\begin{pmatrix}\frac{1}{2}\nabla_\mathbf{h}\theta\cos\frac{\theta}{2} \\ -ie^{i\phi}\nabla_\mathbf{h}\phi\cos\frac{\theta}{2}+\frac{1}{2}e^{i\phi}\nabla_\mathbf{h}\theta\sin\frac{\theta}{2}\end{pmatrix} \\
&= -i\left(i\nabla_\mathbf{h}\phi\cos^2\frac{\theta}{2}\right) \\
&= \frac{1}{2}(1+\cos\theta)\nabla_\mathbf{h}\phi
\end{aligned}
\tag{5.52}
$$

が得られ，また$|u_-^N(\mathbf{h})\rangle$に対するベリー接続は

$$
\begin{aligned}
\mathbf{A}_-^N(\mathbf{h}) &= -i\langle u_-^N|\nabla_\mathbf{h}|u_-^N\rangle \\
&= -i\left(e^{i\phi}\sin\frac{\theta}{2}, -\cos\frac{\theta}{2}\right)\begin{pmatrix}-ie^{-i\phi}\nabla_\mathbf{h}\phi\sin\frac{\theta}{2}+\frac{1}{2}e^{-i\phi}\nabla_\mathbf{h}\theta\cos\frac{\theta}{2} \\ \frac{1}{2}\nabla_\mathbf{h}\theta\sin\frac{\theta}{2}\end{pmatrix} \\
&= -i\left(-i\nabla_\mathbf{h}\phi\sin^2\frac{\theta}{2}\right) \\
&= -\frac{1}{2}(1-\cos\theta)\nabla_\mathbf{h}\phi
\end{aligned}
\tag{5.53}
$$

となる．このとき，$\mathbf{A}_-^S(\mathbf{h})$と$\mathbf{A}_-^N(\mathbf{h})$の間には

$$
\mathbf{A}_-^N(\mathbf{h}) = \mathbf{A}_-^S(\mathbf{h}) - \nabla_\mathbf{h}\phi \tag{5.54}
$$

の関係があることがわかるだろう．これは式(5.17)の具体例となっている．

ここで一般のスカラーΛに対してグラディエントを

$$
\nabla_\mathbf{h}\Lambda = \mathbf{e}_h\frac{\partial}{\partial h}\Lambda + \mathbf{e}_\theta\frac{1}{h}\frac{\partial}{\partial\theta}\Lambda + \mathbf{e}_\phi\frac{1}{h\sin\theta}\frac{\partial}{\partial\phi}\Lambda \tag{5.55}
$$

と書くことができることを用いると（ただし$\mathbf{e}_h, \mathbf{e}_\theta, \mathbf{e}_\phi$は動径および2つの偏角方向の単位ベクトル），

$$
\mathbf{A}_-^S(\mathbf{h}) = \frac{1+\cos\theta}{2h\sin\theta}\mathbf{e}_\phi \tag{5.56}
$$

$$
\mathbf{A}_-^N(\mathbf{h}) = -\frac{1-\cos\theta}{2h\sin\theta}\mathbf{e}_\phi \tag{5.57}
$$

が得られる．さらに極座標表示におけるベクトルのローテーションの公式

$$\nabla_{\mathbf{h}} \times \mathbf{A} = \left[\frac{1}{h\sin\theta}\frac{\partial}{\partial\theta}(A_\phi \sin\theta) - \frac{\partial A_\theta}{\partial\phi}\right]\mathbf{e}_h + \frac{1}{h}\left[\frac{1}{\sin\theta}\frac{\partial A_h}{\partial\phi} - \frac{\partial}{\partial h}(hA_\phi)\right]\mathbf{e}_\theta$$
$$+ \frac{1}{h}\left[\frac{\partial}{\partial h}(hA_\theta) - \frac{\partial A_h}{\partial\theta}\right]\mathbf{e}_\phi \tag{5.58}$$

を用い，$\mathbf{e}_h = \mathbf{h}/|h|$ と書くことができることを用いると，ベリー曲率を次のように計算することができる．

$$\mathbf{B}_-(\mathbf{h}) = \nabla_{\mathbf{h}} \times \mathbf{A}_-^{\mathrm{S}}(\mathbf{h}) = \nabla_{\mathbf{h}} \times \mathbf{A}_-^{\mathrm{N}}(\mathbf{h})$$
$$= -\frac{1}{2}\frac{\mathbf{h}}{h^3} \tag{5.59}$$

この計算からわかるように，ベリー曲率は北半球・南半球のどちらでも同じになっている[※2]．なお，ベリー接続をパラメータ空間 $\{\mathbf{h}\}$ における「ベクトルポテンシャル」と見なすと，ベリー曲率は「磁場」と見ることができ，式 (5.59) のベリー曲率は原点にモノポールが存在するときの磁場と同じ形になっている．つまりこのモデルにおける原点の特異点は「モノポール」として振舞っている．

それではこの 2 準位系の TKNN 数を求めてみよう．もとのブリルアン域からパラメータ空間への写像 $\{\mathbf{h}\}$ が，このパラメータ空間で原点周りの球面 S^2 をすべて覆っているとすると，式 (5.32) から TKNN 数は次のように計算される．

$$\nu_1 = \frac{1}{2\pi}\int_{S^2} d^2\mathbf{h} \cdot \nabla_{\mathbf{h}} \times \mathbf{A}_-(\mathbf{h}) \tag{5.60}$$
$$= \frac{1}{2\pi}\int_{U_{\mathrm{N}}} d^2\mathbf{h} \cdot \nabla_{\mathbf{h}} \times \mathbf{A}_-^{\mathrm{N}}(\mathbf{h}) + \frac{1}{2\pi}\int_{U_{\mathrm{S}}} d^2\mathbf{h} \cdot \nabla_{\mathbf{h}} \times \mathbf{A}_-^{\mathrm{S}}(\mathbf{h})$$
$$= \frac{1}{2\pi}\oint_{\partial U_{\mathrm{N}}} d\mathbf{h} \cdot \mathbf{A}_-^{\mathrm{N}}(\mathbf{h}) + \frac{1}{2\pi}\oint_{\partial U_{\mathrm{S}}} d\mathbf{h} \cdot \mathbf{A}_-^{\mathrm{S}}(\mathbf{h})$$
$$= \frac{1}{2\pi}\oint_{\mathrm{Equator}} d\mathbf{h} \cdot \left[\mathbf{A}_-^{\mathrm{N}}(\mathbf{h}) - \mathbf{A}_-^{\mathrm{S}}(\mathbf{h})\right]$$
$$= \frac{1}{2\pi}\oint_{\mathrm{Equator}} d\mathbf{h} \cdot [-\nabla_{\mathbf{h}}\phi(\mathbf{h})]$$
$$= \frac{1}{2\pi}\int_0^{2\pi} h\sin\theta d\phi \left(-\frac{1}{h\sin\theta}\frac{\partial}{\partial\phi}\phi\right) = -\frac{1}{2\pi}(2\pi - 0) = -1 \tag{5.61}$$

したがって，この 2 準位系では価電子帯の TKNN 数は -1 である．なおすでに述べたように，このモデルは原点にモノポールがある系に対応しており，

[※2] これはベリー曲率がゲージ変換に対して不変であることから当然の結果である．

式 (5.60) は原点にある「磁荷」を計算する式と同じ形になっている．

上の TKNN 数の計算は，$\mathbf{k}$ 空間のブリルアン域全体が $\mathbf{h}$ 空間の球面 S^2 を覆うように写像されることを仮定して，その球面上で行っていることに注意しよう．もし $\mathbf{k}$ から $\mathbf{h}$ への写像 $\mathbf{h}(\mathbf{k})$ が，ブリルアン域全体から球面全体への写像になっておらず，$\mathbf{h}$ 空間の球面の中に写像で覆われていない部分があった場合はどうなるだろうか．このときは，その覆われていない部分に特異点が来るように座標軸を定義して，式 (5.48) の波動関数を考えることによって特異点を避け，ブリルアン域から写像されるパラメータ空間の領域全体（これを S_a とする）にわたって波動関数の位相を一意に決めることができる．すると，TKNN 数は

$$\begin{aligned}\nu_1 &= \frac{1}{2\pi}\int_{S_a} d^2\mathbf{h}\,\nabla_\mathbf{h}\times\mathbf{A}_-(\mathbf{h}) \\ &= \frac{1}{2\pi}\int_{\mathrm{BZ}} d^2\mathbf{k}\,\nabla_\mathbf{k}\times\mathbf{A}_-[\mathbf{h}(\mathbf{k})]\end{aligned} \tag{5.62}$$

と書くことができる[※3]．式 (5.62) の積分の中身は $\mathbf{k}$ がブリルアン域全体を動いても特異点を持たないので，この積分はゼロになる．つまり，このような写像 $\mathbf{h}(\mathbf{k})$ に対してはブリルアン域上の TKNN 数はゼロということになる．一方，もしブリルアン域全体から写像された $\mathbf{h}(\mathbf{k})$ が球面を 2 回覆いつくすのであれば，ブリルアン域上の TKNN 数は -2 となる．

上記の例からわかるように，TKNN 数がゼロでない値をとる（つまり系がトポロジカルになる）のは，ブロッホ波動関数の位相をブリルアン域全体にわたって一意に決めることができないときであるが，実際の TKNN 数の値は，ブリルアン域からパラメータ空間への写像のされ方によって決まる．実はこの TKNN 数は，数学のトポロジーの分野で知られている**チャーン数** (Chern number) と同じものであるので，ν_n のことを「TKNN 数」と呼ぶ代わりに「チャーン数」と呼ぶことも多い．

[5.3] 時間反転演算子

次に時間反転対称性を保った絶縁体を考えよう．目標はそのトポロジカル

[※3] なおここで使っている $d^2\mathbf{h}$ という表記は，$\mathbf{h}$ 空間における面積分の微小要素を象徴的に表している．k_x と k_y に関する面積分を $\mathbf{h}$ 空間での θ と ϕ に関する積分に変換する際には，ヤコビアン $\left|\frac{\partial(k_x,k_y)}{\partial(\theta,\phi)}\right|$ を使って $dk_x dk_y = \left|\frac{\partial(k_x,k_y)}{\partial(\theta,\phi)}\right| d\theta d\phi$ となり，ローテーションの表式も (5.58) のようになることに注意しよう．

不変量を定式化することである．そのための準備として，本節では時間反転演算子が持つ基本的な性質をまとめる．2.14 節で導いたように，電子のようなスピン $\frac{1}{2}$ の粒子に対する時間反転演算子 Θ は，複素共役をとる演算子を K として，$\Theta = -i\sigma_y K$ で与えられるが，ここではスピン波動関数に作用するパウリ行列を特に s_μ $(\mu = x, y, z)$ と書いて一般的なパウリ行列と区別し，

$$\Theta = -is_y K \tag{5.63}$$

という表式を用いることにする．パウリ行列を明示的に書くと

$$\Theta = -is_y K = -i\begin{pmatrix} 0 & -i \\ i & 0 \end{pmatrix} K = \begin{pmatrix} 0 & -1 \\ 1 & 0 \end{pmatrix} K \tag{5.64}$$

となるので，これを 2 乗すると

$$\Theta^2 = \begin{pmatrix} 0 & -1 \\ 1 & 0 \end{pmatrix} \begin{pmatrix} 0 & -1 \\ 1 & 0 \end{pmatrix} K^2 = \begin{pmatrix} -1 & 0 \\ 0 & -1 \end{pmatrix} = -I \tag{5.65}$$

となり，時間反転演算子の 2 乗が $-I$ という重要な性質がわかる．

また，s_z の固有関数が作る完全系 $\{|\sigma\rangle\}$ を基底にとり，$\sum_\sigma |\sigma\rangle\langle\sigma| = 1$ および $\sum_{\sigma^*} |\sigma^*\rangle\langle\sigma^*| = 1$ を利用すると，次の関係式が証明できる．

$$\begin{aligned}
\langle\psi|\Theta|\phi\rangle &= \sum_{\sigma,\sigma'} \langle\psi|\sigma\rangle\langle\sigma|(-is_y)|\sigma'\rangle\langle\sigma'|\phi^*\rangle \\
&= -\sum \langle\psi|\sigma^*\rangle\langle\sigma^*|is_y|\sigma'\rangle\langle\phi|(\sigma')^*\rangle \\
&= -\sum \langle\sigma|\psi^*\rangle\langle(\sigma')^*|(is_y)^\dagger|\sigma\rangle\langle\phi|(\sigma')^*\rangle \\
&= -\sum \langle\phi|(\sigma')^*\rangle\langle(\sigma')^*|(-is_y)|\sigma\rangle\langle\sigma|\psi^*\rangle \\
&= -\langle\phi|\Theta|\psi\rangle
\end{aligned} \tag{5.66}$$

同様の計算により，次の関係式も得られる．

$$\begin{aligned}
\langle\Theta\psi|\Theta\phi\rangle &= \left(\sum_\sigma \langle\sigma^*|\psi\rangle\langle\sigma|(+is_y)\right)\left(\sum_{\sigma'}(-is_y)|\sigma'\rangle\langle\sigma'|\phi^*\rangle\right) \\
&= \sum_{\sigma,\sigma'} \langle\phi|(\sigma')^*\rangle\langle\sigma|\sigma'\rangle\langle\sigma^*|\psi\rangle \\
&= \sum \langle\phi|(\sigma')^*\rangle\langle(\sigma')^*|\sigma^*\rangle\langle\sigma^*|\psi\rangle \\
&= \langle\phi|\psi\rangle
\end{aligned} \tag{5.67}$$

さらに，任意の線形演算子 A に対して次式が成立する．

$$\langle\Theta\psi|\Theta A\Theta^{-1}|\Theta\phi\rangle = \langle\Theta\psi|\Theta A|\phi\rangle = \langle\Theta\psi|\Theta A\phi\rangle = \langle A\phi|\psi\rangle$$
$$= \langle\phi|A^\dagger|\psi\rangle \quad (5.68)$$

これらの関係式は次節以降の計算で利用する．

[5.4] 時間反転対称性とブロッホハミルトニアン

結晶の周期ポテンシャルの中におかれた系の全ハミルトニアンを $\mathcal{H}$ とし，その固有状態を $\{|\psi_{n\mathbf{k}}\rangle\}$ とする．

$$\mathcal{H}|\psi_{n\mathbf{k}}\rangle = E_{n\mathbf{k}}|\psi_{n\mathbf{k}}\rangle \quad (5.69)$$

このときブロッホの定理によって $\psi_{n\mathbf{k}}$ は次のように分離できる．

$$|\psi_{n\mathbf{k}}\rangle = e^{i\mathbf{k}\cdot\mathbf{r}}|u_{n\mathbf{k}}\rangle \quad (5.70)$$

ここで $|u_{n\mathbf{k}}\rangle$ は実空間で単位胞の周期性を持つブロッホ波動関数であり，またこれは**ブロッホハミルトニアン** (Bloch Hamiltonian)

$$H(\mathbf{k}) = e^{-i\mathbf{k}\cdot\mathbf{r}}\mathcal{H}e^{i\mathbf{k}\cdot\mathbf{r}} \quad (5.71)$$

によって与えられる縮約されたシュレーディンガー方程式

$$H(\mathbf{k})|u_{n\mathbf{k}}\rangle = E_{n\mathbf{k}}|u_{n\mathbf{k}}\rangle \quad (5.72)$$

の固有状態となっている．

全ハミルトニアン $\mathcal{H}$ に時間反転対称性があるときに，上で定義したブロッホハミルトニアン $H(\mathbf{k})$ が持つ重要な性質を導こう．$\mathcal{H}$ の時間反転対称性は $\Theta\mathcal{H}\Theta^{-1} = \mathcal{H}$ が満たされることを意味するので，これに左から $e^{i\mathbf{k}\cdot\mathbf{r}}$ を，右から $e^{-i\mathbf{k}\cdot\mathbf{r}}$ をかけると，

$$e^{i\mathbf{k}\cdot\mathbf{r}}\Theta\mathcal{H}\Theta^{-1}e^{-i\mathbf{k}\cdot\mathbf{r}} = e^{i\mathbf{k}\cdot\mathbf{r}}\mathcal{H}e^{-i\mathbf{k}\cdot\mathbf{r}} = H(-\mathbf{k}) \quad (5.73)$$

となるが，式 (5.73) の左辺は Θ の式 (5.63) を思い出せば

$$e^{i\mathbf{k}\cdot\mathbf{r}}\Theta\mathcal{H}\Theta^{-1}e^{-i\mathbf{k}\cdot\mathbf{r}} = \Theta e^{-i\mathbf{k}\cdot\mathbf{r}}\mathcal{H}e^{i\mathbf{k}\cdot\mathbf{r}}\Theta^{-1} = \Theta H(\mathbf{k})\Theta^{-1} \tag{5.74}$$

と書き直せるので，結局，次式が得られる．

$$\Theta H(\mathbf{k})\Theta^{-1} = H(-\mathbf{k}) \tag{5.75}$$

この恒等式は，時間反転対称な系におけるエネルギーバンドは必ず対を組み，$+\mathbf{k}$ の状態と $-\mathbf{k}$ の状態が同じエネルギー持つことを保証する．このようなバンドの対を**クラマース対** (Kramers pair) と呼ぶ (**図 5.1**)．

ブリルアン域の中心 $\mathbf{k} = 0$ は常に時間反転操作に対して対称だが，これ以外にもブリルアン域の境界にはその周期性のために $+\mathbf{k}$ と $-\mathbf{k}$ が等価となる点 $\mathbf{\Lambda}$ が存在し，これを**時間反転対称運動量**または**時間反転不変運動量** (time-reversal-invariant momentum) と呼ぶ．2次元と3次元の両方の場合について，ブリルアン域が正方形もしくは立方晶の対称性を持つ場合の時間反転対称運動量を**図 5.2**に示す．これらの時間反転対称運動量ではブロッホハミルトニアンは時間反転対称性を持つので，2.14 節で説明したクラマース縮退の原理により，エネルギー固有値は二重に縮退する．つまり，図 5.1 のようなクラマース対をなすエネルギーバンドが一般の $\mathbf{k}$ においてアップスピンとダウンスピンで分かれていても，この対のバンドは時間反転対称運動量では必ず交わることがクラマースの定理から保証されている．

次にトポロジカル不変量の定式化において本質的な役割を果たす，時間反転演算子の行列表示を考えよう．この目的のために有用なのは，ブロッホ波動関数を基底とし，次の要素で定義される行列 w である．

$$w_{\alpha\beta}(\mathbf{k}) \equiv \langle u_{\alpha,-\mathbf{k}}|\Theta|u_{\beta,\mathbf{k}}\rangle \tag{5.76}$$

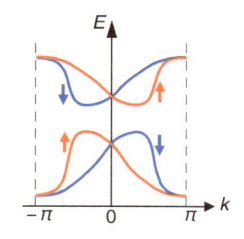

| **図 5.1**　**クラマース対をなすバンドの例**

ブリルアン域の周期性のために $+\mathbf{k}$ と $-\mathbf{k}$ が等価となる点（時間反転対称運動量）において，各クラマース対は必ず縮退している．図では時間反転対称運動量は $k = 0$ と $k = \pi$（これは $k = -\pi$ と等価）である．0 と π 以外の k においてクラマース対の縮退が解けているのはスピン軌道相互作用の効果である．

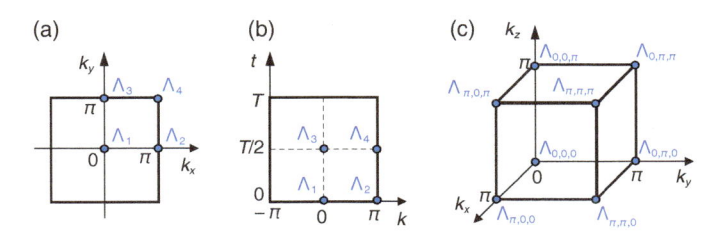

| **図 5.2** | ブリルアン域中の時間反転対称運動量の位置

(a) 正方形の対称性を持つ 2 次元系における 4 つの時間反転対称運動量. (b) 5.5 節で導入する仮想的な 1 次元系における時間反転対称運動量の位置. 時間 t を k_y に読み替えることによって, 周期的な (k, t) 位相空間が (a) に示す (k_x, k_y) の 2 次元ブリルアン域に写像される. (c) 立方晶の対称性を持つ 3 次元系における 8 つの時間反転対称運動量.

ここで α と β はバンド指数である. この行列は $|u_{\alpha,-\mathbf{k}}\rangle$ と $|u_{\beta,\mathbf{k}}\rangle$ を次式で関係づける.

$$\begin{aligned}
|u_{\alpha,-\mathbf{k}}\rangle &= -\Theta\Theta|u_{\alpha,-\mathbf{k}}\rangle \\
&= \sum_\beta \Theta|u_{\beta,\mathbf{k}}\rangle(-1)\langle u_{\beta,\mathbf{k}}|\Theta|u_{\alpha,-\mathbf{k}}\rangle \\
&= \sum_\beta \Theta|u_{\beta,\mathbf{k}}\rangle w_{\alpha\beta}(\mathbf{k}) \\
&= \sum_\beta w_{\alpha\beta}^*(\mathbf{k})\, \Theta|u_{\beta,\mathbf{k}}\rangle
\end{aligned} \tag{5.77}$$

ここで 3 番目の等号では式 (5.66) を用いた. 式 (5.77) は $\mathbf{k}$ の状態と $-\mathbf{k}$ の状態が時間反転操作によってどのように移り変わるかを表しており, バンド α と β がクラマース対になっていなければ両者の間の移り変わりはないので $w_{\alpha\beta}(\mathbf{k}) = 0$ であることがわかるだろう.

この $w_{\alpha\beta}(\mathbf{k})$ がユニタリー行列であること, つまり $w^\dagger w = 1$ は次のように確認できる.

$$\begin{aligned}
\sum_\alpha w_{\gamma\alpha}^\dagger(\mathbf{k}) w_{\alpha\beta}(\mathbf{k}) &= \sum_\alpha w_{\alpha\gamma}^*(\mathbf{k}) w_{\alpha\beta}(\mathbf{k}) \\
&= \sum_\alpha \langle \Theta u_{\gamma,\mathbf{k}}|u_{\alpha,-\mathbf{k}}\rangle \langle u_{\alpha,-\mathbf{k}}|\Theta u_{\beta,\mathbf{k}}\rangle \\
&= \langle \Theta u_{\gamma,\mathbf{k}}|\Theta u_{\beta,\mathbf{k}}\rangle = \langle u_{\beta,\mathbf{k}}|u_{\gamma,\mathbf{k}}\rangle = \delta_{\beta\gamma}
\end{aligned} \tag{5.78}$$

また次の恒等式も成立する.

$$w_{\beta\alpha}(-\mathbf{k}) = \langle u_{\beta,\mathbf{k}}|\Theta|u_{\alpha,-\mathbf{k}}\rangle = -\langle u_{\alpha,-\mathbf{k}}|\Theta|u_{\beta,\mathbf{k}}\rangle$$

$$= -w_{\alpha\beta}(\mathbf{k}) \tag{5.79}$$

式 (5.79) から特に，時間反転対称運動量 $\mathbf{\Lambda}$ において行列 w は反対称になり

$$w_{\beta\alpha}(\mathbf{\Lambda}) = -w_{\alpha\beta}(\mathbf{\Lambda}) \tag{5.80}$$

を満たすことがわかる．簡単な例として，占有されているバンドが 2 つしかない場合を考えると，$w_{\alpha\beta}$ は 2×2 の行列になり，時間反転対称運動量 $\mathbf{\Lambda}$ においては特に次の形になる．

$$\begin{aligned}w(\mathbf{\Lambda}) &= \begin{pmatrix} 0 & w_{12}(\mathbf{\Lambda}) \\ -w_{12}(\mathbf{\Lambda}) & 0 \end{pmatrix} \\ &= w_{12}(\mathbf{\Lambda}) \begin{pmatrix} 0 & 1 \\ -1 & 0 \end{pmatrix}\end{aligned} \tag{5.81}$$

時間反転対称な系において有用なもう 1 つの行列が**ベリー接続行列** (Berry connection matrix) であり，これは次のように定義される．

$$\mathbf{a}_{\alpha\beta}(\mathbf{k}) \equiv -i\langle u_{\alpha,\mathbf{k}}|\nabla_{\mathbf{k}}|u_{\beta,\mathbf{k}}\rangle \tag{5.82}$$

ここで $\mathbf{a}$ は単なるベクトルではなく，3 つの行列の組であることに注意しよう．つまり，$\nabla_{\mathbf{k}}$ の x, y, z 成分についてそれぞれ別の行列が対応する．このベリー接続行列においては，$\mathbf{a}_{\alpha\beta}(\mathbf{k})$ と $\mathbf{a}_{\alpha\beta}(-\mathbf{k})$ が次の関係で結ばれている．

$$\mathbf{a}(-\mathbf{k}) = w(\mathbf{k})\mathbf{a}^*(\mathbf{k})w^\dagger(\mathbf{k}) + iw(\mathbf{k})\nabla_{\mathbf{k}}w^\dagger(\mathbf{k}) \tag{5.83}$$

これを以下で証明しよう．まず式 (5.77) を用いて

$$\begin{aligned}\mathbf{a}_{\alpha\beta}(-\mathbf{k}) &= i\langle u_{\alpha,-\mathbf{k}}|\nabla_{\mathbf{k}}|u_{\beta,-\mathbf{k}}\rangle \\ &= i\left(\sum_{\alpha'} w_{\alpha\alpha'}(\mathbf{k})\langle\Theta u_{\alpha',\mathbf{k}}|\right)\frac{\partial}{\partial\mathbf{k}}\left(\sum_{\beta'} w^*_{\beta\beta'}(\mathbf{k})|\Theta u_{\beta',\mathbf{k}}\rangle\right) \\ &= i\sum_{\alpha',\beta'} w_{\alpha\alpha'}(\mathbf{k})w^*_{\beta\beta'}(\mathbf{k})\langle\Theta u_{\alpha',\mathbf{k}}|\frac{\partial}{\partial\mathbf{k}}|\Theta u_{\beta',\mathbf{k}}\rangle \\ &\quad + i\sum_{\alpha',\beta'} \langle\Theta u_{\alpha',\mathbf{k}}|\Theta u_{\beta',\mathbf{k}}\rangle w_{\alpha\alpha'}(\mathbf{k})\frac{\partial}{\partial\mathbf{k}}w^*_{\beta\beta'}(\mathbf{k}) \\ &= i\sum_{\alpha',\beta'} w_{\alpha\alpha'}(\mathbf{k})w^\dagger_{\beta'\beta}(\mathbf{k})\langle\Theta u_{\alpha',\mathbf{k}}|\Theta\frac{\partial}{\partial\mathbf{k}}u_{\beta',\mathbf{k}}\rangle\end{aligned}$$

$$+ i \sum_{\alpha',\beta'} \delta_{\alpha'\beta'} w_{\alpha\alpha'}(\mathbf{k}) \frac{\partial}{\partial \mathbf{k}} w_{\beta\beta'}^*(\mathbf{k}) \quad (5.84)$$

が得られるが，最後の式の第一項の中のブラケットは式 (5.67) を利用して

$$i\langle \Theta u_{\alpha',\mathbf{k}}|\Theta \frac{\partial}{\partial \mathbf{k}} u_{\beta',\mathbf{k}}\rangle = i\langle \frac{\partial}{\partial \mathbf{k}} u_{\beta',\mathbf{k}}|u_{\alpha',\mathbf{k}}\rangle = -i\langle u_{\beta',\mathbf{k}}|\frac{\partial}{\partial \mathbf{k}} u_{\alpha',\mathbf{k}}\rangle$$
$$= \mathbf{a}_{\beta'\alpha'}(\mathbf{k}) \quad (5.85)$$

と書き直せるので，式 (5.84) は

$$\mathbf{a}_{\alpha\beta}(-\mathbf{k}) = \sum_{\alpha',\beta'} w_{\alpha\alpha'}(\mathbf{k})\mathbf{a}_{\beta'\alpha'}(\mathbf{k})w_{\beta'\beta}^{\dagger}(\mathbf{k}) + i\sum_{\alpha'} w_{\alpha\alpha'}(\mathbf{k})\frac{\partial}{\partial \mathbf{k}} w_{\alpha'\beta}^{\dagger}(\mathbf{k}) \quad (5.86)$$

となる．最後に式 (5.25) を利用して

$$\mathbf{a}_{\beta'\alpha'}(\mathbf{k}) = -i\langle u_{\beta',\mathbf{k}}|\frac{\partial}{\partial \mathbf{k}}|u_{\alpha',\mathbf{k}}\rangle = i\langle u_{\alpha',\mathbf{k}}|\frac{\partial}{\partial \mathbf{k}}|u_{\beta',\mathbf{k}}\rangle^* = \mathbf{a}_{\alpha'\beta'}^*(\mathbf{k}) \quad (5.87)$$

であることを使うと，目的の式 (5.83) が得られる．

さて，いま証明した式 (5.83) のトレースをとると[※4]，

$$\mathrm{tr}[\mathbf{a}(-\mathbf{k})] = \mathrm{tr}[\mathbf{a}^*(\mathbf{k})] + i\mathrm{tr}[w(\mathbf{k})\nabla_{\mathbf{k}} w^{\dagger}(\mathbf{k})] \quad (5.88)$$

となるが，式 (5.87) から $\mathrm{tr}[\mathbf{a}] = \mathrm{tr}[\mathbf{a}^*]$ であることと，w 行列のユニタリー性（$ww^{\dagger} = 1$）から $w\nabla w^{\dagger} = -(\nabla w)w^{\dagger}$ であることを使うと

$$\mathrm{tr}[\mathbf{a}(\mathbf{k})] = \mathrm{tr}[\mathbf{a}(-\mathbf{k})] + i\mathrm{tr}[w^{\dagger}(\mathbf{k})\nabla_{\mathbf{k}} w(\mathbf{k})] \quad (5.89)$$

が得られる．この恒等式は次節以降で時間反転対称トポロジカル絶縁体を規定する Z_2 指数を計算する際に重要になる．

[5.5] 時間反転分極と Z_2 指数

いよいよ時間反転対称トポロジカル絶縁体のトポロジカル不変量の具体的説明に入る．まず 2 次元系から始めるが，実は 2 次元系のトポロジカル不変量を計算するには，仮想的な 1 次元系を考えるのがわかりやすい．このアイデアは Fu と Kane によるもので，ここでも彼らのやり方[5]を踏襲する．簡

[※4] 正方行列 A の対角要素の和をトレースといい，$\mathrm{tr} A$ と書く．

単のため,本節では格子定数 $a=1$ で全体の長さが L の 1 次元系を考えることにする.

[5.5.1] 電気分極とベリー接続

まず最初に,絶縁体の電気分極 P_ρ が占有状態の波動関数が持つベリー接続をブリルアン域全体にわたって積分したもので与えられることを示そう.1つのバンドのみ占有されているとしてバンド指数を省略し,ブロッホの定理を使うと,波動関数は

$$|\psi_k\rangle = e^{ikx}|u_k\rangle \tag{5.90}$$

と書くことができる.$|\psi_k\rangle$ を実空間に逆フーリエ変換することによって,結晶中の格子点 R に局在した電子の波動関数を次のように構成することができる(これを**ワニエ関数** (Wannier function) と呼ぶ).

$$|R\rangle = \sum_{k=-\pi}^{\pi} \frac{e^{-ikR}}{\sqrt{L}}|\psi_k\rangle = \sum_{k=-\pi}^{\pi} \frac{e^{ik(x-R)}}{\sqrt{L}}|u_k\rangle \tag{5.91}$$

もし格子点 $R=0$ に局在した波動関数で計算した電子の位置 x の期待値が 0 でないなら,それは電荷が単位胞内で分極していることを意味する.したがって電気分極 P_ρ を

$$P_\rho \equiv -\langle R=0|x|R=0\rangle \tag{5.92}$$

で定義することができる.これはブロッホ波動関数を用いて次のように表される.

$$\begin{aligned}
P_\rho &= -\left(\sum_{k'=-\pi}^{\pi} \langle u_{k'}|\frac{e^{-ik'x}}{\sqrt{L}}\right) x \left(\sum_{k=-\pi}^{\pi} \frac{e^{ikx}}{\sqrt{L}}|u_k\rangle\right) \\
&= -\left(\sum_{k'=-\pi}^{\pi} \langle u_{k'}|\frac{e^{-ik'x}}{\sqrt{L}}\right) \left(\sum_{k=-\pi}^{\pi} \left[-i\frac{\partial}{\partial k}\frac{e^{ikx}}{\sqrt{L}}\right]|u_k\rangle\right) \\
&= -\left(\sum_{k'=-\pi}^{\pi} \langle u_{k'}|\frac{e^{-ik'x}}{\sqrt{L}}\right) \left(\sum_{k=-\pi}^{\pi} \frac{e^{ikx}}{\sqrt{L}}\left[i\frac{\partial}{\partial k}|u_k\rangle\right]\right) \\
&= -\frac{1}{L}\sum_{k'=-\pi}^{\pi}\sum_{k=-\pi}^{\pi} \langle u_{k'}|e^{-i(k'-k)x} i\frac{\partial}{\partial k}|u_k\rangle \tag{5.93}
\end{aligned}$$

なお式 (5.93) の 3 番目の等号では,$\frac{\partial}{\partial k}|R=0\rangle = 0$ であることを使っている.

ここで全長 L の中に格子点が N 個あるとし，$a=1$ に注意すると

$$
\begin{aligned}
\langle u_{k'}|e^{-i(k'-k)x}i\frac{\partial}{\partial k}|u_k\rangle &= \int_0^L dx\, u_{k'}^*(x)e^{-i(k'-k)x}\,i\frac{\partial}{\partial k}u_k(x) \\
&= \sum_{m=0}^{N-1}\int_0^1 dx\, u_{k'}^*(m+x)e^{-i(k'-k)(m+x)}\,i\frac{\partial}{\partial k}u_k(m+x) \\
&= \left(\sum_{m=0}^{N-1}e^{-i(k'-k)m}\right)\int_0^1 dx\, u_{k'}^*(x)e^{-i(k'-k)x}\,i\frac{\partial}{\partial k}u_k(x) \\
&= \delta_{k',k}N\left[\int_0^1 dx\, u_{k'}^*(x)e^{-i(k'-k)x}\,i\frac{\partial}{\partial k}u_k(x)\right]_{k=k'} \\
&= \delta_{k',k}\int_0^L dx\, u_k^*(x)\,i\frac{\partial}{\partial k}u_k(x) \\
&= \delta_{k',k}\langle u_k|\,i\frac{\partial}{\partial k}|u_k\rangle \quad (5.94)
\end{aligned}
$$

となる．ここで 4 番目の等号では N が十分大きいとして $\int_{-\pi}^{\pi}e^{-i(m-n)x}dx = 2\pi\delta_{m,n}$ (m, n は整数) を使用した．式 (5.94) を式 (5.93) に代入すると

$$
P_\rho = -\frac{1}{L}\sum_{k=-\pi}^{\pi}\langle u_k|\,i\frac{\partial}{\partial k}|u_k\rangle = \int_{-\pi}^{\pi}\frac{dk}{2\pi}a(k) \quad (5.95)
$$

が得られる．この $a(k) = -i\langle u_k|\frac{\partial}{\partial k}|u_k\rangle$ がベリー接続である．余談だが，このように電気分極がバンドのベリー接続の積分として書け，本質的に量子位相と関係しているとわかったことが，近年，誘電体に関する理解が進む大きなきっかけとなった[6]．

[5.5.2] 時間反転分極

次にこの 1 次元系における時間反転の効果を見るため，占有されているのはクラマース対を組んでいる 2 つのバンドのみとし，これらのバンドのブロッホ波動関数を $|u_1(k)\rangle$ および $|u_2(k)\rangle$ と書くことにする．なお，ブロッホ波動関数は一義的には空間座標 r を変数とする関数であり，k はこの関数の形を決めるパラメータであるが，ここではあえて k に対する依存性を見やすくするためにこう書く．さらにこの系のハミルトニアンは時間とともに変化すると考えるが，以下ではその変化は周期的であり，時刻 $t=T$ でもとに戻るものとする．つまり

$$
H[t+T] = H[t] \quad (5.96)
$$

とする．さらにこのハミルトニアンが次の条件を満足すると仮定する．

$$H[-t] = \Theta H[t] \Theta^{-1} \tag{5.97}$$

この 2 つの条件から，ハミルトニアンは時刻 $t=0$ と $t=T/2$ で時間反転対称性を持つことがわかる．これは結晶中の 1 次元系が運動量 $k=0$ と $k=\pi/a$ で時間反転対称性を持つのと似ていることに注意してほしい．

上で計算した電気分極の表式 (5.95) を 2 バンドの場合に拡張しよう．占有状態全体のベリー接続を $A(k)$ と書くと，これは式 (5.82) で定義したベリー接続行列の対角要素を用いて

$$A(k) = -i\langle u_1(k)|\nabla_{\mathbf{k}}|u_1(k)\rangle - i\langle u_2(k)|\nabla_{\mathbf{k}}|u_2(k)\rangle \tag{5.98}$$
$$= a_{11}(k) + a_{22}(k)$$
$$= \mathrm{tr}[a] \tag{5.99}$$

と書くことができる．電気分極 P_ρ には各バンドのベリー接続は加算的に寄与するので

$$P_\rho = \int_{-\pi}^{\pi} \frac{dk}{2\pi} A(k) \tag{5.100}$$

となるが，式 (5.100) における各バンドの寄与は**部分分極**（partial polarization）と呼ぶことができ，次式で定義できる．

$$P_i \equiv \int_{-\pi}^{\pi} \frac{dk}{2\pi} a_{ii}(k) \quad (i=1,2) \tag{5.101}$$

この部分分極の和として電気分極は $P_\rho = P_1 + P_2$ で与えられる．

ここで**時間反転分極** (time-reversal polarization) と呼ばれる次の量を定義する．

$$P_\theta \equiv P_1 - P_2 = 2P_1 - P_\rho \tag{5.102}$$

$|u_1(k)\rangle$ と $|u_2(k)\rangle$ はクラマース対になっているので，P_θ は直観的にはアップスピンのバンドとダウンスピンのバンドの持つ部分分極の差を与えるものである．「時間反転分極」という用語の意味は字面からはわかりにくいが，互いに時間反転で結ばれたクラマース対のバンドの間の電気分極の差，という程度の意味で名付けられたものである．

[5.5.3] ヒルベルト空間のトポロジー

先ほど述べたように，いま考えている 2 バンドの 1 次元系は $t=0$ と $t=T/2$ で時間反転対称になっている．これらの時刻においては任意の k に対してクラ

マースの定理が適用されるので，$|u_2(k)\rangle$ を時間反転した $\Theta|u_2(k)\rangle$ は $|u_1(-k)\rangle$ と縮退していなければならない．つまり，$\Theta|u_2(k)\rangle$ と $|u_1(-k)\rangle$ が違っているとしても，その違いは位相ファクターのみであることになる．したがって，時刻 $t=0$ と $t=T/2$ においては次の関係式が成立する．

$$\Theta|u_2(k)\rangle = e^{-i\chi(k)}|u_1(-k)\rangle \tag{5.103}$$

$$\Theta|u_1(k)\rangle = -e^{-i\chi(-k)}|u_2(-k)\rangle \tag{5.104}$$

この関係を使うと，w は次のような簡単な形になる．

$$\begin{aligned}w(k) &= \begin{pmatrix} \langle u_1(-k)\rangle|\Theta|u_1(k)\rangle & \langle u_1(-k)\rangle|\Theta|u_2(k)\rangle \\ \langle u_2(-k)\rangle|\Theta|u_1(k)\rangle & \langle u_2(-k)\rangle|\Theta|u_2(k)\rangle \end{pmatrix} \\ &= \begin{pmatrix} 0 & e^{-i\chi(k)} \\ -e^{-i\chi(-k)} & 0 \end{pmatrix}\end{aligned} \tag{5.105}$$

それでは，時間反転対称な時刻における部分分極 P_1 を計算しよう．まず式 (5.104) から

$$\begin{aligned}a_{11}(-k) &= -i\langle u_1(-k)|\nabla_{-k}|u_1(-k)\rangle \\ &= +i\langle u_1(-k)|\nabla_k|u_1(-k)\rangle \\ &= +i\langle \Theta u_2(k)|e^{-i\chi(k)}\nabla_k e^{i\chi(k)}\Theta|u_2(k)\rangle \\ &= +i\langle \Theta u_2(k)|\nabla_k|\Theta u_2(k)\rangle + i\langle \Theta u_2(k)|\Theta u_2(k)\rangle \left(i\frac{\partial}{\partial k}\chi(k)\right) \\ &= -i\langle u_2(k)|\nabla_k|u_2(k)\rangle - \frac{\partial}{\partial k}\chi(k) \\ &= a_{22}(k) - \frac{\partial}{\partial k}\chi(k)\end{aligned} \tag{5.106}$$

が得られる．なお 5 番目の等号では，式 (5.68) を使うと $\langle \Theta u_2(k)|\nabla_k|\Theta u_2(k)\rangle = \langle \Theta u_2(k)|\Theta \nabla_k u_2(k)\rangle = \langle \nabla_k u_2(k)|u_2(k)\rangle = -\langle u_2(k)|\nabla_k u_2(k)\rangle$ となることを用いた．上記の $a_{11}(-k)$ の表式を使って次式が得られる．

$$\begin{aligned}P_1 &= \frac{1}{2\pi}\left(\int_0^\pi dk\, a_{11}(k) + \int_{-\pi}^0 dk\, a_{11}(k)\right) \\ &= \frac{1}{2\pi}\int_0^\pi dk\left(a_{11}(k) + a_{22}(k) - \frac{\partial}{\partial k}\chi(k)\right) \\ &= \int_0^\pi \frac{dk}{2\pi}A(k) - \frac{1}{2\pi}[\chi(\pi)-\chi(0)]\end{aligned} \tag{5.107}$$

また式 (5.105) から $w_{12}(k) = e^{-i\chi(k)}$ であることがわかるので，$\chi(k)$ は

$$\chi(k) = i\log w_{12}(k) \tag{5.108}$$

と書くことができ，これを使うと部分分極の表式 (5.107) は

$$P_1 = \int_0^\pi \frac{dk}{2\pi} A(k) - \frac{i}{2\pi} \log \frac{w_{12}(\pi)}{w_{12}(0)} \tag{5.109}$$

となる．したがって時間反転分極 (5.102) は次式で与えられる．

$$P_\theta = 2P_1 - P_\rho = \int_0^\pi \frac{dk}{2\pi} [A(k) - A(-k)] - \frac{i}{\pi} \log \frac{w_{12}(\pi)}{w_{12}(0)} \tag{5.110}$$

さらに，$A(k) = \text{tr}[a(k)]$ であることを思い出して式 (5.89) を用いると，式 (5.110) は

$$\begin{aligned} P_\theta &= \int_0^\pi \frac{dk}{2\pi} i\text{tr}[w^\dagger(k) \frac{\partial}{\partial k} w(k)] - \frac{i}{\pi} \log \frac{w_{12}(\pi)}{w_{12}(0)} \\ &= i \int_0^\pi \frac{dk}{2\pi} \frac{\partial}{\partial k} \log(\det[w(k)]) - \frac{i}{\pi} \log \frac{w_{12}(\pi)}{w_{12}(0)} \\ &= \frac{i}{\pi} \cdot \frac{1}{2} \log \frac{\det[w(\pi)]}{\det[w(0)]} - \frac{i}{\pi} \log \frac{w_{12}(\pi)}{w_{12}(0)} \end{aligned} \tag{5.111}$$

と変形できる．ただし 2 番目の等号では，ユニタリー行列 w に対して成立する線形代数学の公式 $\text{tr}[w^\dagger \partial_k w] = \partial_k \text{tr}[\log w] = \partial_k \log(\det[w])$ を用いた．いま対象にしている式 (5.81) の形の 2×2 反対称行列の場合，$\det[w] = w_{12}^2$ であるので，最終的に次式を得る．

$$P_\theta = \frac{1}{i\pi} \log \left(\frac{\sqrt{w_{12}(0)^2}}{w_{12}(0)} \cdot \frac{w_{12}(\pi)}{\sqrt{w_{12}(\pi)^2}} \right) \tag{5.112}$$

式 (5.112) の log の中身がとる値は $+1$ か -1 である．複素平面の偏角を 0 から 2π に限れば，$\log(-1) = i\pi$ であるので，P_θ は 0 か $1 \pmod{2}$ の値しかとらないことがわかる．この P_θ が取り得る 2 つの値は，式 (5.103) に出てくる位相ファクター $e^{-i\chi(k)}$ が $k = 0$ と π の間で符号を変えるか否かに対応している．

ここで $t = 0$ から $t = T/2$ の間の P_θ の変化分 Δ に注目しよう．P_θ が $t = 0$ と $t = T/2$ の間で変化するかしないかを表す

$$\Delta = |P_\theta(T/2) - P_\theta(0)| \tag{5.113}$$

は，これまでの計算からわかるように，0 か 1 の値しかとれない．したがって $t=0$ から $t=T/2$ の間の「ブロッホ波動関数の変化の仕方」は Δ の値によって 2 つの場合に分けることができ，とびとびの値しかとれない Δ はパラメータを断熱的に変化させても不変である．これはすなわち，k と t の周期関数としてのブロッホ波動関数には，トポロジカルに異なる 2 つの種類があることを意味する．この Δ がブロッホ波動関数の完全なトポロジカルな分類を与えるかどうかはわからないが，少なくともこの Δ を考えることによってブロッホ波動関数に対する 1 つのトポロジカルな分類を与えることができる（トポロジカル不変量はこのように発見的に得られることが多い）．

数学的には，**ブロッホ波動関数が作るヒルベルト空間のベクトル** $|u_n(k,t)\rangle$ **は，2 次元位相空間** (k,t) **からヒルベルト空間への写像**と考えることができるが，その写像元の 2 次元位相空間 (k,t) は周期的境界条件のためにトーラス[※5]を形成している．上記のトポロジカルな議論をさらに数学的に言い換えると，写像先のヒルベルト空間は Δ という指標によってトポロジカルに異なる 2 つの部分空間に分けられる，ということになる．この Δ は 0 か 1 の値しかとらない，つまり mod 2 でしか決まらないので，これがヒルベルト空間の構造を分類するトポロジカル不変量としての Z_2 指数を与える．直観的には，P_θ が $t=0$ と $t=T/2$ の間で変化する（$\Delta=1$）ならヒルベルト空間は「捩れて」いて，もし P_θ が変化しない（$\Delta=0$）ならヒルベルト空間は「自明」ということになる．

なお式 (5.112) を用いると，Δ は次のように書くことができる．

$$(-1)^\Delta = \prod_{i=1}^{4} \frac{w_{12}(\Lambda_i)}{\sqrt{w_{12}(\Lambda_i)^2}} \tag{5.114}$$

ただし $\Lambda_1 = (k,t) = (0,0)$, $\Lambda_2 = (\pi,0)$, $\Lambda_3 = (0,T/2)$, $\Lambda_4 = (\pi,T/2)$ であり，これらは 2 次元位相空間 (k,t) を 2 次元ブリルアン域と見なしたときの 4 つの時間反転対称運動量に相当する座標である（図 5.2(b)）．

最後に直観的な理解を助けるために，アップスピンを持つ $u_1(k)$ とダウンスピンを持つ $u_2(k)$ のそれぞれバンドに起因する電荷分布の時間発展の様子を，$\Delta=0$ となる場合と $\Delta=1$ となる場合の両方について**図 5.3** に示した．図 5.3 からわかるように，$\Delta=1$ となるトポロジカルな場合には $t=0$ と $t=T/2$

[※5] ドーナツの表面のようなトポロジーを持った閉曲面をトーラスという．この曲面上に，互いに直交する x 軸と y 軸を考えると，どちらの軸の方向にも周期性を持っている．したがって，ブリルアン域のような周期的境界条件を持つ 2 次元位相空間は，トーラスを形成していると考えることができる．

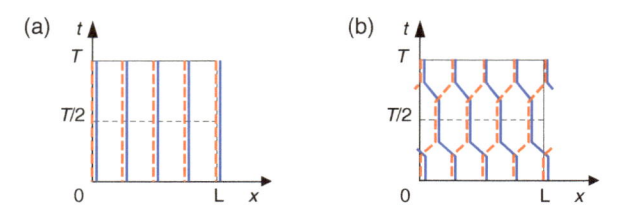

| 図5.3 | **2 バンド 1 次元系における電荷分布の時間発展の様子**

青の実線がバンド $u_1(k)$ に起因するアップスピンの電荷，赤の破線はバンド $u_2(k)$ に起因するダウンスピンの電荷を表す．系は $t=0$ と $t=T/2$ で時間反転対称になっている．(a) は $\Delta=0$ となる自明なサイクルであり，クラマース対の組み替えは生じない．(b) は $t=0$ と $t=T/2$ における時間反転分極 P_θ が異なるために $\Delta=1$ となるトポロジカルなサイクルで，時間発展によってクラマース対の組み替えが起こっている．

の間でクラマース対の組み替えが起こっている．この組み替えはすなわち P_1 と P_2 が $t=0$ から $t=T/2$ の間で別々に変化したことを意味し，そのため $P_\theta(T/2)$ と $P_\theta(0)$ が異なる値をとるのが $\Delta=1$ となる仕組みである．

物理的には，P_θ が $t=0$ から $t=T/2$ の間で変化する $\Delta=1$ のサイクルにおいては，1 次元系の一方の端から他方の端へスピンが運ばれる「**スピンポンピング**（spin pumping）」という非自明な帰結が生じる[5]．

[5.6] Z_2 指数の一般式

5.5 節で導いた 2 バンド系に対する Z_2 指数の表式を多バンド系に拡張しよう．そのためここでは $2N$ 個のバンドが占有されていて，それらが N 個のクラマース対を作っているとする．ハミルトニアンは相変わらず式 (5.96) と式 (5.97) を満たすものとし，さらに簡単のため $T=2\pi$ とおく．時間反転対称な時刻 $t=0$ と $t=\pi$ において，第 n 番目のクラマース対をなす 2 つの波動関数は縮退するので

$$\Theta|u_2^n(k)\rangle = e^{-i\chi_n(k)}|u_1^n(-k)\rangle \tag{5.115}$$

$$\Theta|u_1^n(k)\rangle = -e^{-i\chi_n(-k)}|u_2^n(-k)\rangle \tag{5.116}$$

と書くことができ，式 (5.76) で定義される w 行列は次の形になる．

$$w(k) = \begin{pmatrix} 0 & e^{-i\chi_1(k)} & 0 & 0 & \cdots \\ -e^{-i\chi_1(-k)} & 0 & 0 & 0 & \cdots \\ 0 & 0 & 0 & e^{-i\chi_2(k)} & \cdots \\ 0 & 0 & -e^{-i\chi_2(-k)} & 0 & \cdots \\ \vdots & \vdots & \vdots & \vdots & \ddots \end{pmatrix} \quad (5.117)$$

したがって $t=0$ と $t=\pi$ において，式 (5.81) と同じように $w(k=0)$ と $w(k=\pi)$ は反対称行列となり，

$$\begin{aligned} w_{12}(\Lambda_i)w_{34}(\Lambda_i)\ldots w_{2N-1,2N}(\Lambda_i) &= e^{-i\sum_{n=1}^{N}\chi_n(\Lambda_i)} \\ &= \mathrm{Pf}[w(\Lambda_i)] \end{aligned} \quad (5.118)$$

が得られる．ただし，ここで w は k と t を変数とする関数と見なし，式 (5.114) と同じ時間反転対称運動量 Λ_i を使っている．さらに 2 番目の等号では，2×2 のブロックを対角位置に持つ $2N\times 2N$ の歪対称行列に対する**パフィアン** (Pfaffian) の公式を用いた．一般に行列 A についてのパフィアン $\mathrm{Pf}[A]$ とは，線形代数学において反対称行列について定義されるスカラー量で，行列式 $\det[A]$ との間に

$$\mathrm{Pf}[A]^2 = \det[A] \quad (5.119)$$

という関係がある．

以上の準備のもとで，時間反転対称な時刻 $t=0$ と $t=\pi$ に対する 5.5 節の計算を拡張する．まず部分分極は

$$\begin{aligned} P_1 &= \int_0^\pi \frac{dk}{2\pi} A(k) - \frac{1}{2\pi}\sum_{n=1}^N [\chi_n(\pi) - \chi_n(0)] \\ &= \int_0^\pi \frac{dk}{2\pi} A(k) - \frac{i}{2\pi}\log\left(\frac{\mathrm{Pf}[w(\pi)]}{\mathrm{Pf}[w(0)]}\right) \end{aligned} \quad (5.120)$$

と書くことができ，これを用いて時間反転分極は次式で与えられる．

$$\begin{aligned} P_\theta &= 2P_1 - P_\rho \\ &= \int_0^\pi \frac{dk}{2\pi}[A(k) - A(-k)] - \frac{i}{\pi}\log\left(\frac{\mathrm{Pf}[w(\pi)]}{\mathrm{Pf}[w(0)]}\right) \\ &= \frac{i}{\pi}\log\left(\frac{\sqrt{\det[w(\pi)]}}{\sqrt{\det[w(0)]}}\right) - \frac{i}{\pi}\log\left(\frac{\mathrm{Pf}[w(\pi)]}{\mathrm{Pf}[w(0)]}\right) \\ &= \frac{1}{i\pi}\log\left(\frac{\sqrt{\det[w(0)]}}{\mathrm{Pf}[w(0)]} \cdot \frac{\mathrm{Pf}[w(\pi)]}{\sqrt{\det[w(\pi)]}}\right) \end{aligned} \quad (5.121)$$

したがってトポロジカル不変量としての Z_2 指数を ν とすると，これは

$$(-1)^\nu = \prod_{i=1}^{4} \frac{\mathrm{Pf}[w(\Lambda_i)]}{\sqrt{\det[w(\Lambda_i)]}} \tag{5.122}$$

で与えられる．この ν は，ヒルベルト空間を「捩れた」部分空間（$\nu = 1$）と「自明な」部分空間（$\nu = 0$）にトポロジカルに分類する．

最後にトーラスの周期性を持つ 2 次元位相空間 (k, t) を 2 次元ブリルアン域 (k_x, k_y) と解釈し直せば，上記の理論は $2N$ 個の占有バンドを持つ時間反転対称な 2 次元絶縁体に対する Z_2 トポロジーによる分類を与えることがわかる．

[5.7] 3 次元系への拡張

ここまでの Z_2 指数の議論は 2 次元系に限定していた．これを 3 次元系に拡張しよう．これを最初に行ったのが Moore と Balents で[7]，彼らはホモトピーという高度な数学の議論を用いて，時間反転対称な 3 次元絶縁体のトポロジーを規定するには 4 つの Z_2 指数が必要であることを証明した．その議論の再現は本書の範疇を超えるが，4 つの Z_2 指数の物理的な起源は比較的容易に理解することができるので，それを説明しよう．

簡単のため立方晶の結晶対称性を仮定し，格子定数 $a = 1$ とする．この場合の 3 次元ブリルアン域の中には図 5.2(c) に示すように 8 つの時間反転対称運動量が存在する．これらを $\Lambda_{0,0,0}$, $\Lambda_{\pi,0,0}$, $\Lambda_{0,\pi,0}$, $\Lambda_{0,0,\pi}$, $\Lambda_{\pi,0,\pi}$, $\Lambda_{0,\pi,\pi}$, $\Lambda_{\pi,\pi,0}$, $\Lambda_{\pi,\pi,\pi}$ と呼ぶことにする．これら 8 つの時間反転対称運動量において，ブロッホハミルトニアンは $\Theta H(\Lambda_i) \Theta^{-1} = H(\Lambda_i)$ を満たすため，時間反転対称となる．したがってクラマース対をなすバンドは，ブリルアン域中のこれら 8 つの点で縮退する．

この 3 次元ブリルアン域の中で，$x = 0$, $x = \pm\pi$, $y = 0$, $y = \pm\pi$, $z = 0$, $z = \pm\pi$ における 6 つの平面は，それぞれ 2 次元ブリルアン域と同じ対称性を持っている．したがって，これら 6 つの平面それぞれについて Z_2 指数を定義できる．それを x_0, x_1, y_0, y_1, z_0, z_1 と名づけよう．しかし，これら 6 つの Z_2 指数はすべてが独立であるわけではない．具体的には，$x_0 x_1$, $y_0 y_1$, $z_0 z_1$ の 3 つの値は必ず同じでなければならないという拘束条件が付く．その理由は，これら 3 つの値はいずれも，結局は 8 つすべての時間反転対称運動量における $\mathrm{Pf}[w(\Lambda_i)]/\sqrt{\det[w(\Lambda_i)]}$ の積で決まり，まったく同じものだから

である．このことから，$x_0 x_1 = y_0 y_1 = z_0 z_1$ という 2 つの拘束条件のため，6 つの Z_2 指数のうち独立なのは 4 つということになる．

3 次元トポロジカル絶縁体を規定する 4 つの Z_2 指数の具体的な表式は Fu と Kane によって与えられた [8]．それを見やすい形に書くために，まず各時間反転対称運動量 Λ_i において

$$\delta(\Lambda_i) \equiv \frac{\mathrm{Pf}[w(\Lambda_i)]}{\sqrt{\det[w(\Lambda_i)]}} \tag{5.123}$$

という量を定義する．この $\delta(\Lambda_i)$ を用いると，4 つの Z_2 指数 $\nu_0, \nu_1, \nu_2, \nu_3$ は次のように定義される．

$$(-1)^{\nu_0} \equiv \prod_{n_j = 0,\pi} \delta(\Lambda_{n_1,n_2,n_3}) \tag{5.124}$$

$$(-1)^{\nu_i} \equiv \prod_{n_{j\neq i}=0,\pi;\, n_i=\pi} \delta(\Lambda_{n_1,n_2,n_3}) \quad (i=1,2,3) \tag{5.125}$$

このうち指数 ν_0 は，8 つすべての $\delta(\Lambda_i)$ の積によって与えられるため，3 次元系に特有のものである．一方，他の 3 つの ν_i は 4 つの $\delta(\Lambda_i)$ の積で決まり，2 次元系の Z_2 指数 (5.122) と同様である．

この 3 次元トポロジカル絶縁体における 2 次元的 Z_2 指数 ν_1, ν_2, ν_3 の意味を理解するため，例として

$$(-1)^{\nu_3} = \delta(\Lambda_{0,0,\pi})\, \delta(\Lambda_{\pi,0,\pi})\, \delta(\Lambda_{0,\pi,\pi})\, \delta(\Lambda_{\pi,\pi,\pi}) \tag{5.126}$$

で与えられる ν_3 を取り上げる．この指数は，$z = \pi$ 平面における 2 次元 Z_2 指数に対応するが，それを理解するため，この平面上の y 軸を「時間」軸と見立て，2 つの時間反転対称「時刻」となる $y=0$ と $y=\pi$ における時間反転分極を考える．これらは

$$P_\theta(y=0)_{z=\pi} = \frac{1}{i\pi} \log[\delta(\Lambda_{0,0,\pi})\, \delta(\Lambda_{\pi,0,\pi})] \tag{5.127}$$

$$P_\theta(y=\pi)_{z=\pi} = \frac{1}{i\pi} \log[\delta(\Lambda_{0,\pi,\pi})\, \delta(\Lambda_{\pi,\pi,\pi})] \tag{5.128}$$

で与えられる．もし $y=0$ から $y=\pi$ の間で時間反転分極が変化すれば（つまり $P_\theta(y=0)_{z=\pi}$ と $P_\theta(y=\pi)_{z=\pi}$ が等しくなければ），この平面の中でクラマース対の組み替えが起こっており（図 5.3(b) 参照），Z_2 トポロジーは非自明となる．この $P_\theta(y=0)_{z=\pi} \neq P_\theta(y=\pi)_{z=\pi}$ という条件は $\nu_3 = 1$ と等

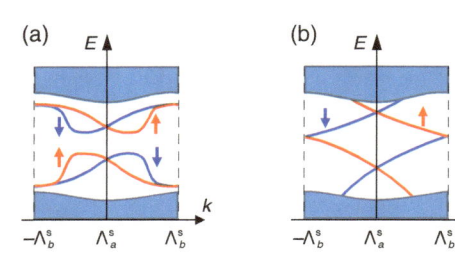

| 図 5.4 | 2 つの時間反転対称運動量 Λ_a^s と Λ_b^s の間に存在し得る，トポロジカルに自明な表面状態 (a) と非自明な表面状態 (b) の比較

上付き添え字の s は「surface」の意味で付けている．青い影をつけた部分がバルクの価電子帯と伝導帯である．クラマース対が時間反転対称運動量で示すクラマース縮退を見やすくするため，図では表面状態のエネルギー分散を $-\Lambda_b^s$ から Λ_b^s まで，Λ_a^s を通過するように示している．トポロジカルに非自明な表面状態が示すクラマース対の組み替えは，時間反転分極の変化に起因している．

価なので，式 (5.126) で定義される ν_3 は $z=\pi$ 平面におけるトポロジーを規定する Z_2 指数となっている．

3 次元トポロジカル絶縁体における非自明な Z_2 指数の物理的な帰結は，トポロジカルにその存在が保証された表面状態の出現である．その理由をわかりやすく示したのが**図 5.4** で，この図ではトポロジカルに自明な表面状態と非自明な表面状態とを比較している．系がトポロジカルであって非自明な表面状態が出現しているとき，その表面状態においてはクラマース対の組み替えが起こっている．図 5.4 からわかるように，このクラマース対の組み替えの結果として，フェルミ準位がバルクのバンドギャップの中のどこにあっても必ず表面状態を横切る．これはすなわち，必ずフェルミ準位においてギャップレスの金属的状態が存在することを意味する．

なお表面状態のブリルアン域はバルクのブリルアン域を射影して得られるので，例えば z 軸に垂直な表面の場合，その特性は，$z=0$ 平面のトポロジーを決める ν_0 と $z=\pi$ 平面のトポロジーを決める ν_3 との組み合わせで決められる．表面状態におけるクラマース対の組み替えは，先に述べた ν_3 に関する説明からもわかるように，対応する平面内での時間反転分極の変化に起因している．

3 次元トポロジカル絶縁体の Z_2 指数は $(\nu_0; \nu_1 \nu_2 \nu_3)$ と書き表すのが習慣になっている．これは $(\nu_1 \nu_2 \nu_3)$ という表記が，逆格子空間における Λ_i の方向を示すミラー指数として解釈できることによる．また $\nu_0 = 1$ を持つ物質は**強い 3 次元トポロジカル絶縁体**と呼ばれ，$\nu_0 = 0$ であるが ν_1, ν_2, ν_3 のう

ち1つ以上が1となる物質は**弱い3次元トポロジカル絶縁体**と呼ばれる．その理由は，$\nu_0 = 1$であれば表面の方向によらず必ずトポロジカルな表面状態が現れるが，$\nu_0 = 0$で$\nu_i = 1$の場合にはトポロジカルな表面状態が現れる面が限定されることによる．

なお弱い3次元トポロジカル絶縁体は2次元トポロジカル絶縁体を積み重ねたものとしてイメージすることができる．この場合，もともとの2次元トポロジカル絶縁体の2次元面に対応する面にはギャップが開いていて，それを囲むエッジに対応する面にのみトポロジカルな表面状態が現れる．

[5.8] 空間反転対称性を持つトポロジカル絶縁体

3次元絶縁体が時間反転対称性に加えて空間反転対称性も持っている場合，Z_2指数の求め方が簡単になる．本節ではそれを説明する．

空間反転演算子Πを次のように定義する．

$$\Pi|\mathbf{x},\sigma\rangle \equiv |-\mathbf{x},\sigma\rangle \tag{5.129}$$

ここで$\mathbf{x}$は空間座標でσはスピン固有値を表す．この演算子が

$$\Pi^2 = 1 \tag{5.130}$$

を満たすことは式(5.129)からすぐわかる．この$\Pi^2 = 1$という性質は，演算子Πの固有値が± 1であることを意味する．

このΠが運動量表示の波動関数に作用すると，$\Pi|\mathbf{k},\sigma\rangle = |-\mathbf{k},\sigma\rangle$となることはわかるだろう．系の全ハミルトニアン$\mathcal{H}$の空間反転対称性から$\Pi\mathcal{H}\Pi^{-1} = \mathcal{H}$が成立するので，これに左から$e^{i\mathbf{k}\cdot\mathbf{r}}$を，右から$e^{-i\mathbf{k}\cdot\mathbf{r}}$をかけると

$$e^{i\mathbf{k}\cdot\mathbf{r}}\Pi\mathcal{H}\Pi^{-1}e^{-i\mathbf{k}\cdot\mathbf{r}} = e^{i\mathbf{k}\cdot\mathbf{r}}\mathcal{H}e^{-i\mathbf{k}\cdot\mathbf{r}} \tag{5.131}$$

が得られる．ブロッホハミルトニアンの定義(5.71)より，右辺は$H(-\mathbf{k})$であり，左辺は

$$e^{i\mathbf{k}\cdot\mathbf{r}}\Pi\mathcal{H}\Pi^{-1}e^{-i\mathbf{k}\cdot\mathbf{r}} = \Pi e^{-i\mathbf{k}\cdot\mathbf{r}}\mathcal{H}e^{i\mathbf{k}\cdot\mathbf{r}}\Pi^{-1} = \Pi H(\mathbf{k})\Pi^{-1} \tag{5.132}$$

と書き直せるので，結局，時間反転演算子のときと同様にブロッホハミルト

ニアンの性質として次式が得られる．

$$\Pi H(\mathbf{k})\Pi^{-1} = H(-\mathbf{k}) \tag{5.133}$$

したがってブロッホ波動関数 $|u_\alpha(\mathbf{k})\rangle$ が空間反転対称性を有するとは限らないが，もとの波動関数 $|\psi_\alpha(\mathbf{k})\rangle$ $(= e^{i\mathbf{k}\cdot\mathbf{r}}|u_\alpha(\mathbf{k})\rangle)$ は空間反転対称性を有し，空間反転演算子の作用に対して固有値 ±1 を持つ．なおブリルアン域の周期性から，波動関数は逆格子ベクトル $\mathbf{G}$ に対して $|\psi_\alpha(\mathbf{k}+\mathbf{G})\rangle = |\psi_\alpha(\mathbf{k})\rangle$ を満たすことにも注意しておこう．2.5 節で述べたように，空間反転演算子の固有値をパリティと呼び，これが +1 の場合は正のパリティ，−1 の場合は負のパリティを持つという．本節の目的は，Z_2 指数をこのパリティ固有値を用いて表現することである．

我々はすでに式 (5.82) でベリー接続行列 $\mathbf{a}_{\alpha\beta}(\mathbf{k})$ を定義し，式 (5.89) でそのトレース $\mathrm{tr}[\mathbf{a}(\mathbf{k})]$ を求めた．以下では $\mathbf{a}_{\alpha\beta}(\mathbf{k})$ において α, β に関してトレースをとった 3 次元ベクトルを $\mathbf{a}^c(\mathbf{k})$ と呼ぶことにし，そのベリー曲率として次の量を定義する．

$$F(\mathbf{k}) \equiv \nabla_{\mathbf{k}} \times \mathbf{a}^c(\mathbf{k}) \tag{5.134}$$

時間反転対称性と空間反転対称性は，それぞれ $F(\mathbf{k})$ が次の性質を持つことを要請する [9]．

$$\text{時間反転対称性} \quad \to \quad F(-\mathbf{k}) = -F(\mathbf{k}) \tag{5.135}$$
$$\text{空間反転対称性} \quad \to \quad F(-\mathbf{k}) = +F(\mathbf{k}) \tag{5.136}$$

この相反する要請のため，時間反転対称性と空間反転対称性の両方が存在するとき，任意の $\mathbf{k}$ に対して $F(\mathbf{k}) = 0$ となる．したがって式 (5.18) を思い出すと，ベリー接続 $\mathbf{a}^c(\mathbf{k})$ には，ゲージ変換に由来する項 $\nabla_{\mathbf{k}}\Lambda(\mathbf{k})$ を自由に足せることがわかる．このため，適切にゲージを選ぶことによって常に $\mathbf{a}^c(\mathbf{k}) = 0$ とできる．

実際に任意の $\mathbf{k}$ に対して $\mathbf{a}^c(\mathbf{k}) = 0$ を与えるゲージを求めるため，次の行列を考える．

$$v_{\alpha\beta}(\mathbf{k}) \equiv \langle u_{\alpha\mathbf{k}}|\,\Pi\,\Theta\,|u_{\beta\mathbf{k}}\rangle \tag{5.137}$$

簡単に確認できるように，この v 行列は反対称であり $(v_{\alpha\beta} = -v_{\beta\alpha})$ またユニタリーでもある $(\sum_\beta v_{\alpha\beta}v_{\gamma\beta}^* = \delta_{\alpha\gamma})$．さらに，この v 行列は $\mathbf{a}^c(\mathbf{k})$ と次の

関係で結ばれている．
$$\frac{i}{2}\mathrm{tr}[v^\dagger \nabla_\mathbf{k} v] = \mathbf{a}^c(\mathbf{k}) \tag{5.138}$$

この関係式は次のようにして証明できる．

$$\begin{aligned}
&\frac{i}{2}\sum_{\alpha,\beta}(v^\dagger)_{\beta,\alpha}\nabla_\mathbf{k} v_{\alpha,\beta}\\
&=\frac{i}{2}\sum_{\alpha,\beta}v_{\alpha,\beta}^* \nabla_\mathbf{k} v_{\alpha,\beta} = \frac{i}{2}\sum_{\alpha,\beta}\langle u_{\alpha\mathbf{k}}|\Pi\Theta|u_{\beta\mathbf{k}}\rangle^* \nabla_\mathbf{k}\langle u_{\alpha\mathbf{k}}|\Pi\Theta|u_{\beta\mathbf{k}}\rangle\\
&=\frac{i}{2}\sum_{\alpha,\beta}\langle \Pi u_{\alpha\mathbf{k}}|\Theta u_{\beta\mathbf{k}}\rangle^* \left(\langle \nabla_\mathbf{k} u_{\alpha\mathbf{k}}|\Pi|\Theta u_{\beta\mathbf{k}}\rangle + \langle u_{\alpha\mathbf{k}}|\nabla_\mathbf{k}\Pi|\Theta u_{\beta\mathbf{k}}\rangle\right)\\
&=\frac{i}{2}\sum_{\alpha,\beta}\langle \Theta u_{\beta\mathbf{k}}|\Pi|u_{\alpha\mathbf{k}}\rangle\langle \nabla_\mathbf{k} u_{\alpha\mathbf{k}}|\Pi|\Theta u_{\beta\mathbf{k}}\rangle + \frac{i}{2}\sum_{\alpha,\beta}\langle \Theta u_{\beta\mathbf{k}}|\Pi|u_{\alpha\mathbf{k}}\rangle\langle u_{\alpha\mathbf{k}}|\nabla_\mathbf{k}\Pi|\Theta u_{\beta\mathbf{k}}\rangle\\
&=\frac{i}{2}\sum_\alpha \langle \nabla_\mathbf{k} u_{\alpha\mathbf{k}}|\Pi\Big(\sum_\beta |\Theta u_{\beta\mathbf{k}}\rangle\langle \Theta u_{\beta\mathbf{k}}|\Big)\Pi|u_{\alpha\mathbf{k}}\rangle + \frac{i}{2}\sum_\beta \langle \Theta u_{\beta\mathbf{k}}|\Pi\nabla_\mathbf{k}\Pi|\Theta u_{\beta\mathbf{k}}\rangle\\
&= -i\sum_\alpha \langle u_{\alpha\mathbf{k}}|\nabla_\mathbf{k}|u_{\alpha\mathbf{k}}\rangle = \mathbf{a}^c(\mathbf{k})
\end{aligned} \tag{5.139}$$

線形代数学の公式からユニタリー行列 v に対し $\mathrm{tr}[v^\dagger\nabla_\mathbf{k}v] = \nabla_\mathbf{k}\mathrm{tr}[\log v] = \nabla_\mathbf{k}\log(\det[v])$ が成立するので[10]，式 (5.138) は次のように変形できる．

$$\mathbf{a}^c(\mathbf{k}) = \frac{i\nabla_\mathbf{k}}{2}\log(\det[v(\mathbf{k})]) = i\nabla_\mathbf{k}\log\mathrm{Pf}[v(\mathbf{k})] \tag{5.140}$$

したがって $\mathbf{a}^c(\mathbf{k}) = 0$ とするためには，$\mathrm{Pf}[v(\mathbf{k})] = 1$ となるように波動関数 $|u_{\alpha\mathbf{k}}\rangle$ の位相を決めればよいことがわかる．

では，空間反転対称な系について w 行列を計算しよう．バンド α が時間反転対称運動量 Λ_i において示す Π 演算子の固有値を $\xi_\alpha(\Lambda_i) = \pm 1$ とすると，

$$\Pi|\psi_\alpha(\Lambda_i)\rangle = \xi_\alpha(\Lambda_i)|\psi_\alpha(\Lambda_i)\rangle \tag{5.141}$$

と書くことができる．ここで，$|u_\alpha(\Lambda_i)\rangle = e^{-i\Lambda_i\cdot\mathbf{r}}|\psi_\alpha(\Lambda_i)\rangle$ と書けることと，$\Pi^2 = 1$ を利用すると，w 行列と v 行列の間に成立する次の関係が導ける．

$$\begin{aligned}
w_{\alpha\beta}(\Lambda_i) &= \langle u_\alpha(-\Lambda_i)|\,\Theta\,|u_\beta(\Lambda_i)\rangle\\
&= \langle \psi_\alpha(-\Lambda_i)|e^{i(-\Lambda_i)\cdot\mathbf{r}}\,\Theta\,e^{-i\Lambda_i\cdot\mathbf{r}}|\psi_\beta(\Lambda_i)\rangle\\
&= \langle \psi_\alpha(-\Lambda_i)|\,\Theta\,|\psi_\beta(\Lambda_i)\rangle\\
&= \langle \psi_\alpha(\Lambda_i)|\,\Theta\,|\psi_\beta(\Lambda_i)\rangle
\end{aligned}$$

$$\begin{aligned}
&= \langle\psi_\alpha(\Lambda_i)|\,\Pi\,\Pi\,\Theta\,|\psi_\beta(\Lambda_i)\rangle \\
&= \xi_\alpha(\Lambda_i)\langle\psi_\alpha(\Lambda_i)|\,\Pi\,\Theta\,|\psi_\beta(\Lambda_i)\rangle \\
&= \xi_\alpha(\Lambda_i)\langle\psi_\alpha(\Lambda_i)|e^{i\Lambda_i\cdot\mathbf{r}}\,\Pi\,\Theta\,e^{-i\Lambda_i\cdot\mathbf{r}}|\psi_\beta(\Lambda_i)\rangle \\
&= \xi_\alpha(\Lambda_i)\langle u_\alpha(\Lambda_i)|\,\Pi\,\Theta\,|u_\beta(\Lambda_i)\rangle \\
&= \xi_\alpha(\Lambda_i)v_{\alpha\beta}(\Lambda_i) \tag{5.142}
\end{aligned}$$

ただし 4 番目の等号では，ブリルアン域の周期性から $|\psi_\alpha(-\Lambda_i)\rangle = |\psi_\alpha(\Lambda_i)\rangle$ であることを用いた[※6]．$w_{\alpha\beta}$ と $v_{\alpha\beta}$ はともに反対称行列なので，その行列要素がゼロでないとき（つまり $w_{\alpha\beta} = -w_{\beta\alpha} \neq 0$ のとき），$\xi_\alpha = \xi_\beta$ が成り立つ．そのようなゼロでない $w_{\alpha\beta}$ が得られるのは α と β がクラマース対をなしているときだけである．したがって，もしバンド α と β が全体で $2N$ 個あるバンドの中で n 番目のクラマース対をなしているとしたら，$\xi_\alpha = \xi_\beta \equiv \xi_{2n}$ と書いてもよいだろう．すると，w 行列が式 (5.117) の形を持つ特殊な歪対称行列であることから，そのパフィアンは式 (5.118) からわかるように

$$\mathrm{Pf}[w(\Lambda_i)] = \mathrm{Pf}[v(\Lambda_i)]\prod_{n=1}^{N}\xi_{2n}(\Lambda_i) \tag{5.143}$$

と書くことができる．さらに上で議論した通り，$\mathbf{a}^c(\mathbf{k}) = 0$ とするために $\mathrm{Pf}[v(\mathbf{k})] = 1$ となるようにゲージを選んでいるので，最終的に $\delta(\Lambda_i)$ に対して以下の表式を得る．

$$\delta(\Lambda_i) = \frac{\mathrm{Pf}[w(\Lambda_i)]}{\sqrt{\det[w(\Lambda_i)]}} = \prod_{n=1}^{N}\xi_{2n}(\Lambda_i) \tag{5.144}$$

式 (5.144) は，Z_2 指数は時間反転対称運動量 Λ_i における波動関数のパリティ固有値である ξ_{2n} を用いて簡単に計算できることを意味する．

例えば，$2N$ 個のバンドからなる 2 次元系で時間反転対称性と空間反転対称性がともに保たれているとき，Z_2 指数 ν は次式で与えられる．

$$(-1)^\nu = \prod_{i=1}^{4}\delta(\Lambda_i) = \prod_{i=1}^{4}\prod_{n=1}^{N}\xi_{2n}(\Lambda_i) \tag{5.145}$$

この右辺はまさに，波動関数のパリティ固有値を，すべての時間反転対称運

[※6] $|\psi_\alpha(\Lambda_i)\rangle$ は空間座標 $\mathbf{r}$ の関数として $\psi_{\alpha,\Lambda_i}(\mathbf{r})$ と書けるので，それに空間反転を行った波動関数は $\Pi\psi_{\alpha,\Lambda_i}(\mathbf{r}) = \psi_{\alpha,\Lambda_i}(-\mathbf{r})$ である．$\Pi|\psi_\alpha(\Lambda_i)\rangle$ が $|\psi_\alpha(-\Lambda_i)\rangle$ になるわけではない．

動量 Λ_i とクラマース対 n について掛け合わせただけである．したがって，全部で $4N$ 個ある $\xi_{2n}(\Lambda_i)$ のうち奇数個が -1 であるときに，系がトポロジカルになることがわかる．

Fu と Kane によって成し遂げられたこの Z_2 指数の計算の単純化[10]のおかげで，第一原理バンド計算の結果に基づいてトポロジカル絶縁体の候補物質を比較的簡単に予想することが可能になった．第 6 章で詳しく述べるように，実際にトポロジカル絶縁体の発見の歴史において，この Z_2 指数理論に基づく予想は大きな役割を果たしている．

[5.9] BHZ 模型

これまでに時間反転対称な絶縁体のトポロジーがどのように決まるかを学んだ．本節では実際に非自明なトポロジーが現れる絶縁体の模型の具体例を紹介し，理解を深める助けにしたい．1.2.3 項で述べたように，このような模型として最初に提案されたのはグラフェンに基づいた **Kane-Mele 模型**[11],[12]だったが，実際に最初の 2 次元トポロジカル絶縁体の実験的発見につながったのは **BHZ 模型**[13]だった．そこで本節では，この BHZ 模型を取り上げる．ただしここでの目的は，エッジ状態のエネルギー分散などの詳細に関する計算を学ぶことではなく，模型の中のどんな点が非自明なトポロジーにつながっているのかという本質を学ぶことである．そこで以下では，Fu と Kane がさまざまな模型における Z_2 トポロジーを見やすくするために利用した定式化[10]に基づいて話を進める．

2 次元系の理論である BHZ 模型は，具体的な物質として，HgTe の超薄膜が CdTe のバリア層で挟まれた量子井戸構造を念頭においている．そのような構造中では，HgTe 中の電子の z 軸方向（井戸に垂直な方向）の運動は量子閉じ込め効果により離散化される．量子井戸の幅が十分に狭ければ（つまり HgTe 層の厚みが十分に薄ければ），z 軸方向の運動については量子化された最低エネルギー準位のみが占められることになって自由度は失われ，HgTe 超薄膜は 2 次元系として扱うことができる．

この HgTe という物質は構成原子が質量数の大きい Hg や Te であるため，式 (2.171) からわかるようにスピン軌道相互作用が強い．このためフェルミ準位近傍にある s 軌道から派生したバンドと p 軌道から派生したバンドの相対関係は，量子井戸の幅がある閾値以上になると $\mathbf{k} = 0$ で反転する．つまり，

量子井戸の幅が非常に狭いときは普通の絶縁体と同様に p 軌道バンドの方が s 軌道バンドより下のエネルギーにあるが，量子井戸の幅が閾値を超えると s 軌道バンドの方が下になる．量子化学計算から，このようなフェルミ準位近傍でのバンドの順番の反転にかかわるのは，s 軌道バンドと全角運動量量子数 $\frac{3}{2}$ を持つ p 軌道バンドであることがわかっており，それぞれアップスピンとダウンスピンの 2 つの場合があるので，計 4 つのバンドがかかわっている．したがってフェルミ準位近傍の低エネルギーの物理を記述するには，これら 4 つのバンドを基底にとったハミルトニアンを考えればよい．これが BHZ 模型の基本的な思想であり，具体的には次の 4 つのバンドを基底にとる．

$$|s,\uparrow\rangle, \quad |s,\downarrow\rangle, \quad |p_x+ip_y,\uparrow\rangle, \quad |p_x-ip_y,\downarrow\rangle$$

バルクの HgTe は立方晶の閃亜鉛鉱型結晶構造をとるので，BHZ 模型では 2 次元正方格子を考え，直交する格子ベクトルを $\mathbf{a_1}$ および $\mathbf{a_2}$ とする．ハミルトニアンは消滅・生成演算子を用いる第 2 量子化された形で次のように書ける．

$$H_{\text{BHZ}} = \sum_i \sum_{\alpha=s,p} \sum_{s_z=\pm} \epsilon_\alpha C_{i,\alpha,s_z}^\dagger C_{i,\alpha,s_z} \\ - \sum_i \sum_{\alpha,\beta} \sum_{\mu=\pm x,\pm y} \sum_{s_z=\pm} t_{\mu s_z}^{\alpha\beta} C_{i+\mu,\alpha,s_z}^\dagger C_{i,\beta,s_z} \quad (5.146)$$

ここで i は格子点を表し，α,β は s 軌道と p 軌道のバンドを区別する変数で，s_z はスピンの z 成分の符号，μ は 4 つの最近接結合の方向を区別する変数である．電子の格子間の飛び移りのエネルギーを記述するホッピング項は，いま考えているバンド基底における行列として表され，次のような成分を持つ．

$$t_{\mu s_z} = \begin{pmatrix} t_{ss} & t_{sp}e^{is_z\theta_\mu} \\ t_{sp}e^{-is_z\theta_\mu} & -t_{pp} \end{pmatrix} \quad (5.147)$$

ただし θ_μ は x 軸と最近接結合 μ の方向がなす角度であり，取り得る値は 0, $\frac{\pi}{2}$, π, $\frac{3\pi}{2}$ の 4 通りである．

式 (5.146) の第 1 項をフーリエ変換して運動量表示にすると

$$\sum_{i,\alpha,s_z} \epsilon_\alpha C_{i,\alpha,s_z}^\dagger C_{i,\alpha,s_z} = \sum_{\mathbf{k},\alpha,s_z} \epsilon_\alpha C_{\mathbf{k},\alpha,s_z}^\dagger C_{\mathbf{k},\alpha,s_z} \\ = \sum_{\mathbf{k},s_z} \Big[\frac{\epsilon_s+\epsilon_p}{2} \big(C_{\mathbf{k},s,s_z}^\dagger C_{\mathbf{k},s,s_z} + C_{\mathbf{k},p,s_z}^\dagger C_{\mathbf{k},p,s_z} \big)$$

$$+ \frac{\epsilon_s - \epsilon_p}{2}(C^\dagger_{\mathbf{k},s,s_z}C_{\mathbf{k},s,s_z} - C^\dagger_{\mathbf{k},p,s_z}C_{\mathbf{k},p,s_z})\Big]$$
$$= \sum_{\mathbf{k}} C^\dagger_{\mathbf{k}}\Big(\frac{\epsilon_s + \epsilon_p}{2} I \otimes I + \frac{\epsilon_s - \epsilon_p}{2}\sigma_z \otimes I\Big)C_{\mathbf{k}} \tag{5.148}$$

が得られる．この最後の式では $C^\dagger_{\mathbf{k}} = (C^\dagger_{\mathbf{k},s,\uparrow}, C^\dagger_{\mathbf{k},s,\downarrow}, C^\dagger_{\mathbf{k},p,\uparrow}, C^\dagger_{\mathbf{k},p,\downarrow})$ という四元の行ベクトルおよびそのエルミート共役である列ベクトル $C_{\mathbf{k}}$ を用いた．記号 $\otimes$ はテンソル積であり，σ_i の2次元基底と s_i の2次元基底を組み合わせて4次元基底にするために用いている（具体的には後で出てくる式 (5.150) を参照）．

同様に第2項のホッピング部分も運動量表示で次のようになる．

$$-\sum_{i,\alpha,\beta,\mu,s_z} t^{\alpha\beta}_{\mu s_z} C^\dagger_{i+\mu,\alpha,s_z} C_{i,\beta,s_z}$$
$$= -\sum_{i,\mu,s_z}\Big[t_{ss} C^\dagger_{i+\mu,s,s_z} C_{i,s,s_z} - t_{pp} C^\dagger_{i+\mu,p,s_z} C_{i,p,s_z}$$
$$\qquad + t_{sp} e^{is_z\theta} C^\dagger_{i+\mu,s,s_z} C_{i,p,s_z} + t_{sp} e^{-is_z\theta} C^\dagger_{i+\mu,p,s_z} C_{i,s,s_z} \Big]$$
$$= -\sum_{\mathbf{k},s_z}\Big[\sum_{\mu=1,2}(e^{-i\mathbf{k}\cdot\mathbf{a}_\mu} + e^{i\mathbf{k}\cdot\mathbf{a}_\mu})(t_{ss} C^\dagger_{\mathbf{k},s,s_z} C_{\mathbf{k},s,s_z} - t_{pp} C^\dagger_{\mathbf{k},p,s_z} C_{\mathbf{k},p,s_z})$$
$$\qquad + t_{sp}(e^{-i\mathbf{k}\cdot\mathbf{a}_1} - e^{i\mathbf{k}\cdot\mathbf{a}_1} + is_z e^{-i\mathbf{k}\cdot\mathbf{a}_2} - is_z e^{i\mathbf{k}\cdot\mathbf{a}_2}) C^\dagger_{\mathbf{k},s,s_z} C_{\mathbf{k},p,s_z}$$
$$\qquad + t_{sp}(e^{i\mathbf{k}\cdot\mathbf{a}_1} - e^{-i\mathbf{k}\cdot\mathbf{a}_1} + is_z e^{i\mathbf{k}\cdot\mathbf{a}_2} - is_z e^{-i\mathbf{k}\cdot\mathbf{a}_2}) C^\dagger_{\mathbf{k},p,s_z} C_{\mathbf{k},s,s_z} \Big]$$
$$= -\sum_{\mathbf{k},s_z}\Big[\frac{t_{ss}-t_{pp}}{2} \sum_{\mu=1,2} 2\cos\mathbf{k}\cdot\mathbf{a}_\mu (C^\dagger_{\mathbf{k},s,s_z} C_{\mathbf{k},s,s_z} + C^\dagger_{\mathbf{k},p,s_z} C_{\mathbf{k},p,s_z})$$
$$\qquad + \frac{t_{ss}+t_{pp}}{2} \sum_{\mu=1,2} 2\cos\mathbf{k}\cdot\mathbf{a}_\mu (C^\dagger_{\mathbf{k},s,s_z} C_{\mathbf{k},s,s_z} - C^\dagger_{\mathbf{k},p,s_z} C_{\mathbf{k},p,s_z})$$
$$\qquad + t_{sp}(2\sin\mathbf{k}\cdot\mathbf{a}_1)(-iC^\dagger_{\mathbf{k},s,s_z} C_{\mathbf{k},p,s_z} + iC^\dagger_{\mathbf{k},p,s_z} C_{\mathbf{k},s,s_z})$$
$$\qquad + t_{sp}(2\sin\mathbf{k}\cdot\mathbf{a}_2)(C^\dagger_{\mathbf{k},s,s_z} s_z C_{\mathbf{k},p,s_z} + C^\dagger_{\mathbf{k},p,s_z} s_z C_{\mathbf{k},s,s_z}) \Big]$$
$$= -\sum_{\mathbf{k}} C^\dagger_{\mathbf{k}}\Big[(t_{ss}-t_{pp})\sum_\mu(\cos\mathbf{k}\cdot\mathbf{a}_\mu) I\otimes I + (t_{ss}+t_{pp})\sum_\mu(\cos\mathbf{k}\cdot\mathbf{a}_\mu)\sigma_z\otimes I$$
$$\qquad + (2t_{sp}\sin\mathbf{k}\cdot\mathbf{a}_1)\sigma_y\otimes I + (2t_{sp}\sin\mathbf{k}\cdot\mathbf{a}_2)\sigma_x\otimes s_z \Big] C_{\mathbf{k}}. \tag{5.149}$$

ただしここでは運動量表示に移るときに μ の取り方を変え，$+x$ 軸方向と $+y$ 軸方向の単位格子ベクトル $\mathbf{a}_1$ と $\mathbf{a}_2$ の添え字を表すものとした．

ここで次の 5 つの行列を定義する※7.

$$\Gamma^1 \equiv \sigma_x \otimes s_x = \begin{pmatrix} 0 & s_x \\ s_x & 0 \end{pmatrix}, \quad \Gamma^2 \equiv \sigma_x \otimes s_y = \begin{pmatrix} 0 & s_y \\ s_y & 0 \end{pmatrix},$$

$$\Gamma^3 \equiv \sigma_x \otimes s_z = \begin{pmatrix} 0 & s_z \\ s_z & 0 \end{pmatrix}, \quad \Gamma^4 \equiv \sigma_y \otimes I = \begin{pmatrix} 0 & -iI \\ iI & 0 \end{pmatrix},$$

$$\Gamma^5 \equiv \sigma_z \otimes I = \begin{pmatrix} I & 0 \\ 0 & -I \end{pmatrix} \tag{5.150}$$

これらの行列を用いると，式 (5.146) のハミルトニアンの行列表示は

$$H_{\mathrm{BHZ}}(\mathbf{k}) = d_0(\mathbf{k})I + \sum_{a=1}^{5} d_a(\mathbf{k})\Gamma^a \tag{5.151}$$

というコンパクトな形で書け，中の係数は次のように与えられる．

$$d_0(\mathbf{k}) = (\epsilon_s + \epsilon_p)/2 - (t_{ss} - t_{pp})(\cos \mathbf{k} \cdot \mathbf{a_1} + \cos \mathbf{k} \cdot \mathbf{a_2})$$
$$d_1(\mathbf{k}) = 0$$
$$d_2(\mathbf{k}) = 0$$
$$d_3(\mathbf{k}) = 2t_{sp} \sin \mathbf{k} \cdot \mathbf{a_2}$$
$$d_4(\mathbf{k}) = 2t_{sp} \sin \mathbf{k} \cdot \mathbf{a_1}$$
$$d_5(\mathbf{k}) = (\epsilon_s - \epsilon_p)/2 - (t_{ss} + t_{pp})(\cos \mathbf{k} \cdot \mathbf{a_1} + \cos \mathbf{k} \cdot \mathbf{a_2}) \tag{5.152}$$

また，エネルギー固有値は次のようになる．

$$E(\mathbf{k}) = d_0(\mathbf{k}) \pm \sqrt{\sum_{a=1}^{5} d_a(\mathbf{k})^2} \tag{5.153}$$

ここで，ハミルトニアンの行列表示の基底に用いている s 軌道バンドは正のパリティを持っており，一方 p 軌道バンドの方は負のパリティを持っている．このことに注意すると，この基底における空間反転演算子は次のように表示できることがわかる．

※7 式 (5.150) で与えられる 5 つの行列は，**ディラック行列** (Dirac matrices) の表示の 1 つになっている．Γ^1, Γ^2, Γ^3, Γ^4 は式 (2.134) を満たす $\alpha_x, \alpha_y, \alpha_z, \beta$ に対応し，また $\Gamma^5 = \Gamma^1\Gamma^2\Gamma^3\Gamma^4$ である．本節で BHZ 模型の整理のために導入したディラック行列の表示は，Γ^4 だけ式 (2.135) で与えたディラック表示の β と異なっている．

$$\Pi = \sigma_z \otimes I = \Gamma^5 \tag{5.154}$$

さらに，式 (5.150) で定義した Γ 行列は次のような対称性を持っていることが確認できる．

$$\Theta\,\Gamma^a\,\Theta^{-1} = \begin{cases} -\Gamma^a & (a=1,2,3,4) \\ +\Gamma^a & (a=5) \end{cases} \tag{5.155}$$

$$\Pi\,\Gamma^a\,\Pi^{-1} = \begin{cases} -\Gamma^a & (a=1,2,3,4) \\ +\Gamma^a & (a=5) \end{cases} \tag{5.156}$$

この中で Γ^5 だけが時間反転と空間反転の両方の操作に対して対称性を持っている．一方，時間反転対称運動量 Λ_i において系は時間反転対称性と空間反転対称性を同時に持つので，$\mathbf{k} = \Lambda_i$ ではハミルトニアンの中から Γ^a ($a=$ 1,2,3,4) を含む項は消えなければならない．これはすなわち，$\mathbf{k} = \Lambda_i$ においてハミルトニアンは次の形を持つことを意味する．

$$H_{\mathrm{BHZ}}(\mathbf{k} = \Lambda_i) = d_0(\Lambda_i) I + d_5(\Lambda_i) \Gamma^5 \tag{5.157}$$

さらにクラマースの定理から，$|s,\uparrow\rangle$ と $|s,\downarrow\rangle$，および $|p_x+ip_y,\uparrow\rangle$ と $|p_x-ip_y,\downarrow\rangle$ は，Λ_i において縮退して区別が付かなくなる．そこで，s 軌道バンドと p 軌道バンドがそれぞれ正 (+) と負 (−) のパリティを持っていることを意識して，これらの Λ_i で縮退した状態を $|+\rangle$ および $|-\rangle$ と書くことにしよう．そうすると，それぞれの状態について式 (5.157) で与えられる $H_{\mathrm{BHZ}}(\Lambda_i)$ の固有値は

$$\langle +|H_{\mathrm{BHZ}}(\Lambda_i)|+\rangle = d_0(\Lambda_i) + d_5(\Lambda_i) \equiv E_+,$$
$$\langle -|H_{\mathrm{BHZ}}(\Lambda_i)|-\rangle = d_0(\Lambda_i) - d_5(\Lambda_i) \equiv E_- \tag{5.158}$$

$\langle +|H_{\mathrm{BHZ}}(\Lambda_i)|+\rangle = d_0$ と書くことができる．ただしここで式 (5.154) から，$\langle +|\Gamma^5|+\rangle = 1$ および $\langle -|\Gamma^5|-\rangle = -1$ であることを用いた．

以下では 4 つのバンドのうち 2 つが占有されている半充填（half-filled）の場合を考えよう．ある時間反転対称運動量 Λ_i において $d_5(\Lambda_i) > 0$ であれば，式 (5.158) から $E_+ > E_-$ となるので，その Λ_i においては $|-\rangle$ 状態が占有される．この場合，Λ_i における占有状態のパリティ，すなわち式 (5.144) の $\delta(\Lambda_i)$ は -1 となる．一方，もし $d_5(\Lambda_i) < 0$ であれば E_+ の方が E_- より小さくなるので $|+\rangle$ 状態が占有され，$\delta(\Lambda_i) = +1$ となる．したがって，この 4 バンド模型における占有状態の Λ_i 点でのパリティは，$d_5(\Lambda_i)$ の符号のみに

よって決定され，
$$\delta(\Lambda_i) = -\text{sgn}[d_5(\Lambda_i)] \quad (5.159)$$

で与えられることがわかる．ここで $|\mathbf{a_1}| = |\mathbf{a_2}| = \pi$ とおけば，4 つの時間反転対称運動量は $(0,0), (0,1), (1,0), (1,1)$ と表されるので，式 (5.152) を式 (5.159) に代入することによって次式を得る．

$$\delta(\Lambda(n_1, n_2)) = -\text{sgn}\left[\frac{\epsilon_s - \epsilon_p}{2} - (t_{ss} + t_{pp})\Big\{(-1)^{n_1} + (-1)^{n_2}\Big\}\right] \quad (5.160)$$

式 (5.160) から，4 バンド模型が持つトポロジーに関して，次の結論が導ける．

- もし $\epsilon_s - \epsilon_p > 4(t_{ss} + t_{pp})$ であれば，すべての Λ_i において $\delta < 0$ となり，式 (5.145) で与えられる Z_2 指数 ν はゼロになる．つまり，系は普通の絶縁体である．
- もし $0 < \epsilon_s - \epsilon_p < 4(t_{ss} + t_{pp})$ であれば，$\Lambda(0,0)$ においては $\delta > 0$ となるが，それ以外の 3 つの時間反転対称運動量では $\delta < 0$ となり，$\nu = 1$ が得られる．つまり，系はトポロジカル絶縁体である．

上の計算からわかるように，系が普通の絶縁体になるときバンドのエネルギー固有値の順番は $E_- < E_+$ となっている．これは p 軌道バンドの方が s 軌道バンドよりも低いエネルギーにあることを意味し，多くの通常のバンド絶縁体で実現している状況である（例えば，2p 軌道バンドまで占有され 3s 軌道バンドが空いている状態）．これに対して系がトポロジカル絶縁体になるときは，2 次元ブリルアン域の中の Γ 点（$\mathbf{k} = 0$ の点）においてのみバンドの反転が起こっている．このように，**ブリルアン域の中の奇数個の時間反転対称運動量においてバンド反転が起こることが，非自明な Z_2 トポロジーを実現する鍵**である．BHZ 模型が念頭においている HgTe の場合，このバンド反転を起こす物理的な機構は，強いスピン軌道相互作用である．したがって，強いスピン軌道相互作用のために奇数個の時間反転対称運動量でバンド反転が起こっている絶縁体物質を探索することが，トポロジカル絶縁体を発見するための有効な戦略であることを，この例から学ぶことができる．

[**参考文献**]

1) X.-L. Qi and S.-C. Zhang: Rev. Mod. Phys. **83** (2011) 1057.
2) 野村健太郎：シュプリンガー現代理論物理学シリーズ 6　トポロジカル絶縁体・超伝導体（丸善出版，2016）．
3) M. V. Berry: Proc. R. Soc. London, Ser. A **392** (1984) 45.
4) D. J. Thouless, M. Kohmoto, M. P. Nightingale, and M. den Nijs: Phys. Rev. Lett. **49** (1982) 405.
5) L. Fu and C. L. Kane: Phys. Rev. B **74** (2006) 195312.
6) R. Resta: J. Phys. Condens. Matter **22** (2010) 123201.
7) J. E. Moore and L. Balents: Phys. Rev. B **75** (2007) 121306(R).
8) L. Fu, C. L. Kane, and E. J. Mele: Phys. Rev. Lett. **98** (2007) 106803.
9) F. D. M. Haldane: Phys. Rev. Lett. **93** (2004) 206602.
10) L. Fu and C. L. Kane: Phys. Rev. B **76** (2007) 045302.
11) C. L. Kane and E. J. Mele: Phys. Rev. Lett. **95** (2005) 226801.
12) C. L. Kane and E. J. Mele: Phys. Rev. Lett. **95** (2005) 146802.
13) B. A. Bernevig, T. L. Hughes, and S.-C. Zhang: Science **314** (2006) 1757.

※1 磁場があるときのブロッホ波動関数の計算においては，厳密にはベクトルポテンシャルの変化まで含めた周期性を考える必要がある．具体的には，与えられた磁場 B で磁束 hc/e を得るために単位格子 q 個分が必要であるとき，ランダウゲージ $(0, eBx, 0)$ を用いてブロッホ波動関数を計算する際の x 方向の単位格子を q 倍にとる（TKNN の原論文[4] 参照）．

Introduction to
Topological Insulators

第6章 トポロジカル絶縁体物質

本章では，これまでに発見されたすべてのトポロジカル絶縁体物質を網羅的に取り上げ，それらがトポロジカルになる理由や，物質としての特徴を解説する．さらに，トポロジカル性の確認方法，さまざまな試料作製方法，結晶欠陥の化学についても概説する．

[6.1] 2次元トポロジカル絶縁体

[6.1.1] CdTe/HgTe/CdTe 量子井戸

第1章で述べたように，最初に実験的に確認された時間反転対称トポロジカル絶縁体は，数 nm 程度の薄い HgTe を CdTe で挟む量子井戸だった[1]．このようなサンドイッチ構造では，HgTe の中で界面に垂直な方向の運動の自由度は量子閉じ込め効果によって失われ，電子は界面と平行な方向にのみ運動するので，2次元電子系が実現する．HgTe と CdTe はともに立方晶の閃亜鉛鉱型結晶構造をとる上に格子定数が近いので高品質の超格子を作製することができる．しかもこの HgTe/CdTe 超格子ではバンドギャップが非常に狭い半導体を実現できるので，暗視カメラ用赤外線検出器などの応用目的で活発に研究がなされてきた．そのため，2次元トポロジカル絶縁体を実現するために必要な，非常に薄い HgTe を CdTe で挟む量子井戸構造を作製するためのテクノロジーは，トポロジカル絶縁体に関する理論予想がなされた時点ですでに利用可能になっていた．ただしこのテクノロジーは，取り扱いが難しい水銀 Hg を蒸着源とする分子線エピタキシー (MBE) 法薄膜成長装置を必要とする非常に特殊なもの[1]で，このテクノロジーを使えるところは世界でも数箇所しかない．

第5章での BHZ 模型の説明の際にも触れたが，この系がトポロジカル絶縁体になるための鍵を握るのが，p 軌道バンドと s 軌道バンドの間のエネルギー固有値の逆転（バンド反転）である．バルクの HgTe ではこのようなバンド反転が起こっているが，CdTe では起こっていない．そのため，トポロジ

カル絶縁体を実現するための出発点として HgTe を選ぶのは自然である．た
だしバルク HgTe のバンド構造には問題点が 1 つある．それは，立方晶の結
晶構造が持つ高い対称性のために，ブリルアン域中の Γ 点において p 軌道バ
ンドと s 軌道バンドが縮退し，この物質を本質的にゼロギャップ半導体とし
ている点である[2]．つまり，p 軌道バンドと s 軌道バンドの間には厳密には
ギャップがないわけで，そのためバルクの HgTe は「絶縁体」としての資格
を有しない．しかしこの HgTe を CdTe で挟み，量子閉じ込め効果によって
2 次元電子系を実現すると，62 ページで述べたサブバンドが形成され，Γ 点
で p 軌道バンドと s 軌道バンドの間の縮退が解ける．つまり，2 次元量子閉
じ込め効果によって HgTe は本当の絶縁体になる．BHZ の 3 人は，このと
きの p 軌道サブバンドと s 軌道サブバンドのエネルギーを計算し，HgTe 層
が薄すぎるとバンド反転が失われてトポロジカル絶縁体にならないが，その
厚さがある閾値を超えると，バンド反転を保ったままで Γ 点にギャップが開
き，トポロジカル絶縁体になるはずであると予想した[2]．

この予想は，Molenkamp が率いるヴュルツブルグ大学のグループによっ
て検証された[1]．彼らは，電極間の距離が 1 μm 以下になるように微細加工
した試料を用いて輸送特性の測定を行い，まず HgTe 層の厚さ t が閾値 $d_c =$
6.3 nm を超えるとバンド反転が起こることを確認した．さらにその領域で，
試料に加えるゲート電圧を変えてフェルミ準位がギャップの中に位置するよ
うに調整すると，図 1.7 に示したように電気伝導度が $2e^2/h$ に量子化される
ことを観測した．一方 $t < d_c$ の試料では，バンド反転が失われて抵抗率が発
散する（つまり電気伝導度がゼロになる）ことも観測した．フェルミ準位が
バンドギャップの中にあるとき，試料の中に電気を運ぶ 2 次元電子はいない
はずなので，$t > d_c$ における量子化された有限の電気伝導度の観測は，1 次元
の量子伝導チャンネルが試料の端に現れていることを意味する．またこの量
子化はゼロ磁場中で起こっているので量子ホール効果ではない．以上のこと
から，これまでに観測されたことのない新しい種類のエッジ状態が HgTe 量
子井戸の端にできていると結論でき，これが 2 次元トポロジカル絶縁体（量
子スピンホール絶縁体）の初の検証となった．

ヴュルツブルグ大学のグループはその後，エッジ伝導に特有の非局所的伝導
現象も観測し[3]，エッジ状態の存在をより確かなものとした．彼らはさらに，
量子化された伝導を担っているエッジ状態がヘリカルなスピン偏極を持って
いることも実験で示した[4]．この実験に用いられたのは，量子スピンホール
相にある HgTe と金属状態にある HgTe が短い電極を通してつながった複雑

なデバイスである（この2つの部分に加える局所ゲート電圧を変えることによって，フェルミ準位の違いを生じさせる）．量子スピンホール HgTe のエッジ状態から出た電子が金属 HgTe の方に流れ込むと，もしその電子がスピン偏極していれば，金属 HgTe 中で起こる逆スピンホール効果によって，スピンの向きに応じた正負の電圧が現れる．彼らの実験では実際にこの逆スピンホール電圧が観測され，エッジ状態中の電子のスピン偏極が確認された[4]．

CdTe/HgTe/CdTe 量子井戸では約 10^5 cm^2/Vs に達する高い移動度を達成できるため，量子輸送現象の観測が比較的容易である．しかし一方，この系のバンドギャップは2次元量子閉じ込め効果によって開いているため本質的に小さく，最大でも 10 meV 程度であり，これは試料の厚さによってはもっと小さくなる[5]．このため，この量子井戸における量子スピンホール相の観測は 0.1 K 以下の極低温に限られる．

なお CdTe/HgTe/CdTe 量子井戸の作製には特殊な MBE 装置が必要であるため，試料の供給元は非常に限られている．これが大きな障害となって，2次元トポロジカル絶縁体の実験研究の進展はこれまで比較的遅かった．

[6.1.2] AlSb/InAs/GaSb/AlSb 量子井戸

最近，AlSb/InAs/GaSb/AlSb 量子井戸という新しい2次元トポロジカル絶縁体が理論的に予言され[6]，実験的にも検証された[7)-9)]．この系がトポロジカル絶縁体になる基本的な仕組みは次の通りである．

GaSb と InAs はどちらも比較的小さなギャップを持つ普通の絶縁体だが，真空のエネルギー準位を基準に測ったとき，図 **6.1**(a) に示すように GaSb の価電子帯の上端は InAs の伝導帯の下端よりもエネルギー的に上に位置している．このため，図 6.1(b) のように InAs と GaSb を十分薄くして量子閉じ込めを起こした上で両者を接合すると，その接合の GaSb 側にできる正孔サブバンドの方が InAs 側にできる電子サブバンドよりも上に位置するようにできる．この量子閉じ込め効果を起こすために InAs/GaSb を AlSb で挟むが，これは AlSb が十分大きなバンドギャップを持っていてバリア層として機能する上に，InAs/GaSb との格子整合性がよく超格子作製に向いているためである．

このように AlSb/InAs/GaSb/AlSb 量子井戸においては，量子閉じ込めを受けた正孔サブバンドの固有エネルギーが電子サブバンドの固有エネルギーよりも Γ 点において上に位置するため，バンド反転が起こっている．この場合のバンドギャップは，2つのサブバンドが Γ 点からずれた有限の結晶運

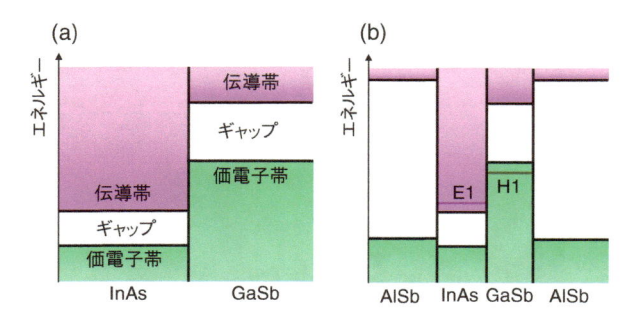

| 図 6.1 | AlSb/InAs/GaSb/AlSb 量子井戸が 2 次元トポロジカル絶縁体になる原理

(a) はバルクの InAs と GaSb におけるバンドの相対関係．(b) のように両者において量子閉じ込めが起こったとき，InAs の第 1 電子サブバンド (E1) の方が GaSb の第 1 正孔サブバンド (H1) よりも低いエネルギーに位置しているため，結合した量子井戸系としてバンド反転が起こっている．

動量で交差する際に，両者の相互作用の結果としてできるギャップ（**反交差ギャップ** (anticrossing gap) と呼ばれる）である．一般に，2 つの固有状態が交差すると，電子が 2 つの状態の間を行き来する確率が無視できなくなって固有状態の混成が起こり，その結果として固有状態は「結合軌道」と「反結合軌道」に分裂する[※1]．この分裂を反映したのが反交差ギャップである．AlSb/InAs/GaSb/AlSb 量子井戸の場合の反交差ギャップは約 4 meV と非常に小さいため，当初はヘリカルエッジ状態の観測は容易ではなかった[7),8),10)]．しかし最近，InAs/GaSb 界面に Si を微量にドープすることによってバルクのキャリアを局在させるというテクニックが考案され，ヘリカルエッジ状態の存在を示す電気伝導度の $2e^2/h$ への量子化が $T = 4$ K で明確に観測された[9)]．このため，AlSb/InAs/GaSb/AlSb 量子井戸は CdTe/HgTe/CdTe 量子井戸よりも実験が行いやすい系として注目を集めている．

[6.1.3] その他の 2 次元トポロジカル絶縁体

上記の 2 つ以外で 2 次元トポロジカル絶縁体であることの確証が得られた系はまだないが，候補物質はいくつか存在する．例えば，Bi 金属の原子層 2 枚分だけを取り出したものに対応する Bi バイレイヤー[11)]，層状酸化物である Na_2IrO_3 の単層[12)]，グラフェンに金属原子を蒸着するなどしてスピン軌道相互作用を人工的に増強させた系[13),14)] などである．

[※1] ただし何らかの対称性がこの分裂を禁止する場合は縮退が残る．時間反転対称性によるクラマース縮退はその例である．

Bi バイレイヤーについてはすでにいくつかそのトポロジカル性を検証するための実験がなされている[15)–17)]．半金属である Bi の結晶は一種の層状構造を形成しており，2 次元ハニカム格子を組む Bi 原子層が 2 層分強く結合した Bi バイレイヤーが繰り返し積層された形になっている．しかし，この Bi バイレイヤーは単体では安定的に存在できないことが知られており，Bi 金属を破壊したときに得られる準安定な試料に関する実験しか行われていないが，エッジ状態の存在を伺わせる間接的なデータが報告されている[16), 17)]．

また上記の系よりもさらに仮想的な系として，シリコン原子がグラフェンと同じハニカム格子を組んだシリセン[18)]が，電場や磁場によってさまざまな非自明な状態を自在に制御できる興味深い 2 次元トポロジカル絶縁体であると提案されている[19)]．しかし電子状態が基板と混成していない独立のシリセンはまだ合成されていない．

これまで 2 次元トポロジカル絶縁体の実験研究は，試料を得ることの難しさのために 3 次元系に比べて進展が遅れている．しかし 2 次元トポロジカル絶縁体には，無散逸のエッジ電流や量子スピンホール効果など，3 次元トポロジカル絶縁体にはない興味深い物理があるので，試料作製が比較的容易で実験研究を行いやすい 2 次元トポロジカル絶縁体新物質の発見が強く望まれる．

[6.2] 3 次元トポロジカル絶縁体

[6.2.1] $Bi_{1-x}Sb_x$ 合金

第 1 章で述べたように，最初に確認された 3 次元トポロジカル絶縁体は $Bi_{1-x}Sb_x$ であったが[20)]，これは Fu と Kane による非常に具体的な予言[21)]の検証の結果である．この物質は同じ菱面体晶（立方晶を [111] 方向に引き伸ばした形）の構造をとる Bi と Sb の合金であり，その結晶格子点を Bi と Sb のどちらかがランダムに占有した形になっている．$Bi_{1-x}Sb_x$ 合金は，次の 2 つの重要な性質を持っている．

(1) 奇数個の時間反転対称運動量におけるバンド反転
(2) Sb 組成 0.09 から 0.23 の間で実現されるバルクのバンドギャップの存在[22)]

これらの性質のために，$Bi_{1-x}Sb_x$ 合金は $x = 0.09 \sim 0.23$ の範囲で 3 次

元 Z_2 指数 (1;111) を持つ 3 次元トポロジカル絶縁体となる[※2].

しかし残念ながら，$Bi_{1-x}Sb_x$ 合金は，図 1.9 からもわかるように表面状態の構造が非常に複雑であるため[20),23)]，トポロジカル表面状態の詳細な研究には向いていない．この複雑さの本質的な原因は，この合金の母物質である Bi がすでに強いラシュバ型スピン軌道相互作用のためにスピン縮退の解けた表面状態[24)] を有することにある．トポロジカル絶縁体相にある $Bi_{1-x}Sb_x$ 合金においては，このラシュバ型スピン軌道相互作用に起因する非トポロジカルな表面状態がフェルミ準位を (組成に依存して)2 回もしくは 4 回横切っており，残りの 1 回のフェルミ準位交差だけがトポロジカルな起源の表面状態によるものである[20),23)]．$Bi_{1-x}Sb_x$ の表面状態に関する第一原理バンド計算も行われているが[25),26)]，理論的に期待される表面状態の構造は実験で実際に観測されたものと異なっており，このことも $Bi_{1-x}Sb_x$ の表面状態を十分に理解することを困難にしている．

しかしながら，$Bi_{1-x}Sb_x$ はこれまで知られている 3 次元トポロジカル絶縁体の中でも 2 つの優れた特徴を持っている．1 つは，本質的に乱れを含む合金であるにもかかわらず，トポロジカル表面状態の電子が約 10^4 cm^2/Vs に達する高移動度を有しており，このために 3 次元トポロジカル絶縁体に特有の 2 次元量子輸送現象が比較的容易に観測できることである[27),28)]．もう 1 つは，この物質では単結晶の品質を高めることによって，比較的簡単にバルクのキャリア濃度を 10^{16} cm^{-3} 程度まで低減できることである．このおかげで，例えば光励起によるトポロジカル表面状態中のランダウ準位間の遷移を，磁気光学測定によって直接観測できる[29)]．なお絶縁体組成における $Bi_{1-x}Sb_x$ のバンドギャップは最大 30 meV 程度であり[22)]，それほど大きくはないが，トポロジカルな 2 次元輸送現象を 4 K で観測するには十分な大きさである．

[6.2.2] Bi_2Se_3 などのテトラジマイト型物質

Fu と Kane は $Bi_{1-x}Sb_x$ が 3 次元トポロジカル絶縁体であることを予言した論文[21)] の中で，他にも既知のバンド構造のデータに基づいて，HgTe，α 相の Sn（α-Sn または灰色スズと呼ばれる），$Pb_{1-x}Sn_xTe$，の 3 つの物質が，立方晶の対称性を破る一軸性歪みをかけたときに 3 次元トポロジカル絶縁体になるだろうと予測した．さらに Bi_2Te_3 もトポロジカル絶縁体の候補物質であると言及したが，この物質についてはバンドのパリティを計算した結果

[※2] 興味深いことに，これまで知られている 3 次元トポロジカル絶縁体はほとんどすべて菱面体晶系に属する．

が当時まだなかった．その計算を実際に行ったのが Zhang らである[30]．彼らは第一原理計算に基づいて，Bi_2Te_3 の他にも同じ結晶構造をとる Bi_2Se_3 と Sb_2Te_3 が 3 次元トポロジカル絶縁体だが，Sb_2Se_3 は違うだろうと予想した．さらに Zhang らは，これらの物質のフェルミ準位近傍の電子状態を記述する有効模型を提案したが，この模型は現在，3 次元トポロジカル絶縁体を理論的に扱う際の標準的な模型になっている（ただし原論文[30]の模型では表面状態のスピン偏極の方向が正しく再現されないので，後に出た改訂版[31]が正しい模型である）．

実験の方では，2009 年に単一のディラック錐で構成されるわかりやすいトポロジカル表面状態が Bi_2Se_3[32] と Bi_2Te_3[33],[34] において観測された．この初期の研究では Sb_2Te_3 の測定も行われたが，Sb_2Te_3 は p 型の試料しか得られないためフェルミ準位が価電子帯の中に位置し，価電子帯と伝導帯の間に存在すると期待される表面状態は観測できずに終わった[34]．Sb_2Te_3 がトポロジカル絶縁体であることが確認されたのは 2012 年になってからであり[35]，その実験には薄膜試料に対する走査型トンネル分光法が用いられた．

すでに述べたように Bi_2Se_3, Bi_2Te_3, Sb_2Te_3 はみな同じ結晶構造をとり，これは**テトラジマイト型** (tetradymite) と呼ばれる層状構造である．共有結合で結ばれた Se-Bi-Se-Bi-Se のような 5 層のユニット（quintuple layer，略して QL）が基本単位になって，それが -A-B-C-A-B-C- の形に積層して層間がファンデルワールス力によって弱くつながれている（**図 6.2**）．この層間の弱い結合のため，テトラジマイト型構造を持つ物質は QL の間で簡単に劈開する．各 QL の厚みは約 1 nm なので，積層方向（c 軸方向）の繰り返し周期は約 3 nm である．このテトラジマイト構造は菱面体晶系に属し，その [111] 軸が積層方向である c 軸となっている．

テトラジマイト型物質の 3 次元 Z_2 指数は (1;000) であり，これは表面ブリルアン域の原点である $\bar{\Gamma}$ 点を囲むようにトポロジカル表面状態のディラック錐が存在することを意味する（**図 6.3**）．この表面状態の構造の単純さと，余分な非トポロジカル表面状態が存在しないことから，テトラジマイト型トポロジカル絶縁体はトポロジカル表面状態を実験的に調べる上で非常に都合がよい物質となっている．またこれらの物質の単結晶は比較的簡単に作製できるため，2 次元トポロジカル絶縁体の HgTe 量子井戸などよりもはるかに試料が手に入りやすい．さらに Bi_2Se_3 のバンドギャップは 0.3 eV（$\simeq$ 3000 K）と比較的大きいため，そのトポロジカルな性質を室温（300 K）で利用す

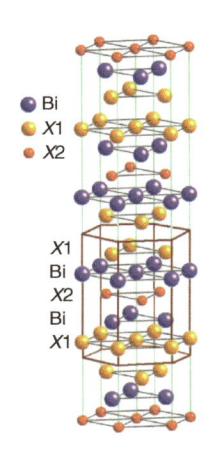

| 図 6.2 | テトラジマイト型カルコゲナイドである Bi_2Se_3 ($X1=X2=Se$), Bi_2Te_3 ($X1=X2=Te$), Bi_2Te_2Se ($X1=Te$, $X2=Se$) の結晶構造

茶色の線で囲まれた 5 層のユニット (QL) が基本的な結晶構造の単位となり，これが -A-B-C-A-B-C- の形で積み重なったのがテトラジマイト型構造である．したがって単位胞には 3 QL 分が含まれる．$Bi_{2-x}Sb_xTe_{3-y}Se_y$ ($y \geq 1$) もこの結晶構造をとるが，この物質では $X2 = Se$, $X1 = Se/Te$ であり，もともとの Bi サイトは Bi と Sb がランダムに占めている．文献 [41] より転載．
Copyright (2010) by the American Physical Society

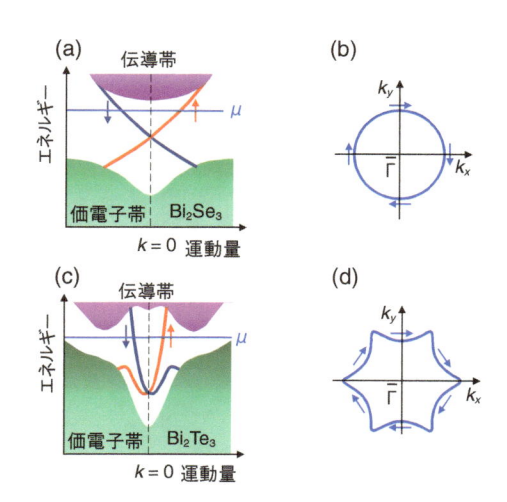

| 図 6.3 | トポロジカル表面状態の分散とスピン偏極

(a)(c) は Bi_2Se_3 および Bi_2Te_3 におけるトポロジカル表面状態の分散の概略図で，それを図中のフェルミ準位 μ で切ったときの等エネルギー断面におけるスピン偏極の概略図が (b)(d)．表面状態ではスピン縮退は解けており，電子はヘリカルにスピン偏極している．

ることも不可能ではない．これらの要因が重なって，テトラジマイト型トポロジカル絶縁体の発見後，3次元トポロジカル絶縁体の研究は大きなブームになった．

図 6.3(a) に示すように Bi_2Se_3 の表面状態の構造は比較的単純であり，理想的なディラック錐の形からわずかにずれているだけである．Bi_2Te_3 の表面状態はこれよりも少し複雑で，図 6.3(c) に示すようにディラック錐の交点（ディラック点）は価電子帯の上端よりも下に位置している．このため，Bi_2Te_3 においては原理的にディラック点近傍の表面輸送特性をバルクのキャリアに邪魔されずに観測することは不可能である．

Bi_2Se_3 と Bi_2Te_3 の間のもう1つの顕著な違いは，ディラック錐を一定のエネルギーで切ったときの断面形状が Bi_2Se_3 ではほぼ真円形であるのに対して（図 6.3(b)），Bi_2Te_3 ではこれが6回対称な形に歪んでいることである（図 6.3(d)）．この歪みの原因は，ドレッセルハウス型スピン軌道相互作用である．空間反転対称性が存在する結晶構造では，ラシュバ型やドレッセルハウス型のスピン軌道相互作用が顔を出すことはないが，表面では必然的に空間反転対称性が破れているため，これらのスピン軌道相互作用の影響を受ける．特にドレッセルハウス型スピン軌道相互作用の帰結として，表面状態の有効ハミルトニアンには k^3 の項が加わり[36]，その結果，ディラック錐が歪みを帯びることになる．この6回対称の歪みは，表面状態の定性的な振舞いにも大きな影響を及ぼす．例えば真円形のディラック錐では観測が難しい準粒子干渉効果が顕著に現れたり[37),38)]（7.2 節で解説），スピン偏極が表面に垂直方向の成分を持つ[39]などの現象がこれまでに明らかになっている．

Bi_2Se_3 と Bi_2Te_3 は上記のように表面状態を理解しやすい物質であるが，その化学は単純ではない．特に，これらの物質においては自然にできる結晶欠陥によって常にバルクのキャリアがドープされ，その輸送特性は低温で必ず縮退半導体となっている．このため，Bi_2Se_3 や Bi_2Te_3 でバルクのキャリアに邪魔されずに表面状態の輸送特性を観測するのは難しい．

しかし同じテトラジマイト型構造をとる物質の中でも，カルコゲン元素の Te と Se が秩序化して別々の格子位置（図 6.2 中の $X1$ と $X2$）を占める Bi_2Te_2Se は特別である．この物質におけるトポロジカル表面状態は Xu らによって最初に報告されたが[40]，そのときに測定された定比組成の単結晶は n 型にドープされており，絶縁体にはなっていなかった．だが Ren らはこの物質の単結晶をわずかに Se 過剰な $Bi_2Te_{1.95}Se_{1.05}$ という組成で成長すると，1 Ωcm を超える大きな抵抗率を示すバルク絶縁体試料が得られることを 2010 年に発見

した[41]．しかも Ren らは，そのようなバルク絶縁性を持つ試料においてはフェルミ準位が実際にバンドギャップの中に位置しており，表面状態に起因する明確なシュブニコフ・ドハース振動（SdH 振動）が観測できることも示した．例えば彼らが論文の中で報告した $260~\mu\mathrm{m}$ 厚の試料においては，SdH 振動のデータとホール抵抗率のデータを合わせて解析することにより，試料全体の電気伝導度における表面状態の寄与が 6％であることが結論された[41]．残りの 94％はギャップの中に存在する不純物バンドの寄与である（表面電気伝導に起因する輸送特性の詳細な解析方法は第 7 章で解説する）．Bi_2Te_2Se に関する研究の少し前に報告された Bi_2Te_3 における同様の研究[42]においては，トポロジカル表面状態に起因する電気伝導度の割合が $100~\mu\mathrm{m}$ 厚の試料においてわずか 0.3％であったことを考えると，発見当時の Bi_2Te_2Se の特性がいかに画期的だったかがわかるだろう．実際 Bi_2Te_2Se は，バルク絶縁性を持つ 3 次元トポロジカル絶縁体として最初に発見された物質であり，これによってトポロジカル表面状態が示す特徴的な 2 次元輸送現象の詳細を実験で調べることが初めて可能になった．なお，Bi_2Te_2Se と同じようなカルコゲン元素が秩序化した構造を持つ Sb_2Te_2Se もトポロジカルな表面状態を持つことが確認されているが[40]，この物質では残念ながら p 型の縮退半導体しか得られない．

Ren らは Bi_2Te_2Se におけるバルク絶縁性の発見の後，さらにバルク絶縁性を向上する可能性を探求し，2 つの具体的な方法を報告している．1 つは物質の組成を四元系の $Bi_{2-x}Sb_xTe_{3-y}Se_y$ に拡張する方法であり，彼らはこの四元化合物において，バルク絶縁性が現れる一連の (x,y) 組成を同定することに成功した[43],[44]．この物質については 6.7.4 項で解説する．もう 1 つの方法は，Bi_2Te_2Se の Bi を Sn で部分置換する方法である[45]．Bi^{3+} のサイトに Sn^{2+} をわずかにドープすることによって，わずかに残っている n 型のバルクキャリアをさらに減らすともに，フェルミ準位をバンドギャップの中心近くに位置させることができる．どちらの方法を用いても，表面状態に起因する電気伝導度が試料全体の電気伝導度の 50％を超える「**表面支配伝導**」をバルクの単結晶で実現できることが報告されている[44],[45]．

[6.2.3] TlBiSe$_2$

テトラジマイト型トポロジカル絶縁体の発見は，第一原理計算で価電子帯のパリティ固有値を求めることによって，3 次元トポロジカル絶縁体の新物質

を予測する，という戦略の有効性を実証した．$Bi_{1-x}Sb_x$，Bi_2Se_3，Bi_2Te_3 に続く 4 番目の 3 次元トポロジカル絶縁体として 2010 年に発見された $TlBiSe_2$ は，三元化合物としては最初のトポロジカル絶縁体だったが[46)-48)]，この発見も第一原理計算に基づいた予言が実験を先導した[49),50)]．

この発見がなされた 2010 年には，すでにトポロジカル絶縁体の研究は世界的に激しい競争のもとに行われており，重元素タリウムをベースにした III-V-VI_2 型の三元カルコゲナイドである $TlM'X_2$（M' = Bi, Sb; X = S, Se, Te; 図 **6.4**(a) 参照）がトポロジカル絶縁体だろうという理論的予測は 2 つのグループによってほぼ同時になされた．この予測を受けて実験で $TlBiSe_2$ がトポロジカル絶縁体であることを実証したのは佐藤ら[46)]が最初であり，これに少し遅れて黒田ら[47)]と Chen ら[48)]も独立に $TlBiSe_2$ のトポロジカル性を報告した．このうち Chen らの論文では，$TlBiTe_2$ も Bi_2Te_3 と似た表面状態の構造を持つトポロジカル絶縁体であることが報告された[48)]．

$TlBiSe_2$ におけるトポロジカル表面状態は Bi_2Se_3 と似ており（図 6.4(b)），その構造的単純さのおかげで，ヘリカルスピン偏極を持ったディラック錐の物理を純粋に追求するのに適している（もしディラック錐が歪んでいると，面直方向のスピン偏極が生じるなどの付加的な効果が生じるので物理が複雑になる）．また佐藤らは $TlBiSe_2$ のバンドギャップが 0.35 eV であることを報

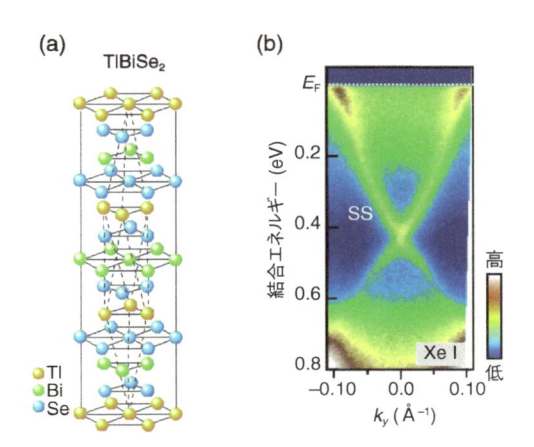

| 図 6.4 | **$TlBiSe_2$ の結晶構造とトポロジカル表面状態**

$TlBiSe_2$ の結晶構造 (a) と，この物質の角度分解光電子分光法で観測されたトポロジカル表面状態 (b)．文献 [46] より転載．
Copyright (2010) by the American Physical Society

告しており[46]，これはBi_2Se_3の0.3 eVよりも大きい．

なお$TlBiSe_2$の結晶構造もBi_2Se_3と同じ菱面体晶系に属するが，テトラジマイト型より少し単純であり，NaClの結晶構造から派生したものと見ることができる．NaClの結晶構造は[111]方向にNa面とCl面が交互に積層した形になっているが，図6.4(a)に示す$TlBiSe_2$の構造は，NaClの結晶構造におけるNa面をTlとBiで順番に置き換え，さらにCl面をSeで置き換えた上で，[111]方向に引き伸ばすことによって得られる．したがって，この物質の劈開面は菱面体晶系の(111)面となっている．

興味深いことに，当初の理論計算では$TlBiSe_2$のSeサイトをSで置き換えた$TlBiS_2$もトポロジカル絶縁体であると予想されたが[49],[50]，実際に測定をしてみると，これはトポロジカル絶縁体ではないことがわかった．このことは，第一原理計算の予言は常に正しいわけではなく，計算結果の解釈には一定の注意を要する[51]ということを教えてくれる．しかし$TlBiS_2$が普通の絶縁体であるということは，トポロジカル絶縁体である$TlBiSe_2$との混晶系$TlBi(S_{1-x}Se_x)_2$において，バルクのギャップが一度閉じてバンド反転した後に再びギャップが開く**トポロジカル相転移** (topological phase transition) が起こっているであろうことを示唆する．このような相転移は実際にXuら[52]と佐藤ら[53]によって独立に調べられ，$x = 0.5$で起こることが明らかにされた．なお佐藤らは，この相転移近傍のトポロジカル絶縁体側において，表面ディラック錐にギャップが開いているように見えることを発見した[53]．そのようなトポロジカル表面状態におけるギャップの出現は，クラマース縮退が解けていることを示唆するが，この$TlBi(S_{1-x}Se_x)_2$では時間反転対称性は一見破れているようには見えないので，この発見は予想外であった．現在でもまだ，$TlBi(S_{1-x}Se_x)_2$のトポロジカル相転移近傍におけるこのディラックギャップの起源ははっきりとはわかっていないが，その存在の確証は相馬らによって与えられている[54]．

[6.2.4] その他の三元化合物トポロジカル絶縁体

$TlBiSe_2$の発見後，さまざまな三元化合物が3次元トポロジカル絶縁体として確認されている（**表6.1**, 164ページ）．その中で$GeBi_2Te_4$は当初，フェルミ準位がバンドギャップの中に位置する真性絶縁体状態を実現しているようだと報告されたが[40],[55]，後の実験でこの可能性は否定され，化学量論組成で作製した$GeBi_2Te_4$単結晶はn型の縮退半導体であることがわかってい

る[56]．

2012 年にトポロジカル性が確認された $Pb(Bi_{1-x}Sb_x)_2Te_4$ は，$PbBi_2Te_4$ と $PbSb_2Te_4$ という 2 つの三元化合物の混晶であり，x の全域にわたってトポロジカル絶縁体である[57],[58]．その母物質の $PbBi_2Te_4$ が p 型であるのに対して $PbSb_2Te_4$ は n 型であり，$Pb(Bi_{1-x}Sb_x)_2Te_4$ ではフェルミ準位における表面ディラック粒子が x の値によって n 型と p 型の間で制御できることが報告されている[57]．なお Bi_2Te_3 でも p 型の単結晶が得られるが，Bi_2Te_3 では表面ディラック錐が図 6.3(c) のように変形しているために表面ディラック粒子が p 型になった状態は得られない．このため $Pb(Bi_{1-x}Sb_x)_2Te_4$ は p 型の表面ディラック粒子が得られる比較的珍しい物質である．

Pb 系の三元化合物は**ホモロガス系列** (homologous series) と呼ばれる一連の物質群を形成することが知られている．このホモロガス系列とは，基本的に類似した構造を持っていて，何らかの繰り返し単位の数で整理される一連の物質群のことである．例えば有機化学でアルコールの一般式は $C_nH_{2n+1}OH$ であり，$n=1$ がメチルアルコール，$n=2$ がエチルアルコールであるが，これはホモロガス系列の典型例である．無機物質でも，繰り返し単位を持つ層状物質はホモロガス系列を組みやすく，例えば Bi 系高温超伝導体 $Bi_2Sr_2Ca_{n-1}Cu_nO_{6+2n-\delta}$ はホモロガス系列を組み，自然に合成できるのは $n=1, 2, 3$ である．

$PbBi_2Te_4$ も実は $(PbTe)_n(Bi_2Te_3)_m$ ホモロガス系列に属すると考えることができ，この物質では $n=m=1$ である．同じホモロガス系列の物質として，$n=1, m=2$ に対応する $PbBi_4Te_7$ のトポロジカル性も確認されている[59]．この $(PbTe)_n(Bi_2Te_3)_m$ ホモロガス系列の概念図を**図 6.5** に示す．この物質中で PbTe のユニットは独立してはおらず，Bi_2Te_3 を構成する QL ユニットの中央にある Te を Te-Pb-Te で置き換えた Te-Bi-Te-Pb-Te-Bi-Te という共有結合した 7 層ユニット（図 6.5 の左から 2 番目を参照）が現れるのが特徴である．

なお Ge をベースにした三元化合物も Pb 系と同様のホモロガス系列を組むことが知られている．すでに触れた $GeBi_2Te_4$ [40],[55] は $n=m=1$ に対応し，さらに $n=1, m=2$ に対応する $GeBi_{4-x}Sb_xTe_7$ のトポロジカル性も確認されている[60]．

また最近トポロジカル性が報告された BiTeCl は，-(Bi-Te-Cl)-(Bi-Te-Cl)- という積層構造を持ち，バルクの空間反転対称性が顕著に破れている珍しい系である[61]．この物質では，空間反転対称性の破れから生じるラシュバ型ス

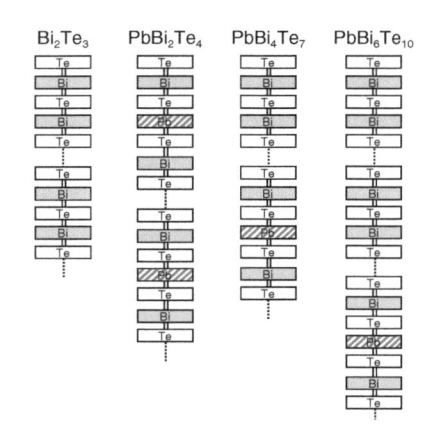

図 6.5 Pb 系の三元化合物が形成する $(PbTe)_n(Bi_2Te_3)_m$ ホモロガス系列の代表的な物質の結晶構造の概念図

左端に示す Bi_2Te_3 は $n = 0$ のときの母物質と考えることができる．その隣は左から $PbBi_2Te_4$, $PbBi_4Te_7$, $PbBi_6Te_{10}$ であり，それぞれ $(n,m) = (1,1), (1,2), (1,3)$ に対応する．二重線は共有結合，点線はファンデルワールス結合を表す．

ピン軌道相互作用のために，バルクのバンドがスピン分裂している．しかし表面状態の方は，（理論的に期待される通り）バルクでの空間反転対称性の破れの影響はまったく受けず，普通のヘリカルスピン偏極を持ったディラック錐が観測されている．

[6.2.5] 二元化合物ホモロガス系列

Bi と Se（あるいは Bi と Te）の二元化合物においては，単体 Bi 結晶の構成要素である Bi バイレイヤーと Bi_2Se_3（あるいは Bi_2Te_3）からなるホモロガス系列 $(Bi_2)_n(Bi_2X_3)_m$ $(X = Se, Te)$ が形成されることが知られている[62]．その $n = m = 1$ のメンバーである Bi_4Se_3 の Se を一部 S で置換した $Bi_4Se_{2.6}S_{0.4}$ $[= (Bi_2)(Bi_2Se_{2.6}S_{0.4})]$ は絶縁体ではなく半金属になっているが，トポロジカル表面状態の存在が確認されている[62]．このホモロガス系列ではまた，$(Bi_2)(Bi_2Te_3)_2$ $(= BiTe)$ という物質も合成され，トポロジカル性が確認されている[63]．

[6.2.6] 歪ませたゼロギャップ半導体

6.2.2 項の冒頭で述べたように，Fu と Kane による 3 次元トポロジカル絶縁体に関する最初の予想の中には，異方的に歪ませた HgTe が 3 次元 Z_2 指

数 (1;000) を持つトポロジカル絶縁体になるというものも含まれていた[21]. この予想は 2011 年にヴュルツブルグ大学のグループによって，MBE 法で作製した比較的厚い HgTe 薄膜を用いた実験で確認された[64]．実験では HgTe よりも格子定数が若干大きい CdTe の基板の上に HgTe を 70 nm の厚さまでエピタキシャル成長させることによって，HgTe 全体が歪みを受けて 0.3%ほど格子が変形した状態（面内方向に伸び，面直方向に縮む）を実現した．なお，このように格子定数のわずかに異なる基板の上に薄膜をエピタキシャル成長させたとき，基板の格子定数との不整合のために薄膜の結晶格子が受ける変形を**エピタキシャル歪み** (epitaxial strain) という．上記の HgTe 薄膜では，エピタキシャル歪みを利用して結晶の対称性を低下させることによって，本来ゼロギャップ半導体である HgTe が，約 22 meV のバンドギャップを持つ絶縁体になった．

この比較的厚い薄膜では，膜厚方向の電子の運動に対する量子閉じ込め効果は弱いので，電子状態は 3 次元系と見なすことができる．それにもかかわらず，2 次元電子系に特有の現象である量子ホール効果が高磁場中で観測され，2 次元的表面状態の存在が確認された．またその量子ホール効果においては，ホール伝導度の量子化がフィリングファクター $\nu = 2, 3, 4, 5, 7, 9$ という値のみで観測されるという奇妙な振舞いが見られた[64]．この現象は，薄膜の上面（最表面）と下面（基板との界面）にそれぞれ存在するトポロジカル表面状態がわずかに異なる電子密度を持っていて，各面で起こる量子ホール効果が並列回路で合成された結果であると解釈されている．これまでのところ，表面ディラック電子が量子ホール効果を示すほど高い移動度を持つ 3 次元トポロジカル絶縁体は，歪ませた HgTe 以外には存在しない．

Fu と Kane は，HgTe と同じく α-Sn も歪みをかけるとトポロジカル絶縁体になると予想したが[21]，InSb(001) 基板上に成長した α-Sn が実際にトポロジカル表面状態を持つことが，最近 2 つのグループによってほぼ同時に確認された[65),66]．基板の結晶構造を反映して，InSb(001) 面上には Sn がダイヤモンド型結晶構造の α 相で成長する．しかも基板との格子定数の違いのために 0.14%の圧縮性エピタキシャル歪みがかかるので，歪みが緩和しない膜厚 1 μm 以下の領域では，α-Sn のバルクバンドには 30 meV 程度のギャップが開く．このような試料に対して行われた ARPES 測定では，バルクのバンドに重畳して，ほぼ直線的な分散を持ちヘリカルにスピン偏極した表面状態が実際に観測された．

[6.2.7] 自然超格子物質

これまで紹介した 3 次元トポロジカル絶縁体物質とは少し毛色の異なるのが，$(PbSe)_5(Bi_2Se_3)_{3m}$ ($m = 1, 2$) というホモロガス系列の化合物である．この物質においては，トポロジカル絶縁体 Bi_2Se_3 の QL ユニット m 枚分と，普通の絶縁体 PbSe のユニット 1 枚が，交互に積層した形の超格子構造が自然に形成されている（**図 6.6**）．このホモロガス系列では，PbSe の絶縁体ユニットが Bi_2Se_3 ユニット間の波動関数の結合をブロックする．このため，トポロジカルな 2 次元電子状態がすべての Bi_2Se_3/PbSe 界面に現れることが期待される．

では実際のデータを見てみよう．この物質の $m = 1$ と $m = 2$ に対する ARPES 測定の結果を図 6.6 に示す[67]．$m = 1$ ではディラック錐は観測されず，単純な放物線的な分散を持つバンドが，本来ディラック錐が観測される

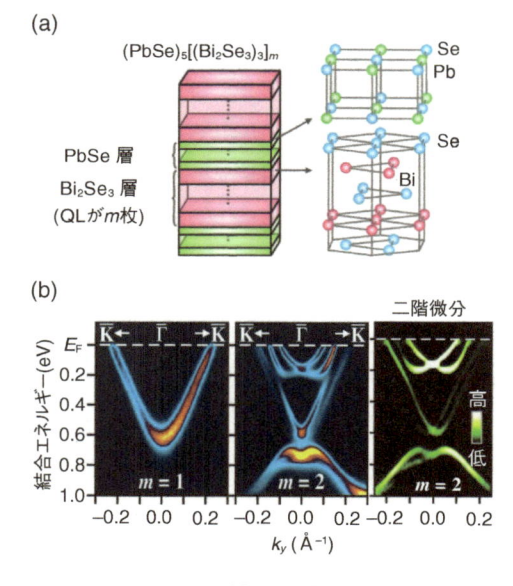

| 図 6.6 | **$(PbSe)_5(Bi_2Se_3)_{3m}$ の結晶構造と表面状態のエネルギー分散**

(a) は $(PbSe)_5(Bi_2Se_3)_{3m}$ の結晶構造の概念図．トポロジカル絶縁体 Bi_2Se_3 のユニットと普通の絶縁体 PbSe のユニットが交互に積層した超格子構造が自然に形成されている．(b) は $(PbSe)_5(Bi_2Se_3)_{3m}$ で観測されたフェルミ準位近傍の表面状態のエネルギー分散を $m = 1$ と $m = 2$ について示した．一番右はディラックギャップを見やすくするために $m = 2$ のデータを二階微分した．文献 [67] より転載．
Copyright (2012) by the American Physical Society

べき位置に存在している．一方 $m=2$ では，Bi_2Se_3 と似たようなディラック錐が観測されるが，そのディラック点にはギャップが開いている．

実はこれらの振舞いは，Bi_2Se_3 の超薄膜で観測されたものとよく似ている．1 QL だけの厚さの Bi_2Se_3 ではバンド反転が消失してトポロジカル性も失われ，単純な放物線分散のバンドが現れるのに対して，2 QL の厚さの Bi_2Se_3 では，上面と下面の表面状態が混成する結果，ディラックギャップが生じることが知られている[68),69)]．$(PbSe)_5(Bi_2Se_3)_{3m}$ で観測されたバンド分散は，この物質では実際に PbSe ユニットがブロック層として働く結果，Bi_2Se_3 ユニット内に電子状態が閉じ込められ，Bi_2Se_3 超薄膜と同様の現象が起こっていることを示唆する．この閉じ込めの帰結として，$m=2$ ではディラックギャップを持つディラック錐がすべての $Bi_2Se_3/PbSe$ 界面に現れるので，$(PbSe)_5(Bi_2Se_3)_6$ はトポロジカルな起源の擬2次元バンドをバルクに持つ特殊なトポロジカル物質ということができる．

また，$m=2$ の物質のバンド分散のデータ（図 6.6 右端）から，もともとの Bi_2Se_3 のバルク伝導帯も量子閉じ込め効果を受けており，そのため伝導帯の底のエネルギーが Bi_2Se_3 よりも高くなっていることがわかっている[67)]．その結果，$(PbSe)_5(Bi_2Se_3)_6$ におけるバルク由来の伝導帯と価電子帯の間のギャップは 0.5 eV まで大きくなっている．このことは，自然に形成される超格子構造における量子閉じ込め効果を利用すれば，トポロジカル絶縁体のバンドギャップを増大させ，室温でもトポロジカル状態を利用しやすくできることを示唆している．

[6.2.8] 3次元トポロジカル絶縁体候補物質

3次元トポロジカル絶縁体の候補物質については，第一原理バンド計算に基づいた提案がすでに多数あるが[70)]，その多くはまだ検証されていない．ここでは，まだトポロジカル性が確認されてはいないが，実験が報告されているいくつかの候補物質を紹介しよう．

Ag_2Te

Ag_2Te は広い磁場の範囲にわたって磁場に比例する大きな磁気抵抗を示す物質として知られており[71)]，その特性から磁場センサー材料として期待されている．普通の金属や半導体の磁気抵抗は磁場の2乗に比例するので，磁場の1乗に比例する磁気抵抗は異常である．その異常な振舞いの起源が，Ag_2Te が3次元トポロジカル絶縁体であることに由来するのではないかという理論

的な提案がなされた[72]．

この物質は劈開しない上に大きな単結晶を成長するのが難しいため，ARPES測定の結果はまだ報告されていない．しかしナノワイヤー試料における抵抗測定で，Aharonov-Bohm (AB) 振動が観測されている[73),74)]．AB 振動とは，数十 nm 程度の微小な金属の輪において，系全体にわたって波動関数のコヒーレンスが保たれているとき，輪を貫く磁束によるベクトルポテンシャルが波動関数の位相成分と干渉することによって抵抗が振動する現象である．これが観測されたことは，Ag_2Te ナノワイヤーの表面に何らかの金属的伝導層が存在することを意味する．しかし InN のような普通の絶縁体のナノワイヤーにおいても，分子の吸着や元素の脱離などによって表面に電子あるいは正孔がドープされ，その結果生じる非トポロジカルな表面状態が AB 振動を起こすことが知られている[75]．したがって Ag_2Te でも同様のことが起こっている可能性があり，そのトポロジカル性の判定にはさらなる実験が必要である．

SmB_6

3 次元トポロジカル絶縁体候補物質として興味深いのが SmB_6 である．この物質は室温では金属であり，低温で近藤効果によって絶縁体になるが，その低温相が**トポロジカル近藤絶縁体** (topological Kondo insulator) である可能性が指摘されている[76)-78)]．もしこの物質が本当にトポロジカル近藤絶縁体であれば，電子相関とバンドの非自明なトポロジーがともに重要な役割を果たす最初のトポロジカル絶縁体として重要な意味を持つ．

これまでの実験で，低温で観測される有限の電気伝導度が何らかの表面伝導層に由来することがほぼ確実になっている[79)-81)]．しかし近藤効果によって開くバンドギャップは 20 meV 程度と小さいので，ARPES によってギャップ内の表面状態を明瞭に観測することは非常に難しく[82]，表面伝導層の起源がトポロジカルなのか否かはまだ確定していない．例えば普通の絶縁体である Te において，自然に表面にできる電荷蓄積層が表面支配伝導現象を生じさせることが 1970 年代から知られており[83]，表面伝導層の存在がトポロジカル性の証明を与えるとはいえないことに注意する必要がある．

$Bi_{14}Rh_3I_9$

これまでに $\nu_0 = 0$ となる弱い 3 次元トポロジカル絶縁体の具体例は見つかっていないが，$Bi_{14}Rh_3I_9$ がその候補物質として提案されている[84]．第一原理計算から得られたこの物質の 3 次元 Z_2 指数は (0;001) である[84]．結晶

構造においては，Bi 原子が Rh 原子を囲んで作る六面体ユニットが頂点を共有して 2 次元ハニカム格子を組み，それが積層されたものが基本骨格となっている．このため電子構造はグラフェンと似た特徴を持つが，Bi に起因する強いスピン軌道相互作用のためにトポロジカルな性質を帯びる．

第一原理計算によると，この物質は基本的に 2 次元トポロジカル絶縁体が積層された擬 2 次元系であり，その結果，3 次元物質としては弱いトポロジカル絶縁体になっている．この場合，もともとの 2 次元トポロジカル絶縁体の 1 次元エッジ状態が結合した形の 2 次元トポロジカル表面状態が側面（積層断面）に現れるが，ハニカム格子が出てくる劈開面には 2 次元トポロジカル表面状態は現れない．そのため，この物質のトポロジカル性を ARPES 測定で確認することは難しく，これまでに劈開面のバンド構造が第一原理計算と比較的よい一致を示すことが確かめられているだけである[84]．トポロジカル性の決定のためには，側面に現れると期待されるトポロジカル表面状態を何らかの輸送特性測定によって検出する必要がある．

[6.3] トポロジカル半金属

「**トポロジカル半金属**」という用語は 3 つの意味で使われる．1 つ目は，通常の意味の半金属（伝導帯の下端が価電子帯の上端よりも低いエネルギーに位置するために少数の電子と正孔が同数ずつ存在する）において，価電子帯のパリティから計算される Z_2 指数が非自明になる物質である．その代表例が純 Sb であり，その価電子帯は，絶縁体組成の $Bi_{1-x}Sb_x$ 合金と同じ (1;111) という 3 次元 Z_2 指数を持つ[21],[85]．2 つ目は，バンド反転が起こっているが結晶の対称性のためにギャップが開かずにいるゼロギャップ半導体である．その代表例が HgTe であり，この種類の物質では結晶に歪みを加えて対称性を下げることによってバンドギャップを開け，真性のトポロジカル絶縁体にすることが可能である．3 つ目がワイル半金属と呼ばれる物質で[86]，物理としてはこのカテゴリーが一番興味深い．以下ではゼロギャップ半導体とワイル半金属について説明する．

[6.3.1] ホイスラーおよび半ホイスラー化合物

トポロジカルなゼロギャップ半導体の候補物質としてよく知られているのが**ホイスラー化合物**および**半ホイスラー化合物**である[70]．これらは三元の金

属間化合物であり，X_2YZ（ホイスラー）あるいは XYZ（半ホイスラー）という組成式で書くことができる．その結晶構造は，HgTe と同様の閃亜鉛鉱型構造をとる YZ 部分格子の隙間に X が挿入された形になっている．ホイスラーと半ホイスラーは，この X の挿入され方の違いによって分けられる．

第一原理計算によって，このタイプの化合物の多くにおいてバンド反転が起こっていてトポロジカルになっていることが予想されているが [87]–[91]，そのような物質では HgTe と同様に，結晶の対称性のためにゼロギャップ半導体状態が実現している．したがって真性のトポロジカル絶縁体にするためには，一軸性の圧力をかけるなどして歪みを生じさせ，結晶の対称性を下げてギャップを開ける必要がある．

これまでに RPtBi (R = Lu, Dy, Gd) に対して行われた ARPES 測定の結果，バルクのバンドとは明らかに起源が異なる金属的表面状態が観測されているが，その表面バンド構造はトポロジカルではないと結論されている [92]．なお ARPES 測定が行われていない LaPtBi [93] と YPtBi [94] において，極低温で超伝導が発現することが報告されており，もしこれらの物質が実際にトポロジカル半金属であるなら，そのトポロジカル表面状態が超伝導相でどうなるかは非常に興味深いテーマである．

[6.3.2] ワイル半金属

ワイル半金属 (Weyl semimetal) という新しい種類のトポロジカル物質は，2011 年に Wan らによって理論的に提案された [86]．素粒子としての**ワイル粒子** (Weyl fermion) は，3 次元空間（4 次元時空）に対するディラック方程式で記述される静止質量ゼロの粒子であり，式 (5.150) の Γ^5 で与えられるカイラリティ演算子の固有状態となっているため，**カイラリティ（chirality）をよい量子数として持つ**．そのような静止質量ゼロの粒子に対するディラック方程式は，カイラリティ固有値によって 2 成分の方程式に対角化して分けることができる．固体中では，時間反転対称性か空間反転対称性の少なくとも一方が破れると，固有状態のスピン縮退は解ける．その状況下で，3 次元ブリルアン域の中のどこかの点で価電子帯と伝導帯が縮退する場合，その系の低エネルギー物理は，静止質量ゼロの 2 成分ディラック方程式で書くことができる [95]．そのため，この方程式にしたがう電子はワイル粒子と見なせる．この場合の 2×2 行列ハミルトニアンはワイルハミルトニアンと呼ばれ，

$$H = \pm \hbar v_F \boldsymbol{\sigma} \cdot \mathbf{k} = \pm \hbar v_F (k_x \sigma_x + k_y \sigma_y + k_z \sigma_z) \tag{6.1}$$

と表される．ブリルアン域の対称性から，このような縮退点（**ワイル点** (Weyl point) と呼ぶ）は互いに反対のカイラリティを持つものが必ず対になって現れる．Wan らは，3 次元ブリルアン域を投影した 2 次元表面ブリルアン域の中には，このワイル点の対の間をつなぐようにギャップレスの電子状態（フェルミアーク）が現れることを示した[86]．この表面ギャップレス状態の出現は，バルク状態が持つ非自明なトポロジーを反映したバルク–エッジ対応の結果として理解できる[96],[97]．さらに Wan らは第一原理計算に基づいて，時間反転対称性を破る反磁性相にある $Y_2Ir_2O_7$ が，実際にこのワイル半金属状態を実現しているかもしれないと提案した[86]．

この $Y_2Ir_2O_7$ の関連物質である $Nd_2(Ir_{1-x}Rh_x)_2O_7$ において，x を小さくしていくときに起こる強相関金属相から反強磁性モット絶縁体相への転移の際に，フェルミ準位における状態密度が徐々に消失することが観測されている．そのためこの臨界点においては，価電子帯と伝導帯が点でのみ接しているワイル半金属状態が実現しているかもしれないと提案されている[98]．

ワイル半金属状態を実現するにはスピン縮退を解く必要があるが，それには時間反転対称性を破る代わりに空間反転対称性を破ってもよい．例えば，多層超格子構造において，電場をかけたり積層の仕方を工夫したりすることにより，空間反転対称性を破ることができる．これまでに，トポロジカル絶縁体と普通の絶縁体の積層構造である HgTe/CdTe の多層超格子で各層の厚さをうまく調整してゼロギャップ状態を実現した上で，電場をかけて空間反転対称性を破るというアイデア[99]や，$TlBi(S_{1-x}Se_x)_2$ のトポロジカル相転移点で存在するゼロギャップ状態において，人工的に秩序構造を作って空間反転対称性を破るというアイデア[100]などが理論家によって提案されている．後者に関しては，具体的には-(Tl-Se-Bi-S)-(Tl-Se-Bi-S)-という Se と S が秩序化した積層構造を MBE 法で人工的に作ることが考えられている．

[6.4] トポロジカル結晶絶縁体

これまでに紹介したトポロジカル絶縁体は，時間反転対称性に基づいた Z_2 指数で分類されるものであった．これに対して，バンド絶縁体をトポロジカルに分類する別の方法もあることが明らかになっている．その新しい分類法では，絶縁体の結晶格子が持つ点群対称性に基づいたトポロジカル不変量に注目する[101]．この結晶格子の対称性によって守られたトポロジーが非自明に

なるような絶縁体のことを**トポロジカル結晶絶縁体** (topological crystalline insulator) と呼ぶ [101]．これまでに具体的なトポロジカル不変量の表式が，4回 (C_4) または 6 回 (C_6) の回転対称性を持つ系 [101] と鏡映対称性を持つ系 [102] について与えられている．特に後者の鏡映対称性で守られたトポロジカル結晶絶縁体は，Hsieh らによって SnTe という具体的な候補物質の予想 [102] がなされて以来，大きな注目を集めるようになった．

鏡映対称性で守られたトポロジカル結晶絶縁体の場合，トポロジカル不変量は**ミラーチャーン数** (mirror Chern number) $n_\mathcal{M}$ で与えられる．これはヒルベルト空間を波動関数の鏡映演算子に対する固有値に応じて 2 つに分け，それぞれの部分空間でチャーン数を求めて，その差をとったものである [25]．Hsieh らは第一原理計算に基づいて，SnTe は 3 次元ブリルアン域の中の 4 つの時間反転対称運動量（4 つの等価な L 点）でバンド反転をしているため，3 次元 Z_2 指数は (0;000) と自明になるが，ミラーチャーン数は $n_\mathcal{M} = -2$ と非自明になることを示した [102]．彼らはさらに，非自明なミラーチャーン数の帰結として {100} 表面に現れる表面状態は，3 次元ブリルアン域中の 2 つの L 点が表面ブリルアン域中の同じ $\bar{X}$ 点に投影される［**図 6.7**(a)］ことを反映して，$\bar{X}$ 点を挟んで特徴的な二重ディラック錐構造をとることを予想した．

この予想は田中らによる SnTe の表面状態の観測によって実証され [103]，トポロジカル結晶絶縁体の存在が実験的に確認された．彼らの実験では，実際に理論的な予想通りの二重ディラック錐が $\bar{X}$ 点を挟んで存在することが示され［図 6.7(e)］，さらに SnTe の類縁物質であるがトポロジカルには自明である PbTe においては表面状態が存在しないことも確認された [103]．この結果は，$Pb_{1-x}Sn_xTe$ という混晶系においてすでに知られていた「いったんギャップが閉じて再び開く」という現象が，ミラーチャーン数が変化するトポロジカル相転移にほかならないことを示したことになる．

また田中らとほぼ同時に Dziawa らも $Pb_{1-x}Sn_xSe$ において同様の表面状態を観測し，トポロジカル結晶絶縁体の存在を独立に確認した [104]．Dziawa らはこの実験に $Pb_{0.77}Sn_{0.23}Se$ という組成の試料を用いた．この組成では系は室温で普通の絶縁体であるが，温度を下げていくとバンド反転が起こってトポロジカル結晶絶縁体に転移することが確認された [104]．この温度誘起トポロジカル相転移は，温度が下がると結晶格子が収縮してスピン軌道相互作用の効果が強くなることを反映している（なおこの分野における研究競争の激しさを象徴するように，田中らと Dziawa らの論文は同じ日に別々の論文誌に掲載された）．

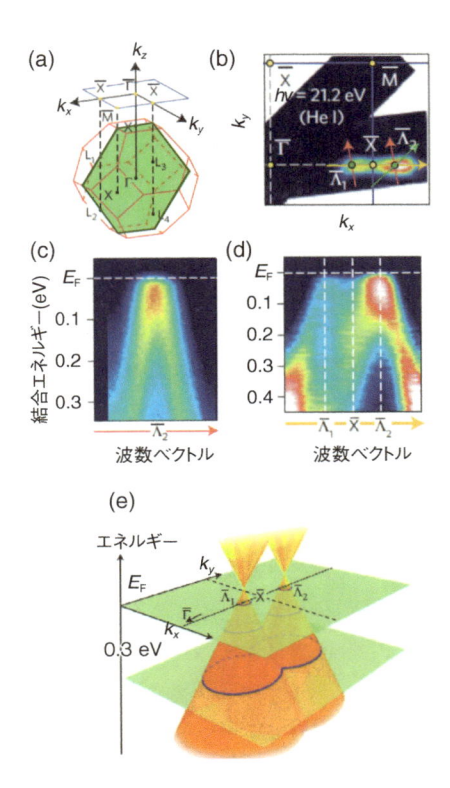

| 図 6.7 | トポロジカル結晶絶縁体 SnTe の (001) 面におけるトポロジカル表面状態

(a) バルクのブリルアン域と (001) 面における表面ブリルアン域，およびその中の高対称点の位置．緑色は (110) 鏡映面．(b) 表面ブリルアン域中での E_F における光電子強度の分布．(c) E_F 近傍における表面バンド分散を，(b) 中の赤い矢印に沿って測定した結果．(d) 同じく E_F 近傍における表面バンド分散を，(b) 中の黄色の矢印に沿って測定した結果．(e) (k_x, k_y) 面内で二重ディラック錐を形成している表面状態のエネルギー分散の概念図．文献 [103] より転載．

これらの実験に 2 ヶ月ほど遅れて Xu らは，$Pb_{1-x}Sn_xTe$ において $x = 0.4$ はトポロジカル結晶絶縁体になっているが $x = 0.2$ は普通の絶縁体であることを報告した [105]．一方田中らは後の論文 [106] において，$Pb_{1-x}Sn_xTe$ でトポロジカル相転移が起こる臨界値 x_c の値を求め，$x_c \simeq 0.25$ と決定することに成功した．さらにその際の系統的な実験において，x_c に向かって x の値を小さくしていくと，波数空間において $\bar{X}$ 点を挟んで存在する二重ディラック錐の間の距離が徐々に近づいていくことが明らかになった．ただし x_c に向かって距離がゼロに漸近するわけではなく，二重ディラック錐が消える直前まで一定の距離が開いている．これは二重ディラック錐の起源が，2 つの

L 点でのバンド反転によって現れる 2 つの等価なディラック錐が同じ $\bar{\mathrm{X}}$ 点に投影されたために生じる準位反発にある [102] ということを反映している．この準位反発は，バンド反転が存在する限り有限に残る．

なおトポロジカル結晶絶縁体の表面ディラック錐は時間反転対称性で守られているわけではないが，Z_2 トポロジカル絶縁体の場合と同じようにスピン縮退が解けていて，ヘリカルにスピン偏極している [102]．またそのスピンヘリシティも Bi_2Se_3 などと同じで，ディラック点よりも上で左巻きである [105]（スピンヘリシティは 7.1 節で定義する）．これは，SnTe におけるディラック錐の起源がブリルアン域中の L 点におけるバンド反転にあり，Γ 点におけるバンド反転でディラック錐が生じている Bi_2Se_3 などと基本的には変わらないためである．このヘリカルスピン偏極のおかげで，トポロジカル結晶絶縁体の表面状態もスピントロニクスなどに応用可能である．

ついでに言及しておくと，ミラーチャーン数 $n_\mathcal{M}$ は鏡映対称トポロジカル結晶絶縁体を同定するためだけではなく，Z_2 指数で同定される時間反転対称トポロジカル絶縁体をさらに分類するために利用することもできる [25]．例えば $Bi_{1-x}Sb_x$ は 3 次元 Z_2 指数が (1;111) となるトポロジカル絶縁体だが，そのミラーチャーン数は $n_\mathcal{M} = \pm 1$ の 2 つの値を取り得る．ミラーチャーン数の符号のことを特に**ミラーカイラリティ** (mirror chirality) と呼ぶが，これが系の磁気応答に現れる g ファクターの符号を決めることがわかっている [25]．トポロジカル絶縁体におけるこの付加的なトポロジーに最初に注目したのが，スピン分解 ARPES によって $Bi_{1-x}Sb_x$ における表面状態のスピン偏極を完全に決定した西出らの実験であり [23]，彼らは $Bi_{1-x}Sb_x$ のミラーカイラリティが -1 であることを明らかにした．このような時間反転対称トポロジカル絶縁体をさらに分類する可能性は，さまざまな結晶の点群対称性に対して議論されている [107]．

トポロジカル結晶絶縁体の発見により，トポロジカル物質の概念が大きく広がった．特に鏡映対称性で守られたトポロジーは，絶縁体だけでなく超伝導体にも拡張され [108]-[110]，マヨラナ粒子を観測する可能性の議論にも一役買っている．実験的には，SnTe のような物質に一軸性の圧力を加えて歪ませたときに起こると想定される，Z_2 トポロジーと鏡映トポロジーの競合などは，第 9 章で述べるデバイス応用への展開も考えられ，興味深いテーマである．また当然，新しい対称性によって守られたトポロジーを実現している新しい種類のトポロジカル絶縁体を発見することは，固体物理学におけるトポ

ロジーの役割を解明していく上で非常に重要である．

最後に物質のまとめとして，本書の執筆時点までに見つかったトポロジカル絶縁体とその特徴を**表 6.1** に示す．

[6.5] トポロジカル絶縁体の確認方法

本節では候補物質が実際にトポロジカル絶縁体かどうかを判定する方法を簡潔にまとめる．

まず 2 次元トポロジカル絶縁体の場合，ヘリカルにスピン偏極した 1 次元エッジ伝導状態の存在を検出する必要がある．これを行うには，ナノメートルスケールのデバイスに微細加工した試料における量子輸送特性の測定が必要である．エッジ伝導状態の存在は，試料のフェルミ準位をギャップの中に位置させたときに観測される電気伝導度の量子化によって確認される[1]．さらにそのエッジ伝導状態がヘリカルにスピン偏極していることは，逆スピンホール効果を用いてスピン流を電圧検出することによって確認できる[4]．STM を用いて試料の端で増大する電子状態密度を観測すること[16]は，1 次元エッジ伝導状態の存在の傍証とはなるが，その状態が局在しているのか伝導性を持つのかを判定するのは難しく，2 次元トポロジカル絶縁体の判定には不十分である．

3 次元トポロジカル絶縁体の判定には，一番単純で説得力のあるのが，ARPES 測定によって表面状態を観測し，それがディラック錐を形成していることを確認することである．さらに念を入れるには，スピン分解 ARPES 測定を用いて，表面状態がスピン縮退しておらずにヘリカルスピン偏極を持っていることまで確認するのが望ましい[23],[85]．

しかし ARPES 測定を行うには清浄で平坦な表面が必要であり，それを得るためには単結晶を劈開する必要がある．そのため，候補物質の単結晶が得られなかったり，うまく劈開しなかったりする場合は，ARPES 測定を行うことが難しい．そうなると，輸送特性の測定に頼らざるを得ない．理想的には，もしバルクが十分な絶縁性を持っていてさらに表面状態中の電子が十分高い移動度を持っていれば，輸送特性に現れる量子振動（シュブニコフ・ドハース振動）を観測することによって，電流が実際に 2 次元的表面状態を流れており，しかもその電流のキャリアがディラック粒子であることが確認できる．前者は，量子振動が表面に垂直な磁場成分のみに依存することから決

| 表6.1 | 2014年1月までに見つかったトポロジカル絶縁体

表中のSM, TI, TCI はそれぞれ半金属, トポロジカル絶縁体, トポロジカル結晶絶縁体を意味する.

種類	物質	ギャップ	絶縁性	コメント	文献
2D, $\nu=1$	CdTe/HgTe/CdTe	<10 meV	極低温で絶縁体的	高移動度	1)
2D, $\nu=1$	AlSb/InAs/GaSb/AlSb	~4 meV	極低温で絶縁体的	ギャップ極小	7)
3D (1;111)	$Bi_{1-x}Sb_x$	<30 meV	金属的	表面状態が複雑	20), 23)
3D (1;111)	Sb	半金属	金属的	表面状態が複雑	85)
3D (1;000)	Bi_2Se_3	0.3 eV	金属的	単純な表面状態	32)
3D (1;000)	Bi_2Te_3	0.17 eV	金属的	歪んだ表面状態	33), 34)
3D (1;000)	Sb_2Te_3	0.3 eV	金属的	バルク正孔濃度大	35)
3D (1;000)	Bi_2Te_2Se	~0.2 eV	絶縁体的	最大で $\rho_{xx} \simeq 6\ \Omega cm$	40), 41), 138)
3D (1;000)	$(Bi,Sb)_2Te_3$	<0.2 eV	弱<絶縁体的	薄膜試料が有望	142)
3D (1;000)	$Bi_{2-x}Sb_xTe_{3-y}Se_y$	<0.3 eV	絶縁体的	表面状態を制御可能	43), 44), 141)
3D (1;000)	$Bi_2Te_{1.6}S_{1.4}$	0.2 eV	金属的	n型縮退半導体	139)
3D (1;000)	$Bi_{1.1}Sb_{0.9}Te_2S$	0.2 eV	絶縁体的	最大で $\rho_{xx} \simeq 0.1\ \Omega cm$	139)
3D (1;000)	Sb_2Te_2Se	不明	金属的	バルク正孔濃度大	40)
3D (1;000)	$Bi_2(Te,Se)_2(Se,S)$	0.3 eV	やや絶縁体的	自然採取Kawazulite鉱	140)
3D (1;000)	$TlBiSe_2$	~0.35 eV	金属的	TIの中でギャップ最大	46)–48)
3D (1;000)	$TlBiTe_2$	~0.2 eV	金属的	歪んだ表面状態	48)
3D (1;000)	$TlBi(S,Se)_2$	<0.35 eV	金属的	トポロジカル相転移	52), 53)
3D (1;000)	$PbBi_2Te_4$	~0.2 eV	金属的	放物線的表面状態	57), 58)
3D (1;000)	$PbSb_2Te_4$	不明	金属的	p型縮退半導体	57)

表 6.1 | つづき

種類	物質	ギャップ	絶縁性	コメント	文献
3D (1;000)	$GeBi_2Te_4$	0.18 eV	金属的	n 型縮退半導体	40), 55), 56)
3D (1;000)	$PbBi_4Te_7$	0.2 eV	金属的	バルク電子濃度大	59)
3D (1;000)	$GeBi_{4-x}Sb_xTe_7$	0.1–0.2 eV	金属的	$x=0$ (1) で n (p) 型	60)
3D (1;000)	$(PbSe)_5(Bi_2Se_3)_6$	0.5 eV	金属的	自然超格子構造	67)
3D (1;000)	$(Bi_2)(Bi_2Se_{2.6}S_{0.4})$	半金属	金属的	$(Bi_2)_n(Bi_2Se_3)_m$ 系列	62)
3D (1;000)	$(Bi_2)(Bi_2Te_3)_2$	不明	不明	データ未公開	63)
3D (1;000)	BiTeCl	~0.22 eV	金属的	空間反転対称性破れ	61)
3D (1;000)	歪ませた HgTe	~20 meV	極低温のみ絶縁体的	薄膜試料の み、高移動度	64)
3D (1;000)	歪ませた α-Sn	~30 meV	金属的	InSb(001) 面上薄膜試料	65), 66)
3D TCI	SnTe	0.3 eV (4.2 K)	金属的	鏡映対称、$n_\mathcal{M}=-2$	103)
3D TCI	$Pb_{1-x}Sn_xTe$	< 0.3 eV	金属的	鏡映対称、$n_\mathcal{M}=-2$	105)
3D TCI	$Pb_{0.77}Sn_{0.23}Se$	温度で反転	金属的	鏡映対称、$n_\mathcal{M}=-2$	104)
2D, $\nu=1$?	Bi バイレイヤー	~0.1 eV	不明	単体では不安定	16), 17)
3D (1;000)?	Ag_2Te	不明	金属的	線形磁気抵抗で有名	73), 74)
3D (1;111)?	SmB_6	20 meV	絶縁体的	トポロジカル近藤絶縁体か	79)–82)
3D (0;001)?	$Bi_{14}Rh_3I_9$	ゼロギャップ	金属的	弱い 3 次元 TI か	84)
3D (1;000)?	$RBiPt$ ($R=Lu, Dy, Gd$)	0.27 eV	金属的	実験結果は否定的	92)
Weyl SM?	$Nd_2(Ir_{1-x}Rh_x)_2O_7$	ゼロギャップ	金属的	まだ証拠なし	98)

定でき，後者は，量子振動の位相がディラック粒子に特有のベリー位相のためにπだけシフトすることから決定できる[41),42),44),111)–114)]．また理想的な場合，量子振動の周波数から計算されるキャリア濃度とホール係数から求まるキャリア濃度を比較することによって，ディラック粒子がスピン縮退していないことも確認できる．

なおバルク試料において電流が表面状態を流れていることは，試料のサイズを変化させたときの電気抵抗率の変化の様子（試料が薄くなるほど見かけの電気抵抗率が低くなる）から判定できる[44),79)–81)]．しかしトポロジカルに自明な電荷蓄積相や反転層が表面に形成されることによって表面電気伝導が生じることがあり[83)]，電気抵抗率の試料サイズ依存性から表面電気伝導が確認できたからといって，トポロジカル絶縁体であると決定できるわけではない．したがって，量子振動の解析によって電荷キャリアのディラック粒子性を判定することは非常に重要である（なおπベリー位相を調べるための量子振動の解析法は，7.3.2 項で解説する）．

輸送特性による判定が難しい場合，電荷キャリアのディラック粒子性は，磁場中での**走査型トンネル分光法**（scanning tunneling spectroscopy, STS）によって決定できる．これは 7.3.1 項で詳しく説明するように，磁場中のディラック錐においては特徴的なランダウ量子化が起こり，ランダウ準位のエネルギーが等間隔ではなく $\sqrt{N}$ という指数 N への依存性を示すためである．STS によって局所状態密度のバイアス電圧依存性を測定し，$N=0$ のランダウ準位がディラック点に固定されて動かないのに，それ以外のランダウ準位が $\sqrt{BN}$ のように変化することが観測できれば（B は磁場の強さ），それはキャリアがディラック粒子であることの強い証拠となる[35),115),116)]．なおこのディラック錐の特徴的なランダウ量子化は，磁場中で試料に光を当てたときに表面電子が光で励起されてランダウ準位間を遷移する様子を磁気光学分光法で観測することによっても確認できる[29)]．

[6.6] 試料作製方法

[6.6.1] バルク単結晶

これまでに発見された 3 次元トポロジカル絶縁体は，$Bi_{1-x}Sb_x$ と α-Sn を除くすべての物質がカルコゲナイド，つまりカルコゲン元素の S, Se, Te を陰イオンとして含む化合物である．カルコゲン原子は蒸発しやすいので，カル

カルコゲナイドの合成は通常，1200°Cまでの温度に耐えられる石英管の中に原料を封じた上で行う．そのため利用できる結晶成長法は大きく制限され，単結晶は**ブリッジマン法** (Bridgman method) または**気相成長法** (vapor transport method) で育成することが多い．

カルコゲナイド単結晶のブリッジマン法による育成では，まず石英管中で原料を溶かし，その融液の下部の方が上部よりも温度が低くなるように温度勾配をつけた状態で，全体の温度を徐々に下げる．そうすると石英管の下部が融点まで冷えたところで結晶が析出し始め，それを種結晶として，単結晶成長が上部へ向かって進行する（**図 6.8** 左）．なるべく結晶粒界の少ない良質な試料を得るためには，石英管下部の先端を尖った形にし，種結晶の析出が一点から始まるようにすることが肝心である．Bi_2Se_3，Bi_2Te_3，Bi_2Te_2Se などよく研究されているトポロジカル絶縁体の単結晶は，ほとんどがこのブリッジマン法で作製されている．

気相成長法による単結晶育成では，まず目的物質の多結晶を合成する．そして適量の多結晶を石英管の中に封じ，それを一方の端に寄せておく．その石英管を電気炉の中に温度勾配がついた状態で長期間放置し，単結晶成長が進行するのを待つ．温度勾配は必ず多結晶をおいた方の端が他方の端より高温になるように設定し，目的物質が多結晶から昇華してそこより低温の部分で析出する際に単結晶として成長することを狙う．対象物質が比較的昇華しやすく，管の中を真空にしておくだけで結晶成長が進行する場合，その成長法を**物理的気相成長法** (physical vapor transport method) と呼ぶ（図 6.8 中央）．一方，対象物質が昇華しにくい場合には，I_2 などの反応性のガスを原料の多結晶と一緒に管の中に封じる．そのガスが高温部では多結晶原料と化学

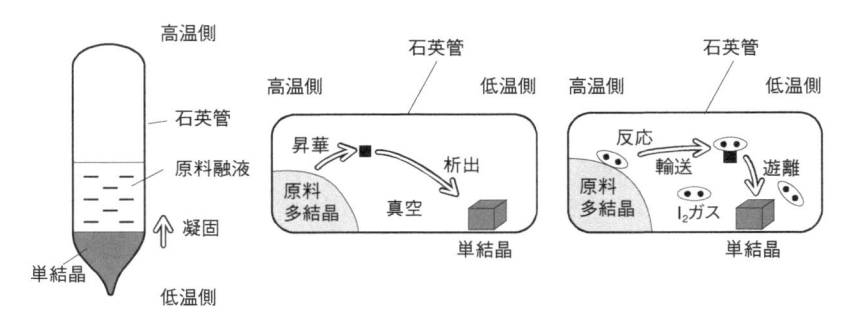

| 図 6.8 | **カルコゲナイドの単結晶成長に使われる代表的方法**
左からブリッジマン法，物理的気相成長法，化学的気相成長法．

的に反応してそれを引き剥がし，一方低温部ではそれを遊離するというプロセスが繰り返されることによって，原料が高温部から低温部に輸送され，結晶成長が進行する．この原料輸送用ガスを用いる成長法を**化学的気相成長法**(chemical vapor transport method) と呼ぶ（図 6.8 右）．トポロジカル結晶絶縁体である SnTe, (Pb,Sn)Se, (Pb,Sn)Te の単結晶は通常，物理的気相成長法で作製される．

テトラジマイト型物質は劈開しやすいため，グラファイトからグラフェンの試料を作るのと同様に，スコッチテープを使った単純な剥離法によって，非常に薄い（わずか数 nm 厚程度までの）試料を得ることができる．そのような薄片試料を電界効果トランジスタ（FET）型デバイスに加工すると，フェルミ準位を電界効果で制御する実験を行うことができる[117),118)]．例えば，Bi_2Se_3 ではバルクの試料でフェルミ準位を表面状態のディラック点に位置させることはまだできていないが，薄片試料で電界効果を利用するとこれが可能になる[119)]．

[6.6.2] 薄膜試料

トポロジカル絶縁体の高品質エピタキシャル薄膜の作製には通常，**分子線エピタキシー**（molecular beam epitaxy, MBE）法が用いられる[120)]．これまでに $Bi_{1-x}Sb_x$, Bi_2Se_3, Bi_2Te_3, Sb_2Te_3, $(Bi,Sb)_2Te_3$ などの高品質薄膜が MBE 法で得られている．これらの物質は，構成元素をそれぞれ温度を制御したるつぼから同時に蒸発させると，基板上で反応して目的物質の薄膜として成長する．なお目的とする元素を含む有機金属などの原料を供給し，基板表面で化学反応を起こさせて目的物質の薄膜を成長させる**化学気相蒸着**（chemical vapor deposition, CVD）法でも Bi_2Se_3 などの薄膜は得られるが，MBE 法で得られる薄膜のような高品質のものはできていない[121)]．

MBE 法の成膜時には，残留ガスの圧力が 10^{-8} Pa 以下の超高真空下で，温度を精密に制御したクヌッセンセル（K セル）と呼ばれるるつぼから原料を蒸発させる．これだけの超高真空下だと，るつぼから蒸発してくる原料分子の平均自由行程が基板までの距離よりも長くなり，原料分子は「分子線」として基板に到達する．MBE 法では分子線の流束を精密に制御することにより，1 原子層ずつ（または結晶の 1 ユニットずつ）制御しながら成膜を行えるのが特徴である．また残留ガスの圧力が 10^{-8} Pa 程度の環境において，1 原子層/sec 程度の速度で成膜を行うとすると，単位時間あたりに基板に衝突する残留ガスの数は基板に到達する原料分子の数の 10 万分の 1 程度になる

ので，非常に高純度の薄膜が得られる．

　基板と薄膜が結晶面のそろった状態で連続的につながるのが**エピタキシャル成長** (epitaxial growth) だが，これを実現するためには通常，基板と成膜される物質の格子定数がほぼ等しいことが必要である．しかしテトラジマイト型トポロジカル絶縁体の場合，QL 間は共有結合しておらず，ファンデルワールス力で弱くつながっているだけである（このような状況を「QL 間には**ファンデルワールスギャップ** (van der Waals gap) が存在する」と表現する）．そのため，基板との格子定数の整合性はそれほど重要でなくなり，たとえ格子定数が大きくずれていても，基板と薄膜がファンデルワールス力でつながった状態でエピタキシャル成長が起こる．このような成長モードを**ファンデルワールス・エピタキシー** (van der Waals epitaxy) と呼ぶ[122]．例えば Bi_2Se_3 の場合，エピタキシャル成長用の基板として，Si(111)，グラフェンで終端された 6H-SiC(0001)，$SrTiO_3$(111)，GaAs(111)，サファイア (0001)，CdS(0001)，InP(111) など，さまざまな材料が利用可能である．

Bi_2Se_3

　薄膜成長が最もよく研究されている Bi_2Se_3 の場合，原子レベルで平坦なテラスが広い面積にわたって存在するような高品質のエピタキシャル薄膜を得るために最も重要なパラメータは，基板の温度であることがわかっている[123]．基本的に Bi_2Se_3 では基板温度が高いほど膜質がよくなるが，300°C 以上の温度では基板に Bi_2Se_3 が付着せず，成膜が始まらない．そこで最初の 1 QL を比較的低い基板温度で蒸着することによって，成膜の足がかりをまず形成し，それから基板の温度を徐々に上げ，その 1 QL 目の結晶性を向上させた上で，その高温を保ったまま 2 QL 目以降を成長させる「2 段階法」が開発された．この方法により，トポロジカル表面状態中の電子が量子振動を示すのに十分なほど高い移動度を持つ高品質薄膜が得られている[114]．

SnTe

　トポロジカル結晶絶縁体である SnTe に関しては，ホットウォールエピタキシー法と呼ばれる方法によって，約 2700 cm^2/Vs の高い移動度を持つ高品質薄膜が得られることが以前から報告されている[124]．SnTe は立方晶で NaCl 型の結晶構造を持ち，Bi_2Se_3 のようなファンデルワールスギャップは存在しないので，エピタキシャル成長には基板との格子整合が不可欠である．通常は BaF_2 が基板として使われるが[124]，最近，サファイアを基板とし，その上に Bi_2Te_3 をバッファ層として積むと，高品質の SnTe エピタキシャル薄膜

が得られることが報告された [125]．そのような SnTe/Bi$_2$Te$_3$ 薄膜において，約 2000 cm^2/Vs の高い移動度を持つ SnTe 表面状態が，量子振動によって観測されている [125]．

[6.6.3] ナノリボンとナノ薄片

トポロジカル絶縁体におけるメゾスコピック伝導現象の実験が，Bi$_2$Se$_3$[126]，Bi$_2$Te$_3$ [127],[128]，Bi$_2$Te$_2$Se [129] の**ナノリボン** (nano-ribbon) や**ナノ薄片** (nano-plate) などの試料を用いて行われている．なおメゾスコピック伝導とは，試料サイズがナノメートルのスケールまで小さくなったときに，量子効果によって巨視的なサイズの試料とは異なる特性を示す伝導現象のことである．

Bi$_2$Se$_3$ のナノリボンは通常，金触媒を用いた Vapor Liquid Solid (VLS) 法と呼ばれる方法によって作製される [126]．この方法ではまず，Bi$_2$Se$_3$ の粉末を管状炉の中央（温度の最も高いところ）におき，そこに Ar ガスを流す．そうすると蒸発した Bi$_2$Se$_3$ が下流に運ばれる．その下流で中央より温度の低い部分に，金の微粒子をあらかじめ付着させた Si 基板をおいておくと，Bi$_2$Se$_3$ の蒸気が金微粒子の上部から吸収され，微粒子の下には結晶化した Bi$_2$Se$_3$ ナノリボンが析出する．Bi$_2$Se$_3$ がリボン形状で析出するのは，結晶構造が層状であることを反映しており，金微粒子からのナノリボンの成長は，層と平行な方向に起こる．当然，Si 基板にあらかじめ付けておく金微粒子のサイズ（典型的には直径 20 nm 程度）がナノリボンのおおまかなサイズを決めることになる．もし Si 基板上に触媒となる金微粒子を付着させておかないと，ナノリボンの代わりにナノ薄片（典型的には数 nm の厚さで数 μm 程度の広がりを持つ）が得られる [127],[129]．

[6.7] バルク絶縁性の実現方法

トポロジカル絶縁体の材料研究における重要なテーマが，表面電気伝導現象を観測する上で邪魔になるバルクのキャリアを極力減らすことにある．これまでに知られているトポロジカル絶縁体物質においては例外なく，自然に起こる結晶欠陥によってバルクのキャリアがドープされてしまい，バルクが自然に真の絶縁体になるような都合のよい物質はまだ知られていない．ただし HgTe の場合，MBE 法で非常に純度の高い薄膜試料が作製できるので，これを極低温まで冷却することによって邪魔なバルクのキャリアを局在させる

ことができる．それ以外の物質では，バルクのキャリアを減らすための適切な方法を見つける必要がある．

本節では，バルクキャリア低減法について，これまでに試されてきたものを解説する．なお本節では結晶欠陥を表すのに Kröger-Vink の表記法を用いる．この表記法では，例えば $V_{Se}^{\bullet\bullet}$ は正の素電荷 2 つを伴う Se 欠陥を意味し，また Bi'_{Te} は負の素電荷 1 つを伴って Te サイトに位置している Bi 原子を意味する．

[6.7.1] Bi_2Se_3

自然に成長する Bi_2Se_3 は n 型で常に電子がドープされており，典型的なバルクキャリア濃度 n_{3D} は 10^{19} cm^{-3} 程度である[130)–132)]．これは，Se 欠損（$V_{Se}^{\bullet\bullet}$）あるいは Se のアンチサイト欠陥（$Se_{Bi}^{\bullet}$）が非常に低い形成エネルギーを持つために，熱力学的に避けられないためである[133),134)]．この Bi_2Se_3 では，Bi^{3+} のサイトを一部 Ca^{2+} で置換することによって n 型のキャリアを減らすことができ，さらには n 型から p 型へ転移させることもできると報告されている[135)]．しかしこの Ca ドーピングは電荷キャリアに対する強い散乱中心を導入することにもなり，Ca ドープされた Bi_2Se_3 においては電子移動度が非常に低くなることがわかっている[135)]．

一方，仕込組成と成長条件を最適化する方法[130)] と Bi サイトに Sb をドープする方法[111),131)] はともに，電子移動度を犠牲にせずに n 型のキャリア濃度を 10^{16} cm^{-3} 程度まで下げるのに有効であることが報告されている．またそのような比較的低いバルクキャリア濃度を持つ単結晶試料において，表面状態に起因する量子振動の観測も報告されている[111)]．しかしこれら 2 つの方法では，n 型から p 型への転移を起こすことはできない．

これに対して Ren らは，Bi サイトへの Cd のドーピングと Se 過剰成長条件を組み合わせることによって，高い電子移動度を持ちながら p 型の特性を示す Bi_2Se_3 単結晶の作製に成功した[136)]．さらにこの p 型単結晶では，結晶成長後に真空中でアニールを行って微量の Se 欠損を意図的に導入し，それに起因する n 型キャリアによって p 型キャリアを補償することで，非常に低い（約 10^{15} cm^{-3}）バルクキャリア濃度を持つ n 型と p 型の両方の試料を作製することが可能である．この Cd ドープ Bi_2Se_3 単結晶では電子移動度も十分に高く，表面状態に起因する量子振動が観測されている[136)]．

[6.7.2] Bi$_2$Te$_3$

Bi$_2$Se$_3$ とは対照的に，Bi$_2$Te$_3$ 単結晶は仕込組成・成長条件によって n 型と p 型のどちらにもなり得る[42]．これは，Bi$_2$Te$_3$ 単結晶中で Te のアンチサイト欠陥 Te$_{Bi}^{\bullet}$ が起きるか Bi のアンチサイト欠陥 Bi$_{Te}'$ が起きるかは，成長条件が Te 過剰か Bi 過剰かによって決まり，Te$_{Bi}^{\bullet}$ がドナーとして電子を供給するのに対して Bi$_{Te}'$ はアクセプターとして正孔を供給するからである[133),134]．このように n 型と p 型の両方の単結晶ができるにもかかわらず，バルクキャリア濃度の低い絶縁体的特性を示す Bi$_2$Te$_3$ 試料を実現することは難しい．それでも Qu らは，仕込組成に傾斜をつけた原料を用いてブリッジマン法で作製した単結晶棒の中から，バルクキャリア濃度が 10^{16} cm^{-3} 程度の試料を選び出し，そのような試料において表面状態に起因する量子振動を観測することに成功している[42]．

[6.7.3] Bi$_2$Te$_2$Se

6.2.2 項で言及した Bi$_2$Te$_2$Se は，わずかに Se 過剰な条件で成長すると，Bi$_2$Se$_3$ と Bi$_2$Te$_3$ のいずれよりもバルク絶縁性の高い単結晶が得られる[41]．これは Bi$_2$Te$_2$Se において自然にカルコゲン元素が秩序化した Te-Bi-Se-Bi-Te という QL ユニットを持つ構造が実現するためである（図 6.2）[137]．この特徴的な構造が，Bi$_2$Se$_3$ において Se が欠損してしまう問題と，Bi$_2$Te$_3$ において Bi/Te アンチサイト欠陥が自然に生成される問題を同時に解決する役目を果たしている．つまり，Bi$_2$Te$_2$Se では Se は QL ユニットの中央に閉じ込められているため，QL ユニットの外側が Se になっている Bi$_2$Se$_3$ に比べて Se はずっと脱出しにくい．また，Se の方が Te よりも電気陰性度が強いため，カチオンである Bi は Te よりも Se の方とより強く結合する．このため，Bi$_2$Te$_3$ に比べて Bi/Te アンチサイト欠陥が生成されにくい．この 2 つの要因の相乗効果により，Bi$_2$Te$_2$Se ではドーピングの要因となる結晶欠陥の生成が抑えられ，バルク絶縁性の高い試料が得られる．さらに，結晶構造中で Se と Te は秩序化して別々の層に棲み分けている．そのため，結晶中の電気ポテンシャルの乱れは生じず，Bi$_2$Se$_3$ や Bi$_2$Te$_3$ に比べて電子散乱が増えることもないので，高い電子移動度が得られやすい．上記のような理由で，Bi$_2$Te$_2$Se においてはトポロジカル表面状態に起因する輸送現象を観測するのが比較的容易である[41),138]．

なお，Bi$_2$Te$_2$Se と同様にカルコゲン元素が秩序化した構造をとる物質とし

て，$Bi_2Te_{1.6}S_{1.4}$ [139]，$Bi_{1.1}Sb_{0.9}Te_2S$ [139]，$Bi_2(Te,Se)_2(Se,S)$（自然に採取されるKawazulite鉱物）[140] などが研究されており，後の2つは弱いながらも絶縁体的な特性を示すことが報告されている．

[6.7.4] $Bi_{2-x}Sb_xTe_{3-y}Se_y$

Bi_2Te_2Se よりもさらにバルク絶縁性の高い試料が $Bi_{2-x}Sb_xTe_{3-y}Se_y$ ($y \geq 1$) というテトラジマイト型構造の固溶系で得られている [43],[44]．この物質ではQLユニットの中心はSeで占められており，Bi_2Te_2Se の重要な特徴である，SeをQLユニットの中央に閉じ込めて欠損が起きるのを防ぐという点は継承されている．さらにカチオン層におけるBi/Sbの比とQLユニットの最外層におけるTe/Seの比を調整することにより，結晶中にわずかに残るアクセプターとドナーの量をそれぞれ変化させ，両者が最大限補償しあった状態を実現するというのが，$Bi_{2-x}Sb_xTe_{3-y}Se_y$ のコンセプトである．実際，バルク絶縁性の高い試料が図6.9に示す x-y 相図の上の曲線に沿って得られることが明らかになった．しかも，$Bi_{2-x}Sb_xTe_{3-y}Se_y$ における表面状態のディラック錐は，この絶縁体組成線上で図6.10に示すような系統的な変化を示し，組成によってフェルミ準位がディラック点の上・下どちらに位置するようにも制御できることがわかった [141]．このように絶縁体組成線上

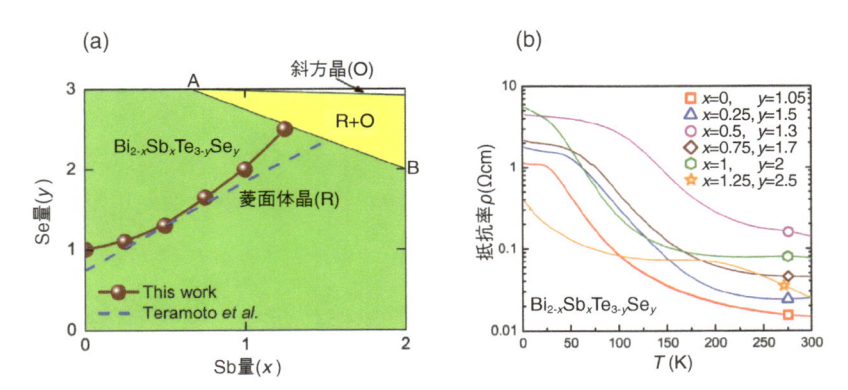

| 図6.9 | $Bi_{2-x}Sb_xTe_{3-y}Se_y$ 系の相図と抵抗率の温度依存性

(a) $Bi_{2-x}Sb_xTe_{3-y}Se_y$ 系の組成と結晶構造の関係を表す相図．図中の丸印は，n型とp型のキャリアの間の最適な補償が起こってバルクキャリア濃度が最少になることがわかった組成を示す．破線は過去に示唆された絶縁体組成．(b) キャリアの最適な補償が起こる一連の組成における抵抗率の温度依存性（縦軸が対数プロットであることに注意）．文献 [43] より転載．
Copyright (2011) by the American Physical Society

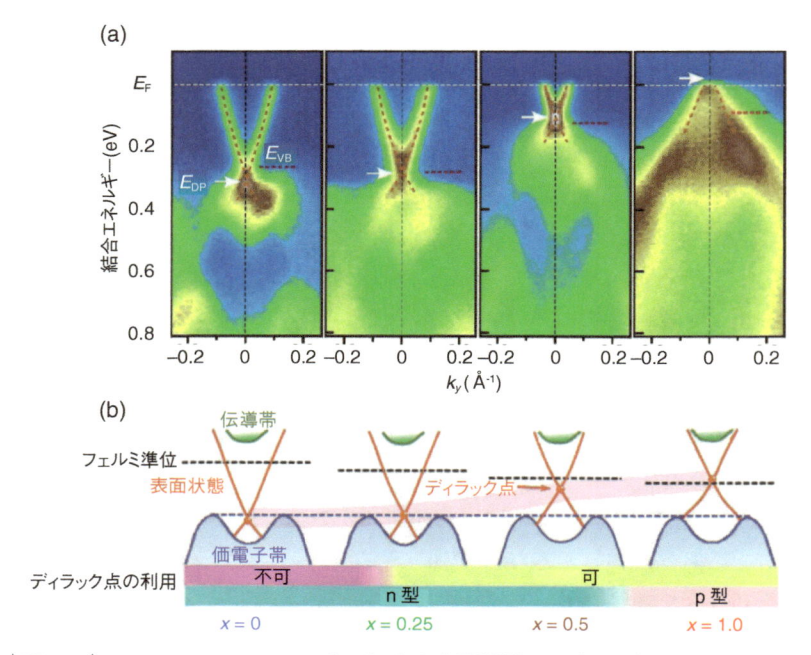

図6.10 $Bi_{2-x}Sb_xTe_{3-y}Se_y$ 系における表面状態のエネルギー分散とフェルミ準位

(a) $Bi_{2-x}Sb_xTe_{3-y}Se_y$ 系における ARPES 実験で観測されたバンド分散．左から，$(x,y)=$ $(0,1), (0.25, 1.15), (0.5, 1.3), (1, 2)$ の組成のデータ．白の矢印と赤の破線はそれぞれディラック点の位置（E_{DP}）とバルク価電子帯上端の位置（E_{VB}）を示す．x が大きくなるにつれ，ディラック点の位置が系統的にフェルミ準位に近づき，ついにはフェルミ準位よりも上に行くことがわかる．(b) ARPES のデータに基づいて，絶縁体組成の $Bi_{2-x}Sb_xTe_{3-y}Se_y$ 系におけるバルクと表面状態のエネルギー分散をまとめた概略図．文献 [141] より転載．

でバルク絶縁性を確保した上でディラック粒子の電荷の符号を p 型にも n 型にも制御できるということは，トポロジカル表面状態の p–n 接合を実現できる可能性を示唆する．

[6.7.5] Bi_2Te_3/Sb_2Te_3 あるいは Bi_2Se_3/Sb_2Se_3 固溶系

$Bi_{2-x}Sb_xTe_{3-y}Se_y$ と同じようなディラック粒子の p/n 極性制御は，MBE 法で作製した $(Bi,Sb)_2Te_3$ 薄膜においても報告されている[142]．実際，Bi_2Te_3 と Sb_2Te_3 の固溶系（あるいは Bi_2Se_3 と Sb_2Se_3 の固溶系）を利用することは，バルクキャリア濃度を低減させるための有効なアプローチの1つである．これまでに $(Bi,Sb)_2Te_3$ の MBE 薄膜[142]やナノ薄片[143]，および $(Bi,Sb)_2Se_3$ のナノリボン[144]の作製が報告されており，これらの試料においてもフェル

ミ準位をバンドギャップの中に位置させることが可能である（ただしこれらの系のバルク単結晶試料ではバルク絶縁性を達成した例はまだない）．

[参考文献]

1) M. König et al.: Science **318** (2007) 766.
2) B. A. Bernevig, T. L. Hughes, and S.-C. Zhang: Science **314** (2006) 1757.
3) A. Roth et al.: Science **325** (2009) 294.
4) C. Brüne et al.: Nature Phys. **8** (2012) 486.
5) M. König et al.: Phys. Rev. X **3** (2013) 021003..
6) C. Liu et al.: Phys. Rev. Lett. **100** (2008) 236601.
7) I. Knez, R. R. Du, and G. Sullivan: Phys. Rev. Lett. **107** (2011) 136603.
8) I. Knez, R.-R. Du, and G. Sullivan: Phys. Rev. Lett. **109** (2012) 186603.
9) L. Du, I. Knez, G. Sullivan, and R.-R. Du: Phys. Rev. Lett. **114** (2015) 096802.
10) I. Knez, R.-R. Du, and G. Sullivan: Phys. Rev. B **81** (2010) 201301(R).
11) S. Murakami: Phys. Rev. Lett. **97** (2006) 236805.
12) A. Shitade et al.: Phys. Rev. Lett. **102** (2009) 256403.
13) J. Balakrishnan et al.: Nature Phys. **9** (2013) 284.
14) J. Hu, J. Alicea, R. Wu, and M. Franz: Phys. Rev. Lett. **109** (2012) 266801.
15) T. Hirahara et al.: Phys. Rev. Lett. **107** (2011) 166801.
16) F. Yang et al.: Phys. Rev. Lett. **109** (2012) 016801.
17) C. Sabater et al.: Phys. Rev. Lett. **110** (2013) 176802.
18) K. Takeda and K. Shiraishi: Phys. Rev. B **50** (1994) 14916.
19) M. Ezawa: Phys. Rev. Lett. **109** (2012) 055502.
20) D. Hsieh et al.: Nature **452** (2008) 970.
21) L. Fu and C. L. Kane: Phys. Rev. B **76** (2007) 045302.
22) B. Lenoir et al.: J. Phys. Chem. Solids **57** (1996) 89.
23) A. Nishide et al.: Phys. Rev. B **81** (2010) 041309(R).
24) T. Hirahara et al.: Phys. Rev. B **76** (2007) 153305.
25) J. C. Y. Teo, L. Fu, and C. L. Kane: Phys. Rev. B **78** (2008) 045426.
26) H.-J. Zhang et al.: Phys. Rev. B **80** (2009) 085307.
27) A. A. Taskin and Y. Ando: Phys. Rev. B **80** (2009) 085303.
28) A. A. Taskin, K. Segawa, and Y. Ando: Phys. Rev. B **82** (2010) 121302(R).
29) A. A. Schafgans et al.: Phys. Rev. B **85** (2012) 195440.
30) H. Zhang et al.: Nature Phys. **5** (2009) 438.
31) C.-X. Liu et al.: Phys. Rev. B **82** (2010) 045122.
32) Y. Xia et al.: Nature Phys. **5** (2009) 398.

33) Y. L. Chen et al.: Science **325** (2009) 178.
34) D. Hsieh et al.: Phys. Rev. Lett. **103** (2009) 146401.
35) Y. Jiang et al.: Phys. Rev. Lett. **108** (2012) 016401.
36) L. Fu: Phys. Rev. Lett. **103** (2009) 266801.
37) T. Zhang et al.: Phys. Rev. Lett. **103** (2009) 266803.
38) Z. Alpichshev et al.: Phys. Rev. Lett. **104** (2010) 016401.
39) S. Souma et al.: Phys. Rev. Lett. **106** (2011) 216803.
40) S.-Y. Xu et al.: arXiv:1007.5111. (プレプリント)
41) Z. Ren et al.: Phys. Rev. B **82** (2010) 241306(R).
42) D.X. Qu et al.: Science **329** (2010) 821.
43) Z. Ren et al.: Phys. Rev. B **84** (2011) 165311.
44) A. A. Taskin et al.: Phys. Rev. Lett. **107** (2011) 016801.
45) Z. Ren et al.: Phys. Rev. B **85** (2012) 155301.
46) T. Sato et al.: Phys. Rev. Lett. **105** (2010) 136802.
47) K. Kuroda et al.: Phys. Rev. Lett. **105** (2010) 146801.
48) Y. L. Chen et al.: Phys. Rev. Lett. **105** (2010) 266401.
49) B. Yan et al.: EPL **90** (2010) 37002.
50) H. Lin et al.: Phys. Rev. Lett. **105** (2010) 036404.
51) J. Vidal et al.: Phys. Rev. B **84** (2011) 041109.
52) S.-Y. Xu et al.: Science **332** (2011) 560.
53) T. Sato et al.: Nature Phys. **7** (2011) 840.
54) S. Souma et al.: Phys. Rev. Lett. **109** (2012) 186804.
55) M. Neupane et al.: Phys. Rev. B **85** (2012) 235406.
56) K. Okamoto et al.: Phys. Rev. B **86** (2012) 195304.
57) S. Souma et al.: Phys. Rev. Lett. **108** (2012) 116801.
58) K. Kuroda et al.: Phys. Rev. Lett. **108** (2012) 206803.
59) S. V. Eremeev et al.: Nature Commun. **3** (2012) 635.
60) S. Muff et al.: Phys. Rev. B **88** (2013) 035407.
61) Y. L. Chen et al.: Nature Phys. **9** (2013) 704.
62) T. Valla et al.: Phys. Rev. B **86** (2012) 241101.
63) R. J. Cava et al.: J. Mater. Chem. C **1** (2013) 3176.
64) C. Brüne et al.: Phys. Rev. Lett. **106** (2011) 126803.
65) A. Barfuss et al.: Phys. Rev. Lett. **111** (2013) 157205.
66) A. Ohtsubo et al.: Phys. Rev. Lett. **111** (2013) 216401.
67) K. Nakayama et al.: Phys. Rev. Lett. **109** (2012) 236804.
68) Y. Zhang et al.: Nature Phys. **6** (2010) 584.
69) Y. Sakamoto et al.: Phys. Rev. B **81** (2010) 165432.
70) B. Yan and S. C. Zhang: Rep. Prog. Phys. **75** (2012) 096501.
71) A. Husmann et al.: Nature **417** (2002) 421.

72) W. Zhang *et al.*: Phys. Rev. Lett. **106** (2011) 156808.
73) S. Lee *et al.*: Nano Lett. **12** (2012) 4194.
74) A. Sulaev *et al.*: AIP Advances **3** (2013) 032123.
75) T. Richter *et al.*: Nano Lett. **8** (2008) 2834.
76) M. Dzero *et al.*: Phys. Rev. Lett. **104** (2010) 106408.
77) T. Takimoto: J. Phys. Soc. Jpn. **80** (2011) 123710.
78) F. Lu *et al.*: Phys. Rev. Lett. **110** (2013) 096401.
79) X. Zhang *et al.*: Phys. Rev. X **3** (2013) 011011.
80) S. Wolgast *et al.*: Phys. Rev. B **88** (2013) 180405(R).
81) J. Botimer *et al.*: Scientific Reports **3** (2013) 3150.
82) H. Miyazaki *et al.*: Phys. Rev. B **86** (2012) 075105.
83) K. von Klitzing and G. Landwehr: Solid State Commun. **9** (1971) 2201.
84) B. Rasche *et al.*: Nature Mater. **12** (2013) 422.
85) D. Hsieh *et al.*: Science **323** (2009) 919.
86) X. Wan *et al.*: Phys. Rev. B **83** (2011) 205101.
87) S. Chadov *et al.*: Nature Mater. **9** (2010) 541.
88) H. Lin *et al.*: Nature Mater. **9** (2010) 546.
89) D. Xiao *et al.*: Phys. Rev. Lett. **105** (2010) 096404.
90) W. Feng, D. Xiao, Y. Zhang, and Y. Yao: Phys. Rev. B **82** (2010) 235121.
91) W. Al-Sawai *et al.*: Phys. Rev. B **82** (2010) 125208.
92) C. Liu *et al.*: Phys. Rev. B **83** (2011) 205133.
93) G. Goll *et al.*: Physica B **403** (2008) 1065.
94) N. P. Butch *et al.*: Phys. Rev. B **84** (2011) 220504(R).
95) H. B. Nielsen and M. Ninomiya: Phys. Lett. B **130** (1983) 389.
96) A. A. Burkov, M. D. Hook, and L. Balents: Phys. Rev. B **84** (2011) 235126.
97) O. Vafek and A. Vishwanath: Annu. Rev. Condens. Matter Phys. **5** (2014) 83.
98) K. Ueda *et al.*: Phys. Rev. Lett. **109** (2012) 136402.
99) G. B. Halasz and L. Balents: Phys. Rev. B **85** (2012) 035103.
100) B. Singh *et al.*: Phys. Rev. B **86** (2012) 115208.
101) L. Fu: Phys. Rev. Lett. **106** (2011) 106802.
102) T. H. Hsieh *et al.*: Nature Commun. **3** (2012) 982.
103) Y. Tanaka *et al.*: Nature Phys. **8** (2012) 800.
104) P. Dziawa *et al.*: Nature Mater. **11** (2012) 1023.
105) S.-Y. Xu *et al.*: Nature Commun. **3** (2012) 1192.
106) Y. Tanaka *et al.*: Phys. Rev. B **87** (2013) 155105.
107) R.-J. Slager *et al.*: Nature Phys. **9** (2013) 98.
108) Y. Ueno *et al.*: Phys. Rev. Lett. **111** (2013) 087002.
109) C.-K. Chiu, H. Yao, and S. Ryu: Phys. Rev. B **88** (2013) 075142.
110) F. Zhang, C. L. Kane, and E. J. Mele: Phys. Rev. Lett. **111** (2013) 056403.

111) J. G. Analytis *et al.*: Nature Phys. **6** (2010) 960.
112) B. Sacepe *et al.*: Nature Commun. **2** (2011) 575.
113) J. Xiong *et al.*: Phys. Rev. B **86** (2012) 045314.
114) A. A. Taskin *et al.*: Phys. Rev. Lett. **109** (2012) 066803.
115) P. Cheng *et al.*: Phys. Rev. Lett. **105** (2010) 076801.
116) T. Hanaguri *et al.*: Phys. Rev. B **82** (2010) 081305.
117) H. Steinberg *et al.*: Nano Lett. **10** (2010) 5032.
118) J. G. Checkelsky *et al.*: Phys. Rev. Lett. **106** (2011) 196801.
119) D. Kim *et al.*: Nature Phys. **8** (2012) 459.
120) X. Chen *et al.*: Adv. Mater. **23** (2011) 1162.
121) H. Cao *et al.*: Appl. Phys. Lett. **101** (2012) 162104.
122) A. Koma: J. Cryst. Growth **201/202** (1999) 236.
123) A. A. Taskin *et al.*: Adv. Mater. **24** (2012) 5581.
124) A. Ishida *et al.*: Appl. Phys. Lett. **95** (2009) 122106.
125) A. A. Taskin *et al.*: Phys. Rev. B **89** (2014) 121302(R).
126) H. Peng *et al.*: Nature Mater. **9** (2010) 225.
127) D. Kong *et al.*: Nano Lett. **10** (2010) 2245.
128) F. Xiu *et al.*: Nature Nanotech. **6** (2011) 216.
129) P. Gehring *et al.*: Nano Lett. **12** (2012) 5137.
130) N. P. Butch *et al.*: Phys. Rev. B **81** (2010) 241301.
131) J. G. Analytis *et al.*: Phys. Rev. B **81** (2010) 205407.
132) K. Eto *et al.*: Phys. Rev. B **81** (2010) 195309.
133) D. O. Scanlon *et al.*: Adv. Mater. **24** (2012) 2154.
134) L.-L. Wang *et al.*: Phys. Rev. B **87** (2013) 125303.
135) J. G. Checkelsky *et al.*: Phys. Rev. Lett. **103** (2009) 246601.
136) Z. Ren *et al.*: Phys. Rev. B **84** (2011) 075316.
137) O. B. Sokolov *et al.*: J. Cryst. Growth **262** (2004) 442.
138) J. Xiong *et al.*: Physica E **44** (2012) 917.
139) H. Ji *et al.*: Phys. Rev. B **85** (2012) 201103.
140) P. Gehring *et al.*: Nano Lett. **13** (2013) 1179.
141) T. Arakane *et al.*: Nature Commun. **3** (2012) 636.
142) J. Zhang *et al.*: Nature Commun. **2** (2011) 574.
143) D. Kong *et al.*: Nature Nanotech. **6** (2011) 705.
144) S. S. Hong *et al.*: Nature Commun. **3** (2012) 757.

Introduction to
Topological Insulators

第7章 トポロジカル絶縁体の物性

本章では，トポロジカル絶縁体が示す特徴的な物性をまとめる．特に，スピン偏極したディラック粒子が表面に存在することに起因する輸送特性は，トポロジカル表面状態の詳細を調べるツールとなるので詳しく解説する．また今後の実験が待たれるトポロジカル電気磁気効果，スピン物性，光物性についても，その原理を概観する．

[7.1] ヘリカルスピン偏極

トポロジカル絶縁体の最も顕著な特徴は，表面に必ずギャップレスの金属的状態が現れることにある．Z_2 トポロジカル絶縁体の場合は，この表面状態のギャップレス性は時間反転対称性によって守られ，一方，トポロジカル結晶絶縁体の場合は鏡映対称性で守られている．絶縁体の表面にはしばしば電荷蓄積層や反転層などの表面伝導層が現れることがあるが，これらの普通の表面状態は，表面の条件次第で局在したり消えてしまったりする．これに対してトポロジカル表面状態は，関連する対称性が保たれている限り，局在したりギャップが開いたりすることはない．さらに普通の表面状態とトポロジカル表面状態の顕著な違いとして，後者は**ヘリカルスピン偏極**（**図7.1**）を持っていることが挙げられる．この特徴的なスピン偏極の帰結として，電子のスピンは表面の面内方向に閉じ込められ，しかもその向きが運動量と垂直な方向に固定される．これを**スピン–運動量ロッキング** (spin-momentum locking) と呼ぶこともある．

なお時間反転対称性を保った系においては，電子の固有状態には必ずクラマース対をなす相手方が存在する．電子のバンドがヘリカルスピン偏極を持っているときは，互いに反対向きのスピンを持つ $+\mathbf{k}$ の固有状態と $-\mathbf{k}$ の固有状態がクラマース対をなしている．クラマースの定理から，これらクラマース対をなす2つの固有状態は時間反転対称運動量において必ず縮退するが，これはすなわち，アップスピンの状態とダウンスピンの状態は時間反転対称

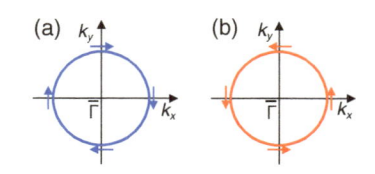

図 7.1 　2 次元ブリルアン域中におけるトポロジカル絶縁体表面状態のヘリカルスピン偏極

(a) と (b) はそれぞれ，フェルミ準位がディラック点より上と下の場合の偏極の様子である．直感と逆であるが，スピンヘリシティは (a) が左巻き，(b) が右巻きである（ヘリシティは粒子の進行方向の後ろ側から見たときの巻き方で定義するため）．

運動量で必ず交わることを意味する．これがトポロジカル表面状態のギャップレス性の背後にある原理である（図 5.4(b)）．

また表面状態がヘリカルスピン偏極を持っていることは，平衡状態で表面に無散逸の純スピン流が存在することを意味する．これは平衡状態で電荷の流れはないが，スピン角運動量はスピンの向きと垂直な方向に電子が持っている運動量によって運ばれるからである．そのスピン流の「極性」は，アップスピンが $+k$ に対応するのか $-k$ に対応するのかを示す**スピンヘリシティ** (spin helicity) によって決まる．これまでに知られているすべてのトポロジカル絶縁体物質において，スピンヘリシティはフェルミ準位がディラック点より上にあるときに左巻き（つまり $\mathbf{k} = (+k, 0)$ に対してスピンは $-y$ 方向を向く）であることが知られており（図 7.1(a)），フェルミ準位がディラック点より下になるとスピンヘリシティは右巻きに変わる（図 7.1(b)）．

この表面におけるスピン–運動量ロッキングに起因して，スピンが関係するさまざまな新現象が生じると予測されている．例えば，電荷の揺らぎは自然にスピンの揺らぎをもたらすので，電磁場が照射されたときに電荷が振動する通常のプラズモン励起は，スピンの振動も同時に伴う**スピンプラズモン励起** (spin-plasmon excitation) となる[1]．そのような励起が持つ特徴的エネルギースケールは数 meV と予想されており，それとおぼしき新奇な励起モードが実際にトポロジカル表面状態の超高分解能 ARPES 実験で観測されている[2]．

また半導体では，円偏光を照射することによって特定の向きのスピンを持った電子を選択的に励起できることが知られている．トポロジカル絶縁体の表面状態では，スピン–運動量ロッキングのために特定の向きのスピンを持った電子はそれに対応する特定の運動量方向を持つので，円偏光照射によって

励起されるスピン偏極した電子は特定の方向に運動することになる[3]．その結果として，照射光の偏光が左巻きか右巻きかに応じて，誘起される光電流の極性が反転する．実際そのような特徴的な光電流が Bi_2Se_3 において実験で観測されている[4]．

上記のようにトポロジカル絶縁体表面のスピンは，光を用いると操作・検出がしやすいが，電流によってスピンを操作・検出することは格段に難しいことがわかっている．その理由は，**スピン–運動量ロッキングのためにスピン散乱時間が電荷の散乱時間と等しくなる**ことにある．これはすなわち，通常の半導体では電子の平均自由行程 ℓ よりもずっと長くなっているスピン拡散長が，トポロジカル表面状態の中では ℓ と同じ長さまで短くなってしまうことを意味する[5]．そのような状況では，電流が通常の拡散輸送によって支配されているときに現れるスピン偏極は非常に小さくなる．具体的には 7.6 節で詳しく議論するように，フェルミ波数を k_F，加えた電場によって生じるフェルミ面のシフトを Δk としたとき，生じるスピン偏極度はわずか $\Delta k/k_F$ 程度である[6]．

したがってスピン–運動量ロッキングの当然の帰結として期待される，「電流によって生じるスピン偏極」を観測するには，拡散輸送ではなくバリスティック（弾道的）輸送の条件で実験を行うことが望ましい[7]．これまでのところ 3 次元トポロジカル絶縁体ではそのような実験の報告はないが，2 次元トポロジカル絶縁体領域にある CdTe/HgTe/CdTe 量子井戸では，エッジ電流のスピン偏極が確認されている[8]．これは，MBE 法で作製する HgTe 量子井戸では 10^5 cm^2/Vs 程度の高移動度を実現でき，電子の平均自由行程を数ミクロン程度まで長くできるためである．

[7.2] 準粒子干渉効果

準粒子干渉効果 (quasiparticle interference) とは，散乱体の周囲で生じる進行波と散乱波の間の電子波動関数の干渉によって，電子の局所状態密度が空間的に変調を受ける現象である．これは例えば，金属の表面において微分コンダクタンスの空間的変調として，STM を用いた走査トンネル分光（scanning tunneling spectroscopy, STS）で観測できる．一般に表面での準粒子干渉効果において，**x** 方向の干渉波は，フェルミ面上で **x** と平行な方向のフェルミ速度ベクトル $\mathbf{v}_F$ を持つ 2 つの状態間での散乱によって生じる（図 **7.2**(a)）．

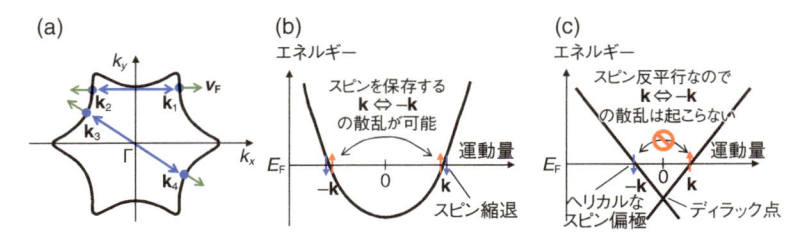

| 図 7.2 | **準粒子干渉効果**

(a) k_1 と k_2 および k_3 と k_4 は v_F が互いに平行なので、それらをつなぐ青い散乱ベクトルを持つ準粒子干渉波が生じる。(b) と (c) は普通の金属におけるスピン縮退したバンドとトポロジカル絶縁体におけるヘリカルにスピン偏極したバンドでの散乱の比較。後者では k と $-k$ の状態(例えば k_3 と k_4)のスピンが互いに反平行なので、後方散乱は起こらない。

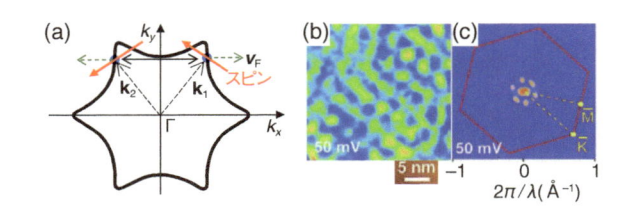

| 図 7.3 | **Bi_2Te_3 における準粒子干渉効果**

(a) k_1 と k_2 は準粒子干渉条件を満たす一方、それらのスピンは完全には反平行ではないので散乱が許され、準粒子干渉が起こる。(b) はそのような干渉を STM によって実空間で見たもの、(c) は (b) のデータをフーリエ変換して波数空間で見たもの。$\bar{\Gamma} - \bar{M}$ 方向が (a) 中の k_x 方向にあたる。
(b),(c) は文献 [10] より転載.
Copyright (2009) by the American Physical Society

 普通の金属の場合、例えばスピン縮退したフェルミ面が Γ 点を囲んでいれば、運動量 k と $-k$ の状態の間の散乱が普通に起こり(図 7.2(b))、散乱ベクトル $\pm 2k$ の干渉波を生む。ところがトポロジカル絶縁体の表面では、ヘリカルスピン偏極のために運動量 k と $-k$ における状態は互いに反対向きのスピンを持つので、散乱体が電子スピンの反転を引き起こすような磁性不純物でない限り、k から $-k$ への散乱(後方散乱)は起こらない(図 7.2(c))。このためトポロジカル絶縁体においては、準粒子干渉効果が大きく抑制されることが期待される。実際、表面状態のフェルミ面が単純な $\bar{\Gamma}$ 点周りの円になっている Bi_2Se_3 においては、準粒子干渉効果は観測されない[9]。

 一方 Bi_2Te_3 においては、フェルミエネルギー E_F がディラック点より 200 meV 以上高いところに位置すると表面状態のフェルミ面が 6 回対称の変形を示して**図 7.3**(a) のような状況になる。このため、散乱が可能でかつ準粒子干

渉条件を満たす $\mathbf{k}_1, \mathbf{k}_2$ の組が現れ，$\pm(\mathbf{k}_1 - \mathbf{k}_2)$ を波数ベクトルとする干渉波が生じる（図 7.3(b)(c)）[10]．

本質的に同様の現象が $Bi_{1-x}Sb_x$ の (111) 面でも報告されているが [11]，こちらの場合には表面状態の複雑さを反映して，準粒子干渉を起こす多くの散乱ベクトルが存在することが観測されている．この場合にもスピンが逆向きの状態間では散乱が起こらず，同じ向きのスピン成分を持つ状態間でのみ散乱が起こるとすると，観測結果が説明できることがわかっている．

[7.3] 輸送特性

[7.3.1] ディラック粒子の物理

一般に，スピン縮退していない 2 つのバンドがクラマース対を組んでいて時間反転対称運動量で線形に交わるとき，その交点の近傍では，この 2 バンド系の低エネルギー物理は線形のエネルギー分散を持つディラック方程式で有効的に記述できる．ディラック方程式の解が線形分散を持つのは粒子の静止質量がゼロの場合なので，上記のような固体中の電子は**質量ゼロのディラック粒子** (massless Dirac fermion) と見なすことができる．したがって，3 次元トポロジカル絶縁体の表面でクラマース対を組んでいるトポロジカルな固有状態は，スピン縮退の解けた 2 次元ディラック錐を形成していることになる（**図 7.4**）．

これを式を用いてもっと具体的に議論しよう．質量 m の自由粒子に対するディラック方程式は 2.15 節で示したように

$$E\psi(\mathbf{r}) = c \begin{pmatrix} 0 & \boldsymbol{\sigma} \\ \boldsymbol{\sigma} & 0 \end{pmatrix} \cdot \hat{\mathbf{p}} \psi(\mathbf{r}) + mc^2 \begin{pmatrix} I & 0 \\ 0 & -I \end{pmatrix} \psi(\mathbf{r})$$

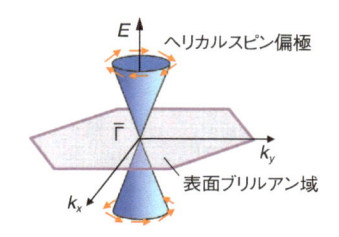

| 図 7.4 | スピン縮退の解けた 2 次元ディラック錐のエネルギー分散

$$= c \begin{pmatrix} mc & 0 & \hat{p}_z & \hat{p}_x - i\hat{p}_y \\ 0 & mc & \hat{p}_x + i\hat{p}_y & -\hat{p}_z \\ \hat{p}_z & \hat{p}_x - i\hat{p}_y & -mc & 0 \\ \hat{p}_x + i\hat{p}_y & -\hat{p}_z & 0 & -mc \end{pmatrix} \psi(\mathbf{r}) \quad (7.1)$$

と書くことができる．ここに出てくる $\boldsymbol{\sigma}$ は 3 つのパウリ行列をそれぞれ x, y, z 成分として持つ一般化されたベクトルであり，$\hat{\mathbf{p}}$ は運動量演算子である．この方程式のエネルギー固有値は

$$E = \pm c\sqrt{\mathbf{p}^2 + m^2 c^2} \quad (7.2)$$

である．このようにディラック方程式には正のエネルギー解と負のエネルギー解が対称的に現れる．質量 m が有限であれば，その両者の間には有限のエネルギーギャップが存在する（このため電子–陽電子対を生成するのには $2mc^2$ 分のエネルギーが必要である）．しかし $m = 0$ であれば，エネルギーギャップはなくなり，分散は線形になる．これが，線形分散を示す電子系のことを質量ゼロのディラック粒子系と見なせる理由であり，「質量ゼロ」とは，電子の有効質量がゼロになることを意味するわけではない．実際，電子のエネルギー分散が直線であれば，その二階微分はゼロになるので，$m^* = \hbar^2 (\partial^2 E / \partial k^2)^{-1}$ で定義される通常の有効質量は発散する．これはつまり，ディラック電子系に対しては有効質量近似は適用できないことを意味する．通常の放物線的な分散を示す電子系とディラック型の線形分散を示す電子系では，その理論的取扱いが基本的に異なるわけである．

近年，グラフェンが 2 次元ディラック電子系を実現している典型的な物質として知られている[12]．グラフェンとトポロジカル絶縁体はどちらもディラック電子系であるが，両者の間には重要な違いが 2 つ存在する．1 つは，前者ではディラック方程式におけるスピンの役割をするのがバレーの自由度（ブリルアン域中で K 点と K′ 点のどちらのディラック錐に電子がいるかという自由度）に対応する「擬スピン」であるのに対して，後者では本当の電子スピンがその自由度を担っている．もう 1 つは，グラフェンにおいては電子スピンの自由度とバレー自由度に起因する四重縮退が存在するのに対して，トポロジカル絶縁体は完全に非縮退である．このため，ディラック電子系としての物理はトポロジカル絶縁体においてより簡潔になり，その本質が発揮されやすい．

ディラック電子系が持つ特徴のうち，顕著なものとして挙げられるのが π

のベリー位相である[13]．これを具体的に見るために，フェルミ速度 v_F を持つ質量ゼロの 2 次元ディラック電子系を考えよう．ディラック方程式で質量ゼロのときは，もともとの 4×4 の行列方程式を 2×2 の方程式に簡略化することができ，次のように書くことができる．

$$E\psi(\mathbf{r}) = \hbar v_F \boldsymbol{\sigma} \cdot \hat{\mathbf{k}} \psi(\mathbf{r}) = -i\hbar v_F \boldsymbol{\sigma} \cdot \nabla \psi(\mathbf{r}) \tag{7.3}$$

この方程式の固有関数は

$$\psi_\pm(\mathbf{r}) = \frac{1}{\sqrt{2}} \begin{pmatrix} e^{-i\theta(\mathbf{k})/2} \\ \pm e^{i\theta(\mathbf{k})/2} \end{pmatrix} e^{i\mathbf{k} \cdot \mathbf{r}} \equiv u_\pm(\mathbf{k}) e^{i\mathbf{k} \cdot \mathbf{r}} \tag{7.4}$$

と求めることができ，ここで $\theta(\mathbf{k}) = \arctan(k_y/k_x)$ である．またこれに対応する固有エネルギーは，当然ながら以下の式となる．

$$E_\pm = \pm \hbar v_F k \tag{7.5}$$

波数ベクトル $\mathbf{k}$ が 2 次元波数空間における閉じた経路 C に沿って原点の周りを反時計回りに断熱的に（系の固有状態間の遷移が起きないように）一周するとき，この断熱的なサイクルの間に系が獲得するベリー位相 γ は簡単に計算でき，次のようになる．

$$\gamma = \oint_C d\mathbf{k} \cdot i \langle u_\pm(\mathbf{k}) | \nabla_k | u_\pm(\mathbf{k}) \rangle = \pi \tag{7.6}$$

通常の金属では，波数ベクトル $\mathbf{k}$ を持っていた電子が不純物から小角散乱を複数回受けて $-\mathbf{k}$ の波数ベクトルに変化するような後方散乱過程に対して，それを時間反転させた散乱過程が常に同じ確率で存在し，しかもそれら 2 つの過程が量子干渉効果によって強め合うため，電子の後方散乱確率が大きくなって弱局在現象[14]が起こる．しかしディラック電子系では，閉じたサイクルに対して π のベリー位相が伴い，上記の 2 つの後方散乱過程を合わせるとちょうど $\mathbf{k}$ 空間で閉じたサイクルを一周することになるので，後方散乱確率は量子干渉効果によって小さくなる．このため，後で詳述する**弱反局在** (weak antilocalization) と呼ばれる効果が生じて電子は動きやすくなる[13]．なお磁場をかけたときに生じるベクトルポテンシャルは上記の量子干渉効果を壊す働きをするため，弱反局在が起こっているディラック電子系では磁場によって電子の移動度が低下し，特徴的なカスプ型の磁場依存性を持つ正の

磁気抵抗が観測される（逆に弱局在が起こっている電子系では，負の磁気抵抗が観測される）．

質量ゼロのディラック電子系が持つもう 1 つの顕著な特性は，エネルギー固有状態が磁場中で示す特徴的なランダウ量子化である．この量子化は次のような規則にしたがう[15]．

$$E_{\pm}(N) = \pm\sqrt{(2e\hbar v_\mathrm{F}^2 B/c)N}. \tag{7.7}$$

ここで N は $0, 1, 2, ...$ の整数である．この量子化則は，磁場中のディラック電子系におけるランダウ準位の間隔は一定ではなく，$\sqrt{N}$ にしたがって変化することを意味する．これに対して通常の金属では，ランダウ準位の間隔は単純に $\hbar\omega_c$ ($= eHB/m_c c$，ただし m_c はサイクロトロン質量) で与えられ，N によって変化することはない．

さらに式 (7.7) から導かれる帰結として，ディラック電子系は $N = 0$ に対応する特別なランダウ準位を持つことがわかる．$E_\pm(N = 0) = 0$ なので，このランダウ準位は常に電荷中性点 (ディラック点) に位置する．したがって，質量ゼロのディラック電子系におけるランダウ量子化の特徴は，ゼロエネルギーにおける量子化準位の存在と，その準位を中心にした正負のエネルギーに対して対称的な $\sqrt{N}$ 準位の現れ方にある．このような特徴的なランダウ量子化は，STS の実験[9],[16] によって，実際にトポロジカル絶縁体の表面で観測されている (**図 7.5**，ただし負のエネルギー側のランダウ準位は観測されていない)．

式 (7.7) のような特徴的なランダウ量子化が起こると，それに伴う量子ホール効果も独特のものになる．具体的には，N 番目と $(N+1)$ 番目のランダウ準位の間で現れるホール伝導率は

$$\sigma_{xy} = -\frac{e^2}{h}\left(N + \frac{1}{2}\right) \tag{7.8}$$

に量子化されるが，これは**半整数量子化** (half-integer quantization) と呼ばれる[12] (**図 7.6** 参照)．この独特の量子化は，ディラック点に $N = 0$ のランダウ準位が存在することの帰結として理解される．σ_{xy} がエネルギー（フェルミ準位）に関して反対称関数であることを思い出すと，ゼロエネルギーにランダウ準位があるということは，正と負のエネルギーにおける最初の量子化されたホール伝導率の平坦部が反対称な形で現れなければならないことを意味する．隣り合うホール伝導率の平坦部の間隔は必ず e^2/h であるため，正

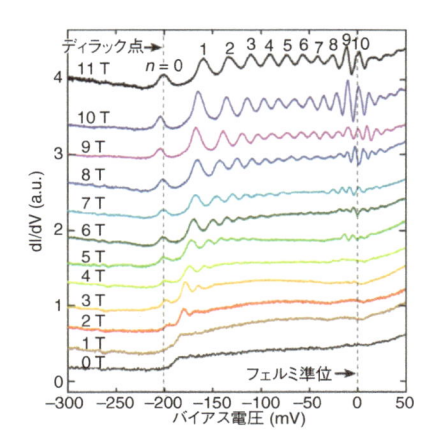

| **図 7.5** | **膜厚 50 nm の Bi$_2$Se$_3$ 薄膜に対する STS 実験で観測されたトポロジカル表面状態のランダウ量子化**

図は，さまざまな強さの磁場を表面に垂直にかけたときに得られた微分トンネル伝導率のエネルギー依存性を示しており，微分トンネル伝導率は電子の状態密度を反映するため，磁場中で電子の固有状態が $\sqrt{N}$ にしたがう量子化を受けていることがわかる．文献 [16] より転載．
Copyright (2010) by the American Physical Society

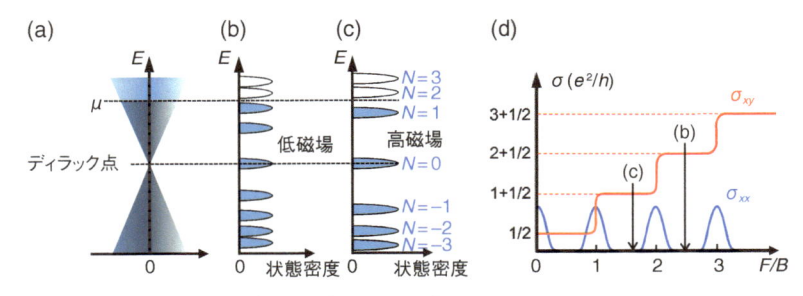

| **図 7.6** | **半整数量子化の原理**

(a) ディラック点の上まで電子が詰まったディラック錐．μ はフェルミ準位．(b) ディラック錐におけるランダウ量子化の様子．μ よりも低いエネルギーのランダウ準位は電子で占められている．$N=0$ のランダウ準位はディラック点にピン止めされ，その他の準位の間の間隔は $\sqrt{N}$ で変化する．(c) 磁場が強くなるとランダウ準位の間隔は $\sqrt{B}$ にしたがって広がっていくため，より少ない数のランダウ準位が占有されるようになる．(d) 2 次元ディラック電子系が量子ホール状態にあるとき，σ_{xx} と σ_{xy} が磁場の逆数の関数としてどう振舞うかを示した．(b) および (c) の状況がどこに対応するかを矢印で示している．σ_{xx} が極小（ゼロ）になったときが，N 番目のランダウ準位まで完全に詰まった状態である．

負エネルギーにおける最初のホール伝導率平坦部のゼロから測った高さはその半分，すなわち $e^2/2h$ になるというわけである．

なおこの半整数量子化は，ディラック電子系が持つ π のベリー位相の帰結として理解することもできる[17],[18]．これは Laughlin が提唱した，円筒上の

2次元系を考えたときのホール伝導率の量子化に関する量子位相を用いた議論にしたがうと理解しやすいが，詳細は Laughlin の原論文[19]を参照してほしい．

[7.3.2] シュブニコフ・ドハース振動

4.2 節で詳しく説明したように，結晶固体の持つエネルギー固有状態が磁場中でランダウ量子化を受けると，状態密度（density of states, DOS）が磁場の逆数に対して周期的に変化する．これによってさまざまな物理量が磁場中で示す周期的な変化のことを**量子振動**と呼ぶ[20]．特に電気伝導率が振動する現象のことを発見者の名前をとって**シュブニコフ・ドハース振動（SdH 振動）**と呼び，磁化率が振動する現象を**ドハース・ファンアルフェン振動（dHvA 振動）**と呼ぶが，物理的な起源は本質的に同じである．

3次元トポロジカル絶縁体の研究においては SdH 振動が特に重要な役割を果たす．それは本節で具体的に説明するように，3次元的なバルク電子状態が共存している状況においても，2次元的な表面状態の性質を選択的かつ定量的に調べることができるからである．さらに，量子振動の位相項は系のベリー位相を直接反映するため，位相の解析によって SdH 振動を示しているのがディラック電子系なのか否かを判定できることも，この手法の大きな利点である．

それでは SdH 振動を理解するため，まず磁場中の電子の運動を復習しよう．固体中で散乱されながら運動する電子による電気伝導を現象論的に記述する**緩和時間近似** (relaxation-time approximation) のもとで，電気伝導率 σ_{xx} はドゥルーデの公式

$$\sigma_{xx} = \frac{ne^2\tau}{m^*} \tag{7.9}$$

で与えられる（この式は以下で説明する計算で磁場ゼロとおくと得られる）．ここで n は総電子数，τ は緩和時間（散乱時間ともいう），m^* は有効質量である．SdH 振動においては，4.2 節で解説したフェルミ準位における状態密度 $\rho(E_\mathrm{F})$ の変化が上記の σ_{xx} に与える影響を考えることになる．$\rho(E_\mathrm{F})$ が変化しても全体の電子数が変わるわけではないので，$\rho(E_\mathrm{F})$ の変化の影響は主として τ の変化として現れる．これは，$\rho(E_\mathrm{F})$ が大きくなるほど電子が散乱後に取り得る終状態の数が増えるので，散乱が起こりやすくなる（τ が短くなる）ためである．

ここで磁場が σ_{xx} に与える影響を説明しておこう．緩和時間近似のもとで

は，電子が時刻 t から $t+dt$ の間に散乱される確率は dt/τ であると考える．時刻 t において速度が $\mathbf{v}(t)$ であった電子がその後 dt 秒間，散乱されずに力 $\mathbf{f}(t)$ を受けて加速され続けると，速度は

$$\mathbf{v}(t) + \frac{\mathbf{f}(t)}{m^*}dt \tag{7.10}$$

に変化する．しかしこのような速度に変化できる電子の割合は，散乱されずに残った $(1-dt/\tau)$ であり，散乱された電子の方の速度はランダムに変化しているので平均としての速度変化には寄与しない．したがって系全体としての速度変化は

$$\begin{aligned}\mathbf{v}(t+dt) &= \left(1 - \frac{dt}{\tau}\right)\left(\mathbf{v}(t) + \frac{\mathbf{f}(t)}{m^*}dt\right) \\ &\simeq \mathbf{v}(t) - \left(\frac{dt}{\tau}\right)\mathbf{v}(t) + \frac{\mathbf{f}(t)}{m^*}dt\end{aligned} \tag{7.11}$$

と近似できる．これを変形して差分から微分に移ると

$$m^*\left(\frac{d\mathbf{v}(t)}{dt} + \frac{\mathbf{v}(t)}{\tau}\right) \simeq \mathbf{f}(t) \tag{7.12}$$

が得られる．これを使うと，運動する電子が電場 $\mathbf{E}$ からクーロン力，磁場 $\mathbf{B}$ からローレンツ力を受けているとき，現象論的な運動方程式

$$\frac{d\mathbf{v}}{dt} + \frac{\mathbf{v}}{\tau} = -\frac{e}{m^*}\left(\mathbf{E} + \frac{1}{c}\mathbf{v}\times\mathbf{B}\right) \tag{7.13}$$

が得られる．いま，磁場を z 軸方向とし，サイクロトロン周波数を $\omega_c = eB/m^*c$ と書く．速度 $\mathbf{v}$ は電子系全体についての平均を考えるものとすると，定常状態では

$$\frac{\mathbf{v}}{\tau} = -\frac{e}{m^*}\left(\mathbf{E} + \frac{1}{c}\mathbf{v}\times\mathbf{B}\right) \tag{7.14}$$

となっているはずである．これを成分で書くと

$$\begin{cases} v_x + \omega_c\tau v_y = -(e\tau/m^*)E_x \\ v_y - \omega_c\tau v_x = -(e\tau/m^*)E_y \\ v_z = -(e\tau/m^*)E_z \end{cases} \tag{7.15}$$

となるので，最初の2式を v_x と v_y について解くことにより，電流 $\mathbf{J} = -n(e/c)\mathbf{v}$ の式として

$$\begin{cases} J_x = \dfrac{ne^2\tau}{m^*}\dfrac{E_x - \omega_\mathrm{c}\tau E_y}{1+(\omega_\mathrm{c}\tau)^2} \\ J_y = \dfrac{ne^2\tau}{m^*}\dfrac{E_y + \omega_\mathrm{c}\tau E_x}{1+(\omega_\mathrm{c}\tau)^2} \\ J_z = \dfrac{ne^2\tau}{m^*}E_z \end{cases} \qquad (7.16)$$

が得られる．ここで $\sigma_0 = ne^2\tau/m^*$ と書けば，x 成分と y 成分に関する式は

$$\begin{pmatrix} J_x \\ J_y \end{pmatrix} = \frac{\sigma_0}{1+(\omega_\mathrm{c}\tau)^2} \begin{pmatrix} 1 & -\omega_\mathrm{c}\tau \\ \omega_\mathrm{c}\tau & 1 \end{pmatrix} \begin{pmatrix} E_x \\ E_y \end{pmatrix} \qquad (7.17)$$

の形に書くことができるので，電気伝導率テンソルの成分として

$$\sigma_{xx} = \frac{1}{1+(\omega_\mathrm{c}\tau)^2}\sigma_0 \ (=\sigma_{yy}) \qquad (7.18)$$

$$\sigma_{xy} = \frac{-\omega_\mathrm{c}\tau}{1+(\omega_\mathrm{c}\tau)^2}\sigma_0 \ (=-\sigma_{yx}) \qquad (7.19)$$

が得られる．なお，$B=0$ のときは式 (7.18) で $\omega_\mathrm{c}=0$ とおくことによってドゥルーデの公式 (7.9) が得られる．

SdH 振動が観測されるのは十分に磁場が強いときであり，通常は $\omega_\mathrm{c}\tau \gg 1$ という条件が満たされる．この条件のもとで電気伝導率テンソルは

$$\sigma_{xx} \simeq \frac{ne^2}{m^*\omega_\mathrm{c}^2\tau} = \frac{nm^*c^2}{B^2\tau} \qquad (7.20)$$

$$\sigma_{xy} \simeq \frac{ne^2}{m^*\omega_\mathrm{c}} = \frac{nec}{B} \qquad (7.21)$$

と近似される．したがって高磁場極限での σ_{xx} は，ドゥルーデの公式 (7.9) とは逆に，τ に反比例する．このことから，$\omega_\mathrm{c}\tau \gg 1$ のときにランダウ量子化によって起こる $\rho(E_\mathrm{F})$ の極大（$=1/\tau$ の極大）は，SdH 振動における σ_{xx} の極大に対応することがわかる．

それでは SdH 振動の解析について具体的に説明しよう．SdH 振動においては，電気伝導率 σ_{xx} が $1/B$ の関数として周期的に振動する．$\omega_\mathrm{c}\tau \gg 1$ のときに成立するリフシッツ・コセヴィッチ理論[20]によると，その振動成分は次のように書くことができる．

$$\Delta\sigma_{xx} \propto \cos\left[2\pi\left(\frac{F}{B} - \frac{1}{2} + \beta\right)\right] \qquad (7.22)$$

ここで F は振動の周波数であり，β は位相シフトを表す $(0 \leq \beta < 1)$．式

(7.22) の中の位相項の起源は 4.2 節で説明したオンサガーの半古典的量子化条件

$$A_N = \frac{2\pi e}{\hbar c} B \left(N + \frac{1}{2} - \beta \right) \quad (7.23)$$

にあり，N 番目のランダウ準位がフェルミ準位 E_F を横切るときにこの条件が満たされる．ただしここで A_N は波数空間において電子がフェルミ面上をサイクロトロン運動によって周回する際に囲む面積であり，β はその周回運動に伴うベリー位相 γ を 2π で割ったものである．通常の放物線的なエネルギー分散を持つフェルミ粒子のベリー位相は，スピンの自由度を無視すればゼロとなること ($\beta = 0$) が知られている[20),21)]．一方，本章ですでに説明したように，線形のエネルギー分散を持つディラック粒子系は π のベリー位相を持つ ($\beta = \frac{1}{2}$)．実際のトポロジカル絶縁体におけるディラック的なエネルギー分散は厳密に線形になっているわけではなく，放物線的な成分も含んでいるが，そのような状況でも，少なくとも N が十分大きいときには β が厳密に $\frac{1}{2}$ になることが理論的に示されている[22)-24)]．

通常，ランダウ準位は熱揺らぎや結晶の乱れの影響によって有限の広がりを持つ．固体が示す電子物性の多くは E_F における状態密度 $\rho(E_F)$ に直接依存するが，この $\rho(E_F)$ は E_F がランダウ準位の中心に位置したときに極大になり，逆に E_F が隣り合うランダウ準位の間に位置すると $\rho(E_F)$ は極小になる（図 7.6(b)(c)）．後者の状況では，E_F 直下のランダウ準位までが完全に埋まり，その次のランダウ準位が空いた状況になっている．したがって，$\rho(E_F)$ の極小に対応して現れる σ_{xx} の極小は，あるランダウ準位までが完全充填されたことを示す信号と考えることができる．このことから，σ_{xx} の極小にランダウ準位指数 N を対応させることが自然であることがわかるだろう．

通常の 2 次元電子系の場合，このランダウ準位指数 N がフィリングファクター ν に対応することは 3.10 節で説明した通りである．量子ホール効果が起こるような高移動度の試料では，ν 番目と $(\nu+1)$ 番目のランダウ準位の間に E_F が位置したときにホール伝導率 σ_{xy} が $\nu e^2/h$ に量子化され，一方 σ_{xx} はゼロとなる．この σ_{xx} の消失は，フェルミ準位においてエネルギーギャップが開いて一種の絶縁体状態になっていることの反映と考えられる．

これに対してディラック電子系では，フィリングファクター ν は N には対応せず，$N + \frac{1}{2}$ となることが知られている．これは前節で述べた $N = 0$ の特別なランダウ準位の存在によるものであり，式 (7.8) で与えられる半整数量子ホール効果もこれを反映したものである．このディラック電子系特有の

量子ホール効果は，図 7.6(d) に示した通りである．

上記のことを踏まえると，SdH 振動から位相項 β を実験的に求めることができる．その具体的な方法は，**fan diagram（扇状図）解析**と呼ばれる．まず σ_{xx} を $1/B$ の関数として見たときの N 番目の極小の位置を求め，そのときの $1/B$ の値を「$1/B_N$」とする．この $1/B_N$ を N に対してプロットしたのが fan diagram である．式 (7.22) より，N 番目の極小が起こるのは cos 関数の中身が $(2N-1)\pi$ に等しくなったとき，つまり

$$2\pi \left(\frac{F}{B_N} - \frac{1}{2} + \beta \right) = (2N-1)\pi \tag{7.24}$$

を満たしたときである．式 (7.24) からわかるように，$1/B_N$ の N に対するプロットは直線になり，その傾きが振動の周波数 F に対応する．また $N=1$ の極小を与える $1/B_1$ において，$F/B_1 = 1 - \beta$ が成立する．さらに，fan diagram を直線でフィッティングして $1/B_N \to 0$ に外挿したときの N 軸における切片は位相項 β を与える．このようにして求めた β の値が $\frac{1}{2}$ であれば，それは SdH 振動がディラック電子系から生じていることを示していると考えてよい．

なお，上記のランダウ準位に対する fan diagram 解析を行う際には注意が必要である．正しい解析には強磁場極限 $\omega_c \tau \gg 1$ が満たされているときの σ_{xx} における極小を求める必要があるが，通常，実験で直接測定されるのは抵抗率なので，抵抗率の極小を用いて fan diagram 解析を行うこともしばしば行われている．その場合に留意すべき点について，ここで述べておこう．

固体における抵抗率テンソルは電気伝導率テンソルの逆テンソルであり，系が等方的な場合には両者の間の変換は

$$\begin{pmatrix} \rho_{xx} & \rho_{xy} \\ \rho_{yx} & \rho_{xx} \end{pmatrix} = \begin{pmatrix} \sigma_{xx} & \sigma_{xy} \\ -\sigma_{xy} & \sigma_{xx} \end{pmatrix}^{-1}$$
$$= \frac{1}{\sigma_{xx}^2 + \sigma_{xy}^2} \begin{pmatrix} \sigma_{xx} & -\sigma_{xy} \\ \sigma_{xy} & \sigma_{xx} \end{pmatrix} \tag{7.25}$$

で与えられる．式 (7.25) から，$\sigma_{xx} \ll |\sigma_{xy}|$ という条件が満たされれば（これは低キャリア濃度の半導体などにおいて通常成立する），$\rho_{xx} \simeq \sigma_{xx}/\sigma_{xy}^2$ と近似でき，ρ_{xx} の極小は σ_{xx} の極小と一致することがわかる．グラフェンにおいて ρ_{xx} のデータをもとにしたランダウ準位の fan diagram 解析 [17], [18] が正しい位相項を与えるのは，この理由による．

しかしトポロジカル絶縁体の場合，表面状態と共存するバルク伝導チャンネルの影響のために，$\sigma_{xx} \ll |\sigma_{xy}|$ の条件は通常満たされない．極端な場合，$\sigma_{xx} \gg |\sigma_{xy}|$ という条件が満たされるとき（これはキャリア濃度の高い金属において通常見られる），$\rho_{xx} \simeq \sigma_{xx}^{-1}$ という近似が成り立ち，ρ_{xx} の極小は今度は σ_{xx} の極大に対応することになる．したがって，$\sigma_{xx} \ll |\sigma_{xy}|$ という条件が満たされているのでない限り，抵抗率のデータに基づいて fan diagram 解析を行うことは危険である．SdH 振動の位相項を正しく求めてベリー位相の有無を議論するには，$\rho_{xx}(B)$ と $\rho_{yx}(B)$ を同時に測定し，式 (7.25) を用いて $\sigma_{xx}(B)$ と $\sigma_{xy}(B)$ に変換してから fan diagram 解析を行うことが望ましい．トポロジカル絶縁体研究の初期のころは上記の事情がよく理解されておらず，グラフェンの場合に倣って ρ_{xx} の極小をもとにしたランダウ準位の fan diagram 解析が行われることが多かった．

　ここで $\sigma_{xx} \ll |\sigma_{xy}|$ という条件について少し考えておこう．式 (7.18) と式 (7.19) からすぐわかるように，

$$\sigma_{xx} \ll |\sigma_{xy}| \iff \omega_c \tau \gg 1 \tag{7.26}$$

という関係が成立するので，簡単な単一バンドの場合，量子振動が見えるほど $\omega_c \tau$ が大きくなっていれば，基本的に $\sigma_{xx} \ll |\sigma_{xy}|$ は満たされることになる．しかしトポロジカル絶縁体では電気伝導が複数の伝導チャンネルの並列回路で起こっており，またマルチバンドの金属では複数のフェルミ面が伝導に寄与する．このような場合，全体の電気伝導率は各チャンネルの電気伝導率 $\sigma_{xx}^A, \sigma_{xx}^B, \ldots$ を足し合わせたものになる．そうすると，SdH 振動を生じているチャンネル A に固有の ω_c^A と τ^A が $\omega_c^A \tau^A \gg 1$ を満たしていても，全体の平均が $\omega_c \tau \gg 1$ を満たすとは限らない．これが，現実の系では見かけ上 $\sigma_{xx} \gg |\sigma_{xy}|$ であっても SdH 振動が観測されることがある理由である．

　上記のようなマルチチャンネル（またはマルチバンド）伝導の場合でも，$\sigma_{xx} = \sigma_{xx}^A + \sigma_{xx}^B + \cdots$ なので，観測される SdH 振動における σ_{xx} の極小は SdH 振動を生じている σ_{xx}^A の極小と常に一致する．しかし ρ_{xx} の極小の方は σ_{xx}^A の極小と一致するとは限らない．これはすでに述べたように，$\rho_{xx} \propto \sigma_{xx}$ となるか $\rho_{xx} \propto \sigma_{xx}^{-1}$ となるかは σ_{xx} と $|\sigma_{xy}|$ の大小関係によるからである．SdH 振動の位相解析に σ_{xx} を用いた方がよいのは，このような背景のためである．

　なおランダウ準位の fan diagram 解析によって位相項を決める際の精度を上げるためには，フィッティングに必要な変数をなるべく減らすことが望ま

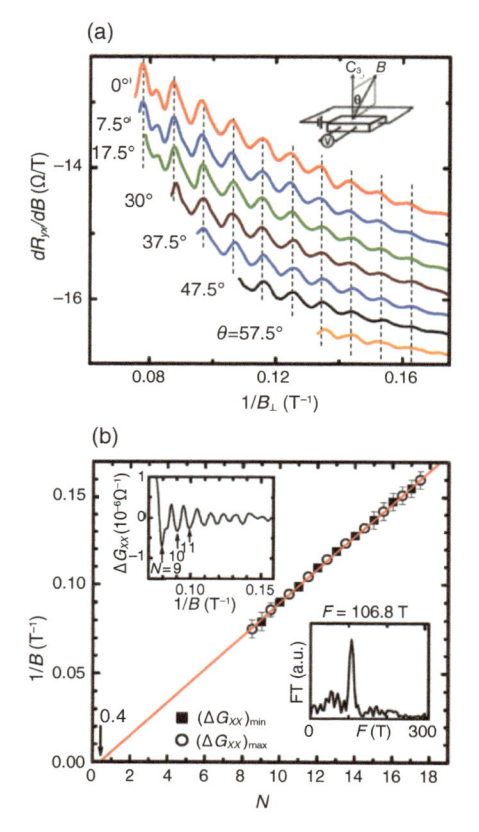

図 7.7 SdH 振動 (a) とランダウ準位の fan diagram 解析 (b)

(a) MBE 法で成膜した 10 nm 厚の高品質 Bi_2Se_3 薄膜において 1.6 K で観測された SdH 振動の例．ここでは振動を見やすくするために dR_{yx}/dB を $1/B_\perp (= 1/B\cos\theta)$ に対してプロットしている．磁場を試料に対して傾けても振動の極大と極小は $1/B_\perp$ だけに依存していることから，この SdH 振動が 2 次元電子系から生じていることがわかる．(b) ρ_{xx} と ρ_{yx} から計算した σ_{xx}（左上挿入図）を用いたランダウ準位の fan diagram 解析．SdH 振動の周波数 F はフーリエ解析（右下挿入図）から求め，その F で直線の傾きを固定したフィッティングによって N 切片 0.40 ± 0.04 が求められた．この値はディラック電子系に期待される 1/2 に十分近い．文献 [25] 中のデータより作成．

しい．SdH 振動の周波数 F は，波形のフーリエ解析によって精度よく決めることができるので，そのようにして決めた F を fan diagram の傾きとして固定し，N 軸の切片だけをフィッティングによって求めるようすると，β の決定の不確定性を大きく減らすことができる[25),26)]．MBE 法による成膜で得られた高品質 Bi_2Se_3 薄膜で観測された SdH 振動のデータを用いた，そのような fan diagram 解析の例を**図 7.7** に示す．

ベリー位相のほかにも SdH 振動にはいろいろと有用な情報が含まれている．4.2 節で導いた式 (4.30) は，フェルミ面上の極値軌道と SdH 振動の周波数 F の間の関係を与えるので，単純な円形の断面を持つ 2 次元電子系の場合のフェルミ波数 k_F と F の間には

$$F = (\hbar c/2\pi e)\pi k_F^2 \tag{7.27}$$

の関係がある．したがって **SdH 振動の周波数から，平均された k_F の値と，それと一対一の関係にあるキャリア濃度が求まる**．特にトポロジカル表面状態の場合の 2 次元電子密度は，

$$n_s = \frac{1}{(2\pi)^2}\pi k_F^2 = \frac{e}{2\pi\hbar c}F \tag{7.28}$$

によって計算される．もし表面状態が通常の電荷蓄積層のような非トポロジカルな起源のものであるなら，スピン縮退のために n_s は上記式を 2 倍したものになる．また SdH 振動が 3 次元のバルク状態から生じていて，そのフェルミ面が回転楕円形をしているなら，フェルミ面の決定には k_F^a, k_F^b, k_F^c の 3 つの主軸にそれぞれ平行な方向から磁場をかけたときの 3 通りの SdH 振動周波数を測定する必要があり，3 次元キャリア濃度はスピン縮退も考えに入れて $n_{3D} = [2/(2\pi)^3](4\pi/3)k_F^a k_F^b k_F^c$ で与えられる [27]．

SdH 振動が表面状態から生じているかどうかは，周波数 F の磁場方向依存性を測ることによって判定できる．表面の法線と磁場がなす角を θ としたとき（図 7.7(a)），もし F が $\sim 1/\cos\theta$ にしたがって変化するなら，SdH 振動は表面に垂直な磁場成分のみによって決まっていることになり，電子系の 2 次元性を示す強い証拠となる [25],[28]–[32]．ただし，葉巻型のような細長い形の 3 次元フェルミ面も一定の θ の範囲にわたって $1/\cos\theta$ で近似できる振舞いを示すので [30]，フェルミ面の 2 次元性を判定するためには十分広い範囲の θ（例えば 60° 程度まで）にわたって測定を行うことが必要である．さらに，$\theta = 90°$ のときに SdH 振動が消失することを確認するのも 3 次元性を否定する上で重要である．

次に **SdH 振動の振幅が測定温度の上昇とともにどのように減衰するかを解析することによって，キャリアのサイクロトロン質量 m_c を求めることができる**．具体的には，量子振動に関するリフシッツ・コセヴィッチ理論 [20] が与える

$$\Delta\sigma_{xx} = A_0 R_T R_D R_S \cos\left[2\pi\left(\frac{F}{B} - \frac{1}{2} + \beta\right)\right] \tag{7.29}$$

を利用してデータ解析を行うが，ここで A_0 は定数であり，3 つの係数

$$R_{\rm T} = 2\pi^2(k_{\rm B}T/\hbar\omega_{\rm c})/\sinh[2\pi^2(k_{\rm B}T/\hbar\omega_{\rm c})] \tag{7.30}$$

$$R_{\rm D} = \exp[-2\pi^2(k_{\rm B}T_{\rm D}/\hbar\omega_{\rm c})] \tag{7.31}$$

$$R_{\rm S} = \cos(\frac{1}{2}\pi g m_{\rm e}/m_{\rm c}) \tag{7.32}$$

はそれぞれ，温度減衰項，ディングル減衰項，スピン減衰項と呼ばれる [20]（g は電子の g ファクター，$m_{\rm e}$ は自由電子質量）．$T_{\rm D}$ はディングル温度

$$T_{\rm D} = \frac{\hbar}{2\pi k_{\rm B}\tau} \tag{7.33}$$

であり，散乱による量子振動の減衰効果を有効温度として表したものである．

磁場が一定であれば $R_{\rm D}$ は変化しないので，温度依存性は $R_{\rm T}$ を通してのみ入ってくる．このため，SdH 振動中の特定のピーク（つまり特定の磁場）に注目してその振幅の温度依存性をフィッティングすることによって $\omega_{\rm c}$ を求めることができ，それを用いて $m_{\rm c} = eB/(c\omega_{\rm c})$ が計算できる．なお $m_{\rm c}$ の定義は 4.2 節で説明した通り

$$m_{\rm c} = \frac{\hbar^2}{2\pi}\left(\frac{\partial A(E)}{\partial E}\right)_{E=E_{\rm F}} \tag{7.34}$$

であり，$A(E)$ を決める波数空間のサイクロトロン軌道はフェルミ面上に拘束されているため，$A(E_{\rm F})$ は $E_{\rm F}$ と一緒に変化する．エネルギー分散が $E(k) = \hbar v_{\rm F} k$ で与えられる 2 次元ディラック電子系の場合，

$$A(E_{\rm F}) = \pi k_{\rm F}^2 = \pi E_{\rm F}^2/(\hbar v_{\rm F})^2 \tag{7.35}$$

となるので

$$m_{\rm c} = E_{\rm F}/v_{\rm F}^2 = \hbar k_{\rm F}/v_{\rm F} \tag{7.36}$$

である．したがって，SdH 振動の温度依存性から $m_{\rm c}$ が求まれば，フェルミ速度を $v_{\rm F} = \hbar k_{\rm F}/m_{\rm c}$ から計算することができ，それを ARPES 実験から決められたディラック分散の傾き（これも $v_{\rm F}$ を与える）と比較することによって，SdH 振動の結果が実際に表面状態のエネルギー分散と矛盾しないかどうか判定することができる．

$m_{\rm c}$ を求めたのち，**一定温度における SdH 振動の磁場依存性からディングル温度 $T_{\rm D}$ を求めることができ，それを用いて量子散乱時間 τ が求まる**．そ

れには通常，ディングルプロットと呼ばれる解析が用いられる．式 (7.29) と各減衰項に対する表式から，SdH 振動の磁場に依存する振幅 A は

$$A = A_0 R_\mathrm{T} R_\mathrm{D} R_\mathrm{S}$$
$$\propto [(2\pi^2 k_\mathrm{B} T/\hbar\omega_\mathrm{c})/\sinh(2\pi^2 k_\mathrm{B} T/\hbar\omega_\mathrm{c})]\exp(-2\pi^2 k_\mathrm{B} T_\mathrm{D}/\hbar\omega_\mathrm{c}) \quad (7.37)$$

で与えられるので，$\ln[AB\sinh(\alpha T/B)]$ を $1/B$ に対してプロットしたものが直線になり ($\alpha = 14.7\,m_\mathrm{c}/m_\mathrm{e}$ [T/K])，その傾きが T_D を与えることがわかる．T_D から求まる τ を用いて電子の平均自由行程

$$\ell^\mathrm{SdH} = v_\mathrm{F}\tau \quad (7.38)$$

が計算でき，さらに表面電子の移動度も

$$\mu_\mathrm{s}^\mathrm{SdH} = e\tau/m_\mathrm{c} = e\ell^\mathrm{SdH}/\hbar k_\mathrm{F} \quad (7.39)$$

によって評価できる．

トポロジカル絶縁体の研究において，SdH 振動の解析を利用してトポロジカルな 2 次元電子系とバルクの 3 次元電子系を選択的に調べる方法は，最初に Taskin と筆者によって 2009 年に $\mathrm{Bi}_{1-x}\mathrm{Sb}_x$ に適用された[33]．その後，Qu らと Analytis らが 2010 年にそれぞれ $\mathrm{Bi}_2\mathrm{Te}_3$ [30] と $\mathrm{Bi}_2\mathrm{Se}_3$ [32] にこの方法を適用し，トポロジカル表面状態の輸送現象による観測を報告した．なおこれらの実験のために，バルクのキャリア濃度をできるだけ低くした高品質単結晶試料が必要であったことはいうまでもない．

[7.3.3] 2 バンド 模型による解析

これまで述べてきたように，現実のトポロジカル絶縁体試料ではバルクの伝導チャンネルが無視できず，表面とバルクが並列回路を形成していると考える必要がある．そのような状況を記述するのに，簡単な **2 バンド 模型** (two-band model) がよく使われる．この模型では，散乱時間の磁場依存性は無視し，それぞれのチャンネルの磁場依存性は式 (7.18) および式 (7.19) の形で取り入れる．すると，表面とバルクの並列回路に対するホール抵抗率 ρ_{yx} と抵抗率 ρ_{xx} の表式は

$$\rho_{yx} = \frac{(R_\mathrm{s}\rho_\mathrm{b}^2 + R_\mathrm{b}\rho_\mathrm{s}^2)B + R_\mathrm{s}R_\mathrm{b}(R_\mathrm{s}+R_\mathrm{b})B^3}{(\rho_\mathrm{s}+\rho_\mathrm{b})^2 + (R_\mathrm{s}+R_\mathrm{b})^2 B^2} \quad (7.40)$$

$$\rho_{xx} = \frac{\rho_{\rm s}\rho_{\rm b}(\rho_{\rm s}+\rho_{\rm b}) + (\rho_{\rm s}R_{\rm b}^2 + \rho_{\rm b}R_{\rm s}^2)B^2}{(\rho_{\rm s}+\rho_{\rm b})^2 + (R_{\rm s}+R_{\rm b})^2 B^2} \tag{7.41}$$

で与えられる．ここで $\rho_{\rm b}$ と $R_{\rm b}$ はバルクチャンネルに起因する抵抗率とホール係数であり，一方，表面チャンネルの抵抗率とホール係数は，試料の厚み t，表面シート抵抗 $\rho_\square$，表面電子密度 $n_{\rm s}$ を用いて $\rho_{\rm s} = \rho_\square t$ および $R_{\rm s} = t/(en_{\rm s})$ で与えられる．

実際，トポロジカル絶縁体試料のバルクキャリア密度を減らしていくと，だんだんと 2 バンド伝導の特徴が現れて，測定されるホール抵抗率の磁場依存性 $\rho_{yx}(B)$ は顕著な非線形性を示すようになる．そのデータを式 (7.40) でフィッティングすることによって，$n_{\rm 3D}$ ($= 1/eR_{\rm b}$)，$\rho_{\rm b}$，$n_{\rm s}$，$\rho_\square$ の 4 つの重要なパラメータを一応求めることができ，その結果を用いて，バルクと表面のチャンネルの電子移動度も計算できる．

ただしここで注意すべきは，上記の解析にはフィッティングパラメータが 4 つもあり，追加的な拘束条件がないと，求められたパラメータの信頼性は低いということである．そのような追加拘束条件として 1 つ存在するのが，「2 バンド模型では抵抗率とホール係数が同じパラメータの組で記述されるため，$\rho_{yx}(B)$ をフィットするパラメータの組が抵抗率 $\rho_{xx}(B)$ も同時に再現しなければならない」という条件である．ただし，上記の単純な 2 バンド模型は散乱時間の磁場依存性を無視しているため，散乱時間の変化を直接反映する磁気抵抗 $\rho_{xx}(B)$ に対しては近似が悪い．実際，トポロジカル絶縁体における磁気抵抗は大きい上に複雑な振舞いをするため，単純な 2 バンド模型によって $\rho_{xx}(B)$ と $\rho_{yx}(B)$ を整合的に説明することはできない．そこで 2 バンド模型による解析の際には，ρ_{yx} の磁場依存性から決めた 4 つのパラメータが $B=0$ における ρ_{xx} の値を正しく再現することを追加拘束条件とするのが現実的である．

これに加わるもう 1 つの追加拘束条件として，もし表面状態に起因する SdH 振動が観測されていれば，その周波数 F を用いて表面電子密度 $n_{\rm s}$ を固定できる．そうするとフィッティングパラメータを 3 つに減らせるので，上記の $\rho_{xx}(B=0)$ に関する拘束条件と合わせれば，$\rho_{yx}(B)$ の 2 バンド模型による解析から得られるパラメータは十分な信頼性を持つものになる．

例えば Ren らによって行われた，厚さ 260 μm の高品質 $\rm Bi_2Te_2Se$ バルク単結晶における輸送特性の研究[29)]では，表面状態に起因する SdH 振動が観測されたおかげで $n_{\rm s}$ を固定することができ，顕著な非線形性を示す $\rho_{yx}(B)$ の 2 バンド模型による解析 (**図 7.8** 参照) によって，整合性のある輸送特性

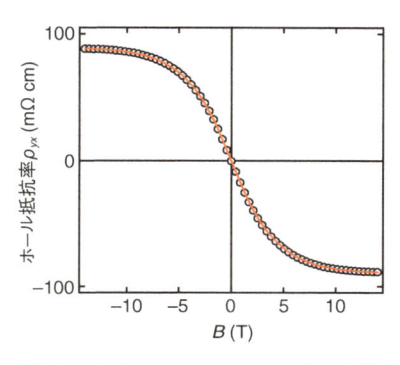

図 7.8 非線形性を示す $\rho_{yx}(B)$ の 2 バンド模型による解析

トポロジカル絶縁体 Bi_2Te_2Se の高品質単結晶において 1.6 K で観測された非線形な $\rho_{yx}(B)$ データ（丸印）の 2 バンド模型によるフィッティング（実線）．この解析では，同じ試料で測定された SdH 振動周波数によって n_s を固定し，残りのパラメータもゼロ磁場における抵抗率の値を再現するように拘束条件を付している．それでも $\rho_{yx}(B)$ データをほぼ完璧にフィットすることができている．文献 [29] より転載．
Copyright (2010) by the American Physical Society

パラメータを決定することができた．この例では，表面移動度 $\mu_s^{tr} = 1450$ cm^2/Vs，バルク移動度 $\mu_b = 11$ cm^2/Vs，表面電子密度 $n_s = 1.5 \times 10^{12}$ cm^{-2}，バルク電子密度 $n_{3D} = 2.4 \times 10^{17}$ cm^{-3} が得られた．これらのパラメータから計算される表面チャンネルの電気伝導度は，全体の電気伝導度の約 6% にあたる．

しかし SdH 振動が同時に観測されていないときは，2 バンド模型の解析結果は多少割り引いて受け取る必要があることを注意しておく．これは，散乱時間の磁場依存性を無視した $\rho_{yx}(B)$ のフィッティングだけでは，正当性が限定的なためである．

なお SdH 振動が同時に観測されているときでも，2 バンド模型の解析から求まる移動度 μ_s^{tr} はほとんどの場合，SdH 振動のディングル解析から得られる移動度 μ_s^{SdH} よりも大きくなることが知られている．この差異の起源は解析の問題ではなく本質的なもので，抵抗率を支配する輸送散乱時間 τ^{tr} と SdH 振動を支配する量子散乱時間 τ の違いに起因している．つまり σ_{xx} や σ_{xy} のような輸送係数は前方散乱の影響はあまり受けず，主に後方散乱の強さによって支配される．このため輸送係数を決める輸送散乱時間 τ^{tr} の計算においては，すべての散乱事象を平均化する際に，散乱角度 ϕ に応じた $1/(1-\cos\phi)$ の重み付けファクターがかかる [34]．これに対して量子散乱時間 τ は，そのようなファクターなしにすべての方向の散乱事象を均等に平均したものであ

る．一般に低温では，電子の運動方向を大きく変える後方散乱が起こりにくくなり，前方散乱が支配的になる．そのような状況では当然，τ^{tr} の方が τ よりも長くなる[34]．トポロジカル絶縁体の表面状態はヘリカルスピン偏極のために後方散乱から守られているので，τ^{tr} は通常以上に長くなり，τ との乖離がより顕著になるわけである．これが，実験で観測される $\mu_{\mathrm{s}}^{\mathrm{tr}} > \mu_{\mathrm{s}}^{\mathrm{SdH}}$ という関係の起源である．

[7.3.4] 弱反局在現象

7.3.1 項で触れたように，ディラック電子系に伴う π のベリー位相の効果の 1 つに弱反局在効果がある[13]．ここではこれを具体的に解説する．

まず通常の弱局在効果[14]を考えよう．乱れた金属中の電子に対しては，不純物に複数回散乱されながら $\mathbf{k}$ が $-\mathbf{k}$ にまで変化する後方散乱過程を考えることができる．波数空間におけるその散乱過程と，それを時間反転させて逆向きにした後方散乱過程とは，量子干渉効果によって強め合うため，電子が後方散乱を受ける確率が大きくなる．これが弱局在効果であり，その帰結として抵抗率は量子干渉効果が効いてくる低温で上昇する．

そのような系に磁場をかけると時間反転対称性が破れるので，上記の量子干渉効果も破壊される．したがって，弱局在が起こっている金属に磁場をかけると，弱局在効果による抵抗率の上昇分が消失するため，負の磁気抵抗が観測される．

これに対して弱反局在効果は，上記とちょうど反対のことが起こる現象である．ディラック電子が不純物散乱を複数回受けて後方散乱される過程とそれを時間反転した過程を合わせると，波数空間においてちょうど $\mathbf{k}$ が一回りして戻ってくることになるため π のベリー位相が現れ，これが量子干渉効果を壊すことになる[13]．これによって電子の後方散乱確率が小さくなり，電子は動きやすくなる．そこに磁場をかけると，弱反局在効果による抵抗率の減少分が消失し，正の磁気抵抗が観測されることになる．その際の磁場依存性は，普通に金属で観測される B^2 に比例する磁気抵抗とは異なるカスプ型のものなので，弱反局在効果は判別が容易である．

ただし注意すべきは，弱反局在効果はディラック電子系でのみ起こるものではないことである．スピン軌道相互作用が強い電子系では，電子が散乱されて運動量の向きが変わるたびにスピンも回転し，それに伴って量子位相も変化する．その結果，時間反転で結ばれた 2 つの後方散乱過程はやはり量子干渉効果による打ち消し合いを受け，ディラック電子系の場合と同じように

弱反局在効果が生じることが示されている[35]．したがって，弱反局在効果が観測されたというだけでは，ディラック電子系の輸送現象を見ていると結論することはできない．

2次元系において弱反局在効果が生じているときの電気伝導率の磁場依存性は，次の Hikami-Larkin-Nagaoka の式によって記述される[35]．

$$\Delta\sigma_{xx}(B) = \alpha\frac{e^2}{\pi h}\left[\Psi\left(\frac{\hbar c}{4eL_\phi^2 B}+\frac{1}{2}\right)-\ln\left(\frac{\hbar c}{4eL_\phi^2 B}\right)\right] \quad (7.42)$$

ここで Ψ はディガンマ関数，L_ϕ は電子の位相コヒーレンス長であり，係数 α は伝導チャンネルごとに $-\frac{1}{2}$ である．(例えばトポロジカル絶縁体で上面と下面の表面状態が独立に弱反局在効果を示していれば，係数は $(-\frac{1}{2})+(-\frac{1}{2})=-1$ となる．)

Bi_2Se_3 の薄膜において弱反局在効果は常に観測され，その係数は通常 $\alpha \simeq -\frac{1}{2}$ となっている．これは弱反局在効果を示す伝導チャンネルが1つであることを意味するが，こうなる理由は，上面と下面の表面状態がバルクの伝導チャンネルを通してつながり，全体として1つの拡散輸送チャンネルを形成することにある[25],[36]-[38]．なお拡散輸送において電子は位相コヒーレンス長の範囲内で位相情報を失わずに散乱によってフェルミ面を乗り換えることが可能

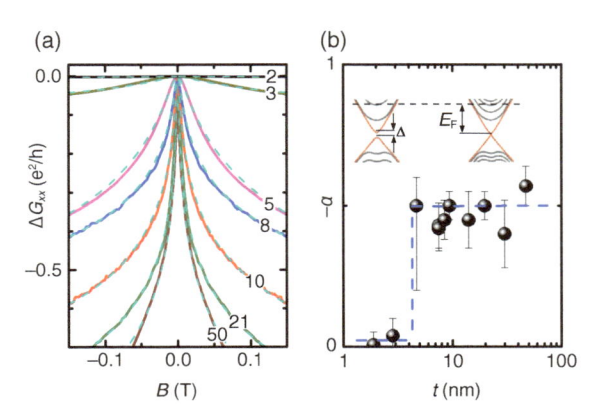

| 図7.9 | 弱反局在効果 (a) と係数 α の膜厚依存性 (b)

(a) MBE 法による成膜で得られたさまざまな膜厚の Bi_2Se_3 薄膜において，1.6 K で測定された2次元電気伝導率（シート電気伝導度 G_{xx}）の磁場依存性に現れた弱反局在効果．膜厚は QL 単位 (1 QL = 0.95 nm)．破線は Hikami-Larkin-Nagaoka の式 (7.42) によるフィッティング．(b) 式 (7.42) における係数 α の膜厚依存性．挿入図は上面と下面の表面状態の混成によるギャップの概念図．文献 [25] より転載．
Copyright (2012) by the American Physical Society

なので,バルクの厚みが位相コヒーレンス長（トポロジカル絶縁体においては通常 100～1000 nm 程度）よりも短ければ,弱反局在の物理に関しては全体で 1 つの 2 次元系と見なせる.**図 7.9**(a) はさまざまな膜厚の Bi_2Se_3 薄膜において観測された弱反局在効果の例である.膜が薄くなりすぎない限り,$\alpha \simeq -\frac{1}{2}$ となっている.

なおバルクのキャリア密度を非常に低くした薄膜試料においては,薄膜の下からゲート電圧をかけることによって（ボトムゲート制御）,下面の表面状態を伝導チャンネルとして分離させることができる[37),38)].これは電界効果で下面近くのバンドを曲げることによって,p–n 接合の場合と似たようなバリア層ができるためである.この状況では 2 つの並列な伝導チャンネルが存在することになるので,それを反映して α は -1 となることが観測されている.

[7.3.5] 表面状態のトポロジカルな保護

トポロジカル表面状態の持つ重要な性質の 1 つが「トポロジカルな保護」である.この概念には次の 3 つの意味が含まれる.まず一番基本的なのが,Z_2 トポロジーの必然的な帰結として,時間反転対称性が保存されている限りギャップレス表面状態の存在が保障されているということである.もう 1 つは,ヘリカルスピン偏極の帰結として,$+\mathbf{k}$ と $-\mathbf{k}$ の状態が持つスピン固有値がちょうど反対向きになるため,$+\mathbf{k}$ から $-\mathbf{k}$ への散乱確率がゼロになるということである（図 7.2(c)）.このため,表面状態は後方散乱から守られる（ただし $+\mathbf{k}$ から $-\mathbf{k}+\boldsymbol{\delta}$ への散乱確率はゼロにならないため,散乱がまったくなくなるわけではなく,表面状態は無散逸ではない）.3 つ目は,質量ゼロのディラック粒子が持つ π のベリー位相のために弱反局在効果が起こり[13)],電子が弱局在から守られることである.これら 3 つの効果の総合的な結果として,トポロジカル表面状態の伝導性が保護されている.

しかし 3 次元トポロジカル絶縁体を薄くしていくと,いつかは上と下の対向する面におけるそれぞれの表面状態の波動関数が重なり合うようになり,その結果生じる状態の混成のために,ディラック点にギャップが開くことが知られている.これによって,3 次元トポロジカル絶縁体の超薄膜では,質量項が有限でスピン縮退したディラック電子が現れる[39)–43)].例えば Bi_2Se_3 の超薄膜における ARPES 測定の結果,この混成ギャップは膜厚が 6 nm 未満になると開き始めることが知られている[39),43)].

これに関連した Bi_2Se_3 超薄膜の実験により,表面輸送特性におけるトポロ

ジカルな保護の重要性が明らかにされている．Taskin らは MBE 法で成長した高品質 Bi_2Se_3 薄膜の厚さを系統的に変化させたときの輸送特性を調べた結果，表面状態のディラック分散に混成ギャップが開くと，金属的表面輸送特性が劇的に劣化することを見出した[25]．混成ギャップが開いた厚さ 5 nm 以下の Bi_2Se_3 超薄膜では，電子移動度が低下するために SdH 振動が観測されなくなるのに加え，図 7.9 に示すように弱反局在効果も急激に弱くなる．このような混成ギャップが生じた質量項有限のディラック電子系においては，ベリー位相 γ は π よりも小さくなることが知られているが，簡単な近似のもとでこの γ は混成ギャップ Δ の関数として次のように表すことができる[44]．

$$\gamma = \pi \left(1 - \frac{\Delta}{E_F}\right) \tag{7.43}$$

このベリー位相の変化のために弱反局在効果は弱くなり，代わりに通常の弱局在が起こり始める．実際 Taskin らの実験[25]では，厚さ 2〜3 nm の超薄膜は低温で抵抗率が局在的振舞いを示したのに対して，6 nm よりも厚い薄膜では高移動度の象徴である SdH 振動が観測され，その位相解析から π のベリー位相も確認された．

このように，混成ギャップが生じた超薄膜における輸送特性の変化は，トポロジカルな保護が失われることの帰結をわかりやすく示している．これは直観的には，トポロジカル絶縁体が 3 次元から 2 次元にクロスオーバーすると，トポロジカルに保護されるべき境界のギャップレス状態も 2 次元から 1 次元に変化するためであると理解できる．

[7.3.6] ナノリボンにおけるアハロノフ・ボーム効果

トポロジカル絶縁体の表面状態が示す輸送特性を調べるためには，通常，十分バルク絶縁性を高めた Bi_2Te_2Se のような試料や，MBE 法で作製した薄膜試料などを用いる．しかし変わり種として，ナノリボンを用いた研究も行われている．例えば Peng らは，気相法で作製した厚さ約 50 nm，幅 100〜500 nm 程度のリボン形状 Bi_2Se_3 微結晶に微細加工した電極をつけて輸送特性を測定した[45]．その結果，リボンの長手方向にかけた磁場によって電気抵抗が周期的に振動する現象が観測された．その振動の周期が，リボンの断面を貫く磁束が 1 磁束量子 Φ_0 ($= h/e$) 分だけ増えるのに対応する磁場と一致したことから，観測された磁気抵抗振動は表面状態を使った電子のコヒーレントな経路ができることに起因する**アハロノフ・ボーム（Aharonov-Bohm，AB）効果**によるものと結論された．この振動現象が幅 570 nm のリボンでは

消失したことから，Peng らは表面電子系の位相コヒーレンス長を約 500 nm と推定している．ただしこの AB 効果は，金属において電子のコヒーレンスが試料全体にわたるメゾスコピック領域では一般的に起こるものであり，トポロジカル絶縁体の表面状態に特有の情報を抽出するのは難しい．

なお普通の金属のメゾスコピックな輪では，AB 効果に加えて**アルツシュラー・アロノフ・スピヴァック（Altshuler-Aronov-Spivak, AAS）効果**も観測される．AAS 効果の起源は弱局在の物理と同様であり，輪を一周する右回りの経路と左回りの経路の干渉効果によって，経路を貫く磁場とともに弱局在状態とそれが壊れた状態が交互に現れ，それに伴って抵抗が振動する現象である．この場合，右回りの経路と左回りの経路がそれぞれ獲得する量子位相の「合計」が 2π の整数倍になるたびに振動が起こる．各経路はそれぞれ輪を一周するので $(e/\hbar)\Phi$ の量子位相を獲得し（Φ は輪を貫く磁束），その合計は $2(e/\hbar)\Phi$ となる．したがって，振動条件は $2(e/\hbar)\Phi = 2n\pi$ であり，AAS 効果の周期 $\Delta\Phi$ は $h/2e\ (= \Phi_0/2)$ となる．

これに対して AB 効果では，輪の左から入って右から出る電子に対して，輪の上側を通る経路と下側を通る経路における量子位相の差 $(e/\hbar)\Phi$ が 2π の整数倍になることで振動するので，その周期 $\Delta\Phi$ は $h/e\ (= \Phi_0)$ となる．これは AAS 効果の周期の倍である．

Bi_2Se_3 のナノリボンでは AB 効果のみが観測され，AAS 効果は見られなかった[45]．これは，トポロジカル表面状態ではスピン–運動量ロッキングのために弱局在が起こらず，代わりに弱反局在が起こっていることと関係していると考えられている．

[7.4] 磁性の効果

トポロジカル絶縁体における時間反転対称性の破れの効果を調べるために，磁性元素のドーピングが試みられている．例えば，Bi_2Te_3 に Mn をドープするとバルクの強磁性が発現することが報告されており，この場合のキュリー温度は Mn 9%のときに最高値 12 K を示す[46]．Bi_2Se_3 においては，Fe や Mn のドーピングではバルクの強磁性は生じないが，これらのドーピングが表面状態のディラック点にギャップを開ける効果があることが観測されており，これは表面においてのみ強磁性が発現するためであると考えられている[47]．

そのような表面強磁性の存在は，Mn をドープした $Bi_2(Se,Te)_3$ 薄片において実際に確認されている．この Mn ドープ $Bi_2(Se,Te)_3$ 薄片の実験では，ゲート電圧によってフェルミ準位を制御してバルクのバンドギャップの中に位置させ，表面電気伝導しか存在しないようにした状態でも異常ホール効果が観測された[48]．この結果は，バルクの伝導電子が交換相互作用を媒介しなくても表面状態自体に強磁性秩序が生じていることを強く示唆する．理論的には，表面ディラック電子が磁性不純物間の RKKY 相互作用を媒介することで，表面強磁性が発現する可能性が提案されている[49]．

同様の表面強磁性の発現は，Cr をドープした $(Bi,Sb)_2Te_3$ 薄膜においても観測されている．しかもこの系では，ゲート電圧によってフェルミ準位をディラック点のごく近傍までもっていくと，**量子異常ホール効果** (quantum anomalous Hall effect) が生じることが観測された[50]．この実験においては，試料を 30 mK まで冷却したときに σ_{xy} がゼロ磁場中で e^2/h に量子化されることが観測された．この結果は，強磁性による時間反転対称性の破れの効果で 2 次元トポロジカル表面状態にギャップが開き，1 次元カイラルエッジ状態が生じることを示している．

[7.5] トポロジカル電気磁気効果

トポロジカル絶縁体に期待されている新しい現象として，**トポロジカル電気磁気効果** (topological magnetoelectric effect) がある．これは Z_2 トポロジカル絶縁体に対するトポロジカル場の理論[51]から導かれるもので，系を記述するラグランジアン

$$\mathcal{L} = \frac{1}{8\pi}\left(\epsilon \mathbf{E}^2 - \frac{1}{\mu}\mathbf{B}^2\right) + \left(\frac{\alpha}{4\pi^2}\right)\theta \mathbf{E}\cdot\mathbf{B} \tag{7.44}$$

の中に，普通には存在しない $\mathbf{E}\cdot\mathbf{B}$ の項が現れるのがその起源である．ここで ϵ は誘電率，μ は透磁率，$\alpha = e^2/(\hbar c)$ は微細構造定数である．また θ は mod 2π で 0 か π の値をとるトポロジカル不変量であり，Z_2 トポロジカル絶縁体では $\theta = \pi$ である．興味深いことに，θ 項と呼ばれる式 (7.44) の第 2 項において θ が任意の値をとれると考えると，式 (7.44) はアクシオンと呼ばれる仮想的な素粒子の電磁気学を記述するものと同じになる．

この θ 項の存在のために，トポロジカル絶縁体中の電磁応答を記述する構成方程式は次のようになる．

$$\mathbf{D} = \mathbf{E} + 4\pi\mathbf{P} - \frac{\alpha\theta}{\pi}\mathbf{B} \tag{7.45}$$

$$\mathbf{H} = \mathbf{B} - 4\pi\mathbf{M} + \frac{\alpha\theta}{\pi}\mathbf{E} \tag{7.46}$$

ここで $\mathbf{D}$ は電束密度，$\mathbf{P}$ は電気分極，$\mathbf{M}$ は磁化を表す．

この特徴的な電磁方程式の帰結として最も重要なのは，$\theta = \pi$ となるトポロジカル絶縁体中では電場 $\mathbf{E}$ が磁化 $4\pi\mathbf{M} = \alpha\mathbf{E}$ を誘起し，しかもその比例係数が基本的な物理定数の 1 つである α となることである．またこれと相補的に，磁場 $\mathbf{B}$ は電束密度 $4\pi\mathbf{P} = \alpha\mathbf{B}$ を誘起し，比例係数は同じく α となる．これらがトポロジカル絶縁体の非自明な Z_2 トポロジーを特徴づける電磁応答としてのトポロジカル電気磁気効果である．

ただし注意しなければならないのは，トポロジカル絶縁体の表面に存在するギャップレス状態が表面全体を電気的にショートしてしまうため，電気磁気効果に必要な有限の電場もしくは電気分極を生じさせるには，表面状態にギャップを開けて電気伝導を消去しなければならないことである[51),52)]．これは例えば，トポロジカル絶縁体表面に強磁性絶縁体を蒸着し，その磁化が常に表面に垂直に向くようにすれば，原理的には可能である．しかし表面状態の全体にわたってギャップを開けて，しかもフェルミ準位をそのギャップの中に持っていくことは現実には非常に難しい．このため，トポロジカル電気磁気効果の実験的検証にはまだ誰も成功しておらず，今後の重要課題である．

また θ 項の存在に起因する興味深い効果として，**鏡像磁気モノポール** (image magnetic monopole) の出現が予想されている[53)]．具体的には，トポロジカル絶縁体の表面に強磁性絶縁体を蒸着するなどしてギャップを開けた状態で，点電荷をその表面近くにおくと，点電荷が作る電場に対するトポロジカル絶縁体の応答が磁場の発生として現れ，あたかも点電荷の鏡映点に磁気モノポールがあるかのように見えるという現象である．この予想も実験の検証を待っているところである．

[7.6] スピン物性

3 次元トポロジカル絶縁体の表面には無散逸の純スピン流が存在するが，これは平衡状態の特性なので，このスピン流を外に取り出すことはできない．しかし無散逸スピン流の起源であるスピン–運動量ロッキングのおかげで，表面の平衡を破って電流を生じさせると，その電流はスピン偏極しており，ス

ピン流として外に取り出すことができる．ただし 7.1 節で述べたように，スピン–運動量ロッキングは電子の平均自由行程とスピン拡散長が同程度になることを意味するので，トポロジカル絶縁体のスピン物性を輸送特性によって調べるのは難しい．このためスピン物性の研究には主に，表面に光を当てたときに出てくる光電子の運動量とエネルギーに加えてスピン偏極の方向も調べるスピン分解 ARPES 実験が使われてきた．

しかし最近，トポロジカル絶縁体表面に接合した強磁性金属中のスピンを共鳴的に歳差運動させることによってスピン角運動量をトポロジカル絶縁体表面状態に押し込み（これを**スピンポンピング**（spin pumping）と呼ぶ），その際にスピン–運動量ロッキングの帰結として生じる起電力を測定した実験が報告されている[54]．この際の起電力は，押し込まれるスピンの向きに対応した運動量を持つ電子の割合が増えることによって，電子系が平均として特定の方向に動こうとするために生じる．そのため起電力の極性は，押し込まれるスピンの方向によって決まり，スピンが反転すれば起電力の極性も反転する[54]．したがってこれは，トポロジカル表面状態におけるスピン輸送を捉えたものと考えてよい．

上記の実験では，トポロジカル表面状態中にスピンポンピングによってスピン偏極を直接誘起したときに生じる電流が測定された．この場合はスピン偏極の度合いがそのまま平均運動量のゼロからのずれとして現れる．この逆過程，つまり電流を流して特定の運動量を持つ電子の割合を増やしたときにスピン偏極が生じる場合を考えよう．もし電子輸送がバリスティック輸送領域にあれば，電子の散乱は考えなくてよいので，電子の運動量の方向に対応した 100%のスピン偏極が生じることが期待できる．これに対して，電子の平均自由行程が試料のサイズよりも短い**拡散輸送領域**（diffusive transport regime）にあるときは，期待されるスピン偏極度はもっと小さくなる．以下でこれを計算してみよう．

トポロジカル表面状態のハミルトニアンとして，単純化された

$$H = \hbar v_{\mathrm{F}}(k_x \sigma_x + k_y \sigma_y) - \mu_{\mathrm{B}}(H_x \sigma_x + H_y \sigma_y) \tag{7.47}$$

を考える．ここで第一項はスピン偏極したフェルミ速度 v_{F} の 2 次元ディラック錐を表し，第 2 項は面内方向の外部磁場 $\mathbf{H}_\parallel = (H_x, H_y)$ によるゼーマンエネルギーの寄与を表す．第 2 項のために，面内磁場をかけるとディラック錐の原点が 2 次元ブリルアン域の原点からずれることがわかるだろう（一方，上記のハミルトニアンには含めていないが，面に垂直な磁場はディラック点

にギャップを開ける働きをする).

ここでは直観的に物理が理解できるように，電流の効果を半古典的に考えよう．$H_\parallel$ はとりあえずゼロとする．電子の総数を n とし，電子が電場 E によって平均速度 v を得て電流 J が生じているとすると，

$$J = nev \tag{7.48}$$

である．電子の平均散乱時間を τ とすれば，質量 m の電子は τ 秒の間 eE の力で加速されて速度 v を得るので，

$$mv = e\tau E \tag{7.49}$$

の関係が得られる．固体中の電子は個々に量子化された運動エネルギーを持って動いているので，上記の速度 v はすべての電子に平均的に加算される．そこで $mv = p = \hbar k$ の関係式を使うと，電場によって電子が全体的な付加速度 v を持つ効果は，すべての電子が付加的な波数

$$\Delta k = e\tau E/\hbar \tag{7.50}$$

を得ることに対応すると考えることができる．これはすなわち，拡散輸送領域では電場 E が加わるとフェルミ面がブリルアン域中でこの Δk だけ横にずれることを意味する．このフェルミ面のずれを，電場 E の代わりに電流 $J = nev = (ne^2\tau/m)E$ を用いて

$$\Delta k = \frac{mJ}{ne\hbar} \tag{7.51}$$

と書くこともできる．

いま考えている系の 2 次元ブリルアン域におけるフェルミ面は半径 k_F の円であり，平衡状態ではこの円周上でヘリカルに偏極しているスピンをすべて積分するとゼロとなる．一方，電流が流れてフェルミ面が原点からシフトしていると，例えば $\Delta k_y > 0$ であれば，$k_y > 0$ である電子の方が $k_y < 0$ の電子より多くなり，対応するスピン s_x にもアンバランスが生じる．その結果，スピンの積分における打ち消し合いは完全には起こらず，電子 1 個あたりに平均すると $\Delta k/k_F$ 程度になる面内スピン偏極が生じると期待できる．このスピン偏極は電流の方向と直交する方向に生じるので，例えば y 方向の電流 J_y によって生じる x 方向のスピン偏極密度 $\langle \sigma_x \rangle$ は

$$\langle \sigma_x \rangle \simeq n\Delta k_y/k_{\mathrm{F}} = \frac{mJ_y}{e\hbar k_{\mathrm{F}}} = \frac{J_y}{ev_{\mathrm{F}}} \tag{7.52}$$

と近似的に計算される．実際，正確な計算[55]によると

$$\langle \sigma_x \rangle = \frac{J_y}{2ev_{\mathrm{F}}} \tag{7.53}$$

であることが示されている．

実際の実験条件でどのくらいのフェルミ面のシフトが期待できるか計算してみよう．例えばバルク絶縁性の高いトポロジカル絶縁体 $\mathrm{Bi}_{1.5}\mathrm{Sb}_{0.5}\mathrm{Te}_{1.7}\mathrm{Se}_{1.3}$ の表面状態では，$\tau = 4 \times 10^{-14}$ s, $k_{\mathrm{F}} = 4 \times 10^{8}$ m^{-1} が報告されており，1 cm の距離の電極間に 1 V の電圧が生じる程度の電場 $E = 100$ V/m をかけたとすると，$\Delta k/k_{\mathrm{F}} = 1.6 \times 10^{-5}$ となる．これは非常に小さいシフトであり，したがって対応するスピン偏極も非常に小さく，測定は難しい．

なおすでに述べたように，面内磁場をかけたときにもフェルミ面はシフトする．その大きさは $\Delta k \simeq \mu_{\mathrm{B}} H_{\parallel}/\hbar v_{\mathrm{F}}$ のオーダーである．上記の $\mathrm{Bi}_{1.5}\mathrm{Sb}_{0.5}\mathrm{Te}_{1.7}\mathrm{Se}_{1.3}$ では $v_{\mathrm{F}} = 6 \times 10^5$ m/s なので，たとえば 0.1 T の磁場をかけたときに $\Delta k/k_{\mathrm{F}} = 3.7 \times 10^{-5}$ となって，上で計算した電流誘起によるフェルミ面のシフトと同程度となる．なお，この面内磁場によるフェルミ面のシフトから生じるスピン偏極は，トポロジカル表面状態におけるランダウ反磁性のようなものと考えることができ，非常に小さい．

[7.7] 光物性

トポロジカル表面状態に特有の光物性を見るためには，励起光のエネルギーは小さくなければならない．例えば一番エネルギーの低い可視光線である赤い光は振動数が約 400 THz であり，これはエネルギーにすると約 1.7 eV になる．バルクのバンドギャップが大きいトポロジカル絶縁体 TlBiSe_2 でも 0.35 eV なので，可視光線ではバルクのバンド間遷移を励起してしまうことになる．ディラック錐にはギャップはないので，表面状態間の光励起を調べるには光のエネルギーは低い方がよく，テラヘルツ波がよく使われる．ちなみに 1 THz ($= 10^{12}$ s^{-1}) は 4.14 meV に対応する．

例えば $\mathrm{Bi}_{1-x}\mathrm{Sb}_x$ のテラヘルツ波を用いた磁場中光学測定[56]では，磁場によって式 (7.7) のようにランダウ量子化された表面状態におけるランダウ準位間の遷移が，光反射率の異常として観測されている．しかもそのデータから得られる準位間隔の磁場依存性は，式 (7.7) から期待される通りになって

いることも示されている.

また 7.5 節で紹介した電気磁気効果の観測には表面状態にギャップを開ける必要があったが，トポロジカル絶縁体に光を照射すると，ギャップを開けなくても表面に光の周波数で振動する電場を発生させることができる．これを利用して，磁気光学的手法によって**交流トポロジカル電気磁気効果** (ac topological magnetoelectric effect) を観測することが理論的に提案されている[57]．磁気光学において重要なのが**ファラデー効果** (Faraday effect) と**磁気カー効果** (magnetic Kerr effect) である．どちらも磁場と平行な方向から直線偏光を試料に入射するときの偏光の変化に関する現象だが，前者が「透過光」の偏光面の回転を指すのに対して，後者は「反射光」の偏光面の回転を指す．その回転角はそれぞれ，ファラデー回転角 θ_F，カー回転角 θ_K と呼ばれる.

交流トポロジカル電気磁気効果の理論[57]によると，トポロジカル絶縁体薄膜に垂直磁場がかかっていて，上面と下面の表面状態がそれぞれフィリングファクター ν_T および ν_B にランダウ量子化されているとき，光の周波数が十分低い極限でファラデー回転角は

$$\theta_F \simeq (\nu_T + \nu_B)\alpha \tag{7.54}$$

となり，必ず微細構造定数 α の整数倍となることが予想されている．また同じ状況で，カー回転角の方は

$$\theta_K \simeq \pm\pi/2 \tag{7.55}$$

という巨大な値になることが予想されている．この観測を目指したテラヘルツ波の磁気光学測定も行われ始めている.

トポロジカル表面状態に光を照射したときに起こる興味深い現象の 1 つが，**フロケ・ブロッホ状態** (Floquet-Bloch state) の生成である[58]．非平衡系に対してよく知られているフロケの定理は，時間に対して周期的なハミルトニアンは一定のエネルギー間隔で並んだ周期的な準平衡固有状態を持つというものである．トポロジカル表面状態に強い光が照射されて一定の時間周期で変化する電磁場がハミルトニアンに加わると，このフロケの定理の帰結として，ディラック錐がエネルギー軸方向に周期的に繰り返されるような表面バンド構造が生じる．これがフロケ・ブロッホ状態である．中赤外域の強いレーザーパルスを照射し，そのときに生起する電子状態を間髪をいれずに観測す

るポンププローブ法を ARPES 測定に応用することによって，表面ディラック錐由来のフロケ・ブロッホ状態が実際に観測されている[58]．

このように光によって電子状態を変調して新しい準平衡量子状態を生起させるのは，光物性研究の新しい分野である．そのような準平衡量子状態において，新奇なトポロジカル相が実現するという提案もあり[59]，今後の展開が期待される．

[参考文献]

1) S. Raghu et al.: Phys. Rev. Lett. **104** (2010) 116401.
2) T. Kondo et al.: Phys. Rev. Lett. **110** (2013) 217601.
3) D. Hsieh et al.: Phys. Rev. Lett. **107** (2011) 077401.
4) J. W. McIver et al.: Nature Nanotech. **7** (2012) 96.
5) C. Odeja-Aristizabal et al.: Appl. Phys. Lett. **101** (2012) 023102.
6) V. M. Edelstein: Solid State Commun. **73** (1990) 233.
7) A. A. Burkov and D. G. Hawthorn: Phys. Rev. Lett. **105** (2010) 066802.
8) C. Brüne et al.: Nature Phys. **8** (2012) 486.
9) T. Hanaguri et al.: Phys. Rev. B **82** (2010) 081305.
10) T. Zhang et al.: Phys. Rev. Lett. **103** (2009) 266803.
11) P. Roushan et al.: Nature **460** (2009) 1106.
12) A. K. Geim and K. S. Novoselov: Nature Mater. **6** (2007) 183.
13) T. Ando, T. Nakanishi, and R. Saito: J. Phys. Soc. Jpn. **67** (1998) 2857.
14) G. Bergmann: Phys. Rep. **107** (1984) 1.
15) J. W. McClure: Phys. Rev. **104** (1956) 666.
16) P. Cheng et al.: Phys. Rev. Lett. **105** (2010) 076801.
17) K. S. Novoselov et al.: Nature **438** (2005) 197.
18) Y. Zhang, Y.-W. Tan, H. L. Stormer, and P. Kim: Nature **438** (2005) 201.
19) B. Laughlin: Phys. Rev. B **23** (1981) 5632.
20) D. Shoenberg: *Magnetic Oscillations in Metals* (Cambridge University Press, Cambridge, 1984).
21) G. P. Mikitik and Yu. V. Sharlai: Phys. Rev. Lett. **82** (1999) 2147.
22) A. A. Taskin and Y. Ando: Phys. Rev. B **84** (2011) 035301.
23) G. P. Mikitik and Yu. V. Sharlai: Phys. Rev. B **85** (2012) 033301.
24) A. R. Wright and R. H. McKenzie: Phys. Rev. B **87** (2013) 085411.
25) A. A. Taskin et al.: Phys. Rev. Lett. **109** (2012) 066803.
26) Z. Ren et al.: Phys. Rev. B **85** (2012) 155301.
27) K. Eto et al.: Phys. Rev. B **81** (2010) 195309.

28) A. A. Taskin, K. Segawa, and Y. Ando: Phys. Rev. B **82** (2010) 121302(R).
29) Z. Ren *et al.*: Phys. Rev. B **82** (2010) 241306(R).
30) D.X. Qu *et al.*: Science **329** (2010) 821.
31) A. A. Taskin *et al.*: Phys. Rev. Lett. **107** (2011) 016801.
32) J. G. Analytis *et al.*: Nature Phys. **10** (2010) 960-964.
33) A. A. Taskin and Y. Ando: Phys. Rev. B **80** (2009) 085303.
34) S. Das Sarma and F. Stern: Phys. Rev. B **32** (1985) 8442.
35) S. Hikami, A. I. Larkin, and Y. Nagaoka: Prog. Theor. Phys. **63** (1980) 707.
36) J. Chen *et al.*: Phys. Rev. Lett. **105** (2010) 176602.
37) J. Chen *et al.*: Phys. Rev. B **83** (2011) 241304(R).
38) H. Steinberg *et al.*: Phys. Rev. B **84** (2011) 233101.
39) Y. Zhang *et al.*: Nature Phys. **6** (2010) 584.
40) J. Linder, T. Yokoyama, and A. Sudbo: Phys. Rev. B **80** (2009) 205401.
41) C.-X. Liu *et al.*: Phys. Rev. B **81** (2010) 041307(R).
42) H.-Z. Lu *et al.*: Phys. Rev. B **81** (2010) 115407.
43) Y. Sakamoto *et al.*: Phys. Rev. B **81** (2010) 165432.
44) H.-Z. Lu, J. Shi, and S.-Q. Shen: Phys. Rev. Lett. **107** (2011) 076801.
45) H. Peng *et al.*: Nature Mater. **9** (2010) 225.
46) Y. S. Hor *et al.*: Phys. Rev. B **81** (2010) 195203.
47) Y. L. Chen *et al.*: Science **329** (2010) 659.
48) J. G. Checkelsky *et al.*: Nature Phys. **8** (2012) 729.
49) Q. Liu *et al.*: Phys. Rev. Lett. **105** (2009) 156603.
50) C.-Z. Chang *et al.*: Science **340** (2013) 167.
51) X.-L. Qi, T. L. Hughes, and S.-C. Zhang: Phys. Rev. B **78** (2008) 195424.
52) K. Nomura and N. Nagaosa: Phys. Rev. Lett. **106** (2011) 166802.
53) X.-L. Qi, R. Li, J. Zang, and S.-C. Zhang: Science **323** (2009) 1184.
54) Y. Shiomi *et al.*: Phys. Rev. Lett. **113** (2014) 196601.
55) A. A. Burkov and D. G. Hawthorn; Phys. Rev. Lett. **105** (2010) 066802.
56) A. A. Schafgans *et al.*: Phys. Rev. B **85** (2012) 195440.
57) W.-K. Tse and A. H. MacDonald: Phys. Rev. B **82** (2010) 161104(R).
58) Y. H. Wang *et al.*: Science **342** (2013) 453.
59) T. Kitagawa *et al.*: Phys. Rev. B **84** (2011) 235108.

Introduction to
Topological Insulators

第8章 トポロジカル超伝導体

本章では，トポロジカル絶縁体から派生した概念であるトポロジカル超伝導体の定義を与えるとともに，そこに現れることが期待されるマヨラナ粒子を説明する．さらに，トポロジカル超伝導体の代表的なモデルを3つ紹介し，それらの特徴的性質およびマヨラナ粒子との関係を概説する．

[8.1] 超伝導とは

トポロジカル超伝導体に関する詳細な説明を行うには超伝導の基礎理論から説き起こさなければならず，本書の範疇を越える．超伝導分野への入門として Tinkham による優れた教科書[1]があるので，興味のある読者はこれを勉強されることをおすすめする．ここではトポロジカル超伝導体におけるトポロジーがわかることを目標とするとともに，この分野の論文を読むために知っておくべき重要事項をなるべくコンパクトに解説することにしたい．

超伝導のことをよく知らない読者のために，以下に基本的な事項を箇条書きでまとめておく．

- 超伝導現象とは，金属中の電子が2つずつ**クーパー対** (Cooper pair) を組み，それが凝縮した巨視的量子状態を作ることによって，常伝導状態よりもエネルギーが下がった基底状態に落ち込む現象である．常伝導状態から超伝導状態への変化は相転移であり，転移温度で比熱に飛びが現れる．
- 超伝導状態ではフェルミ準位に**超伝導ギャップ** (superconducting gap) が開き，占有状態と非占有状態が明確に分かれる．
- 超伝導状態では抵抗ゼロで電流が流れる一方，磁場は排斥される．その電磁応答は現象論的に**ギンツブルグ–ランダウ理論** (Ginzburg-Landau theory) で記述される．
- 超伝導体には第1種と第2種があり，前者は超伝導が壊れるまで完全に磁場を排斥し続ける．後者では下部臨界磁場を越える磁場が加わると**ボルテックス**（vortex，渦糸電流）が生じて磁場が部分的に排斥された**混合状**

態 (mixed state) ができ，各ボルテックスは**磁束量子** (flux quantum) $h/2e$ を持つ．

- 通常の超伝導現象は，バーディーン，クーパー，シュリーファー（Bardeen, Cooper, Schrieffer, 頭文字をとって BCS）の 3 人によって作られた **BCS 理論**で説明される．この理論では電子がクーパー対を組むための引力相互作用は格子振動（フォノン）が媒介し，互いに反対向きのスピンを持つ $\mathbf{k}$ と $-\mathbf{k}$ の電子がペアを組む．そのためクーパー対はスピン一重項で中心運動量を持たない．このペアリングの結果生じる超伝導ギャップは s 波の対称性を持っている（つまり $\mathbf{k}$ 空間で等方的である）．

- BCS 理論の枠を超える**非従来型超伝導体** (unconventional superconductor) も存在し，このときの超伝導ギャップは $\mathbf{k}$ 空間で異方的な p 波型や d 波型などの対称性を示す．

- 超伝導状態における低エネルギー励起はクーパー対を壊して得られる**ボゴリューボフ準粒子** (Bogoliubov quasiparticle) である．これは**ボゴリューボフ–ドゥジャンヌ (BdG) 方程式** (Bogoliubov-de Gennes, BdG equation) で記述され，**電子–正孔対称性** (particle-hole symmetry) という特徴的な対称性を持つ．

- 超伝導体と常伝導金属を接合すると，常伝導金属中で界面からごく短い距離にわたってクーパー対が形成される**超伝導近接効果** (superconducting proximity effect) が起こる．また常伝導金属側から超伝導体へ電子を入射させると，電子はクーパー対となって超伝導体に入り，代わりに正孔が常伝導金属側に反射される**アンドレーエフ反射** (Andreev reflection) が観測される．

[8.2] トポロジカル超伝導体とは

絶縁体を分類する Z_2 トポロジーの発見以後，同様の分類が超伝導体に対しても可能であることが明らかになり，**トポロジカル超伝導体** (topological superconductor) の研究が注目を浴びることになった．絶縁体のトポロジーを規定する際には，価電子帯と伝導帯を分けるバンドギャップの存在が不可欠である．超伝導体の場合も超伝導ギャップが開いているので，絶縁体の場合と同じように，占有状態の波動関数の性質が断熱変形から守られており，それが持つトポロジーを規定することができる．したがって**トポロジカル超伝**

導体とは，その波動関数が何らかの非自明なトポロジカル不変量を持つ超伝導体と定義できる．

超伝導状態には時間反転対称性を保ったものと破ったものの両方があり，また次元性も1次元から3次元まで考え得るので，超伝導体を分類するトポロジーも一通りではない．そこで，どのような分類が可能であるかという仕分けが，Schnyderらによって行われた[2]．時間反転対称性を破った超伝導体の場合，トポロジーは1次元系ではZ_2指数で規定されるのに対して，2次元系では整数（チャーン数）で分類され，さらに3次元系では「強い」トポロジカル相は存在しないことがわかっている（ただし，ある断面に対してトポロジカル不変量が非自明になる「弱い」トポロジカル相は存在し得る）．一方，時間反転対称な超伝導体では，トポロジーは1次元系，2次元系ともZ_2指数で規定され，3次元系では整数（ただしチャーン数ではない）で分類される．この理論の詳細について，興味のある読者は原著論文[2]を参照してほしい．

トポロジカル超伝導体を考える際に共通していえるのは，偶パリティを持つ普通のs波BCS超伝導体はトポロジカルに自明であるため，もし考えている超伝導体の波動関数が奇パリティを持てば，それはBCS状態とは断熱的につながらないため，ほぼ確実にトポロジカルに非自明ということである．したがって，p波超伝導体は基本的にトポロジカル超伝導体であると考えて差し支えない．ただし，具体的にどのようなトポロジーが非自明になっているかを決めるためには，超伝導対称性を詳細に知る必要があり，これは必ずしも簡単ではない．例えばp波超伝導体の代表例であるSr_2RuO_4においては，おそらく時間反転対称性を破ったカイラルp波超伝導状態が実現していると考えられており，もしそうであれば，チャーン数で規定される非自明なトポロジーをab面方向にのみ持つ弱いトポロジカル超伝導体となるが，超伝導対称性の詳細はいまだに確定していない[3]．同様にUBe_{13}もp波超伝導体と考えられているが[4]，詳細は未確定である．

また，トポロジカル絶縁体Bi_2Se_3にCuをドープして得られる$Cu_xBi_2Se_3$超伝導体[5]もトポロジカル超伝導体の有力候補と考えられている[6]．さらにトポロジカル結晶絶縁体SnTeにInをドープして得られる$Sn_{1-x}In_xTe$超伝導体もトポロジカル超伝導体の有力候補である[7]．これらの物質においては，強いスピン軌道相互作用によって異なるパリティを持つ電子軌道間でクーパー対が形成されるために奇パリティ超伝導状態が生じ[8]，その結果，時間反転対称性を保った3次元トポロジカル超伝導状態が実現している可能性があると考えられている[6],[7]．ただしこの解釈には異論も唱えられており[9]，

本書の執筆時点でこれらの物質はトポロジカル超伝導に関するホットな研究対象となっている．

なおトポロジカル超伝導体のトポロジーを規定するためには，必ずしもギャップが完全に開いている必要はない．ギャップが特定の $\mathbf{k}$ 方向で閉じる**ノード** (node) を持った超伝導体の場合にも，トポロジカル不変量を定義することは可能である．初期の頃の理論研究では，トポロジカル不変量の定義を簡単にするため完全にギャップが開いた超伝導体のみを対象にしていたが[2),8)]，その後の研究で，ギャップにノードがある超伝導状態に対しても具体的に非自明なトポロジカル不変量が与えられる場合があることが示された[6),10)]．現在では，例えば偶パリティでギャップにノードを持つ d 波超伝導体も弱いトポロジカル超伝導体と考えられることがわかっている[10)]．

[8.3] マヨラナ粒子

マヨラナ粒子 (Majorana fermion) はニュートリノの模型として 1937 年に Majorana によって提案されたもので，「粒子がそれ自身の反粒子になっている」という際立った特徴を持つ[11)]．素粒子としてのニュートリノがマヨラナ粒子であるかどうかはいまだに確定していないが，トポロジカル超伝導体中の準粒子がマヨラナ粒子として振舞う場合があることが理論的に指摘され，これがトポロジカル超伝導体が注目を浴びる理由の 1 つになっている．

固体中では正孔を反粒子と見なすことができる．正孔を 1 個生成することは粒子を 1 個消滅させることと同じなので，マヨラナ粒子が存在するとき，その生成演算子 $\gamma^\dagger$ と消滅演算子 γ は

$$\gamma^\dagger = \gamma \tag{8.1}$$

という関係を満たす．これは固体中での**マヨラナ条件** (Majorana condition) と呼ばれる．

普通の BCS 超伝導体中の準粒子は，電子–正孔対称性を持つボゴリューボフ準粒子であり，その消滅演算子は次の形で書かれる．

$$a = u c_\uparrow + v c_\downarrow^\dagger \tag{8.2}$$

ここで $c_\uparrow$ はアップスピンを持つ電子の実空間表示の消滅演算子，u と v は $|u|^2 + |v|^2 = 1$ を満たす複素数の係数である．式 (8.2) の消滅演算子と，それ

に対応する生成演算子

$$a^\dagger = u^* c_\uparrow^\dagger + v^* c_\downarrow \tag{8.3}$$

とは等しくないので，マヨラナ条件を満たさない．しかしもし，超伝導中でスピンの自由度がなくなっていてペアリングが同じスピン同士で起こり，さらに $u = v^*$ となってボゴリューボフ準粒子が

$$\gamma = u c_\uparrow + u^* c_\uparrow^\dagger \tag{8.4}$$

の形で書けると，$\gamma^\dagger = \gamma$ のマヨラナ条件を満たすことになり，準粒子はマヨラナ粒子として振舞う．次節以降の具体例が示すように，このようなマヨラナ条件を満たすボゴリューボフ準粒子が現れる超伝導体は，トポロジカルに非自明となっている．ただしその逆は成り立たず，トポロジカル超伝導体であれば必ずマヨラナ粒子が現れるわけではないので，注意が必要である．

[8.4] キタエフ模型

マヨラナ粒子が現れるトポロジカル超伝導体の簡単な模型として**キタエフ模型** [12] がある．これは 1 次元格子上のスピンレス（スピン自由度がない）の p 波超伝導体のモデルであり，そのハミルトニアンは

$$H = -\mu \sum_i c_i^\dagger c_i - \frac{1}{2} \sum_i (t c_i^\dagger c_{i+1} - \Delta c_i c_{i+1} + \text{h.c.}) \tag{8.5}$$

と書くことができる．ここで μ は化学ポテンシャル（フェルミ準位），$t \geq 0$ は最近接ホッピングエネルギー，$\Delta \geq 0$ は p 波のペアリングの強さである．スピンの自由度を考えないため，演算子に $\uparrow, \downarrow$ の足はない．また簡単のため格子定数は 1 とおいている（h.c. はエルミート共役を意味する）．

まず，この 1 次元系が輪を作っていて端がないときの解を求めよう．この場合は周期的境界条件が使えるので，フーリエ変換を行って k 空間に移り，二元ベクトルの生成演算子 $C_k^\dagger = (c_k^\dagger, c_{-k})$ を導入すると，ハミルトニアンを次のように変形できる．

$$H = \frac{1}{2} \sum_k C_k^\dagger \mathcal{H}_k C_k, \quad \mathcal{H}_k = \begin{pmatrix} \epsilon(k) & \Delta_k^* \\ \Delta_k & -\epsilon(k) \end{pmatrix} \tag{8.6}$$

ここで $\epsilon(k) = -t \cos k - \mu$ は運動エネルギーで，$\Delta_k = -i\Delta \sin k$ はギャッ

プ関数のフーリエ変換である．上記の形は超伝導状態を解くときによく使われる BdG 方程式の形であり，

$$a_k = u_k c_k + v_k c_{-k}^\dagger \tag{8.7}$$

$$u_k = \frac{\Delta_k}{|\Delta_k|} \frac{\sqrt{E_\mathrm{b} + \epsilon(k)}}{\sqrt{2E_\mathrm{b}}}, \quad v_k = \left(\frac{E_\mathrm{b} - \epsilon(k)}{\Delta_k}\right) u_k \tag{8.8}$$

というボゴリューボフ変換を施すことによってハミルトニアンは

$$H = \sum_k E_\mathrm{b}(k) a_k^\dagger a_k \tag{8.9}$$

と対角化され，エネルギー固有値は次のようになる．

$$E_\mathrm{b}(k) = \sqrt{\epsilon(k)^2 + |\Delta_k|^2} \tag{8.10}$$

こうして求まった $E_\mathrm{b}(k)$ はボゴリューボフ準粒子の励起エネルギーを表し，$\mu = t$ であれば $k = \pm\pi$ で $E_\mathrm{b} = 0$ になる．また $\mu = -t$ であれば $k = 0$ で $E_\mathrm{b} = 0$ になる．μ がそれ以外の値であれば，ボゴリューボフ準粒子は常に有限の励起ギャップを持つ．

実はこのボゴリューボフ準粒子の励起ギャップが消える $\mu = \pm t$ において，超伝導状態にはトポロジカル相転移が起こっている．詳しくは述べないが，この系の波動関数を特徴づけるトポロジカル不変量は Z_2 指数であり，

$$(-1)^\nu = \frac{\epsilon(0)}{|\epsilon(0)|} \frac{\epsilon(\pi)}{|\epsilon(\pi)|} \tag{8.11}$$

で与えられる[13]．式 (8.11) の右辺は時間反転対称運動量である $k = 0$ と $k = \pi$ における $\epsilon(k)$ の符号の積になっており，トポロジカル絶縁体の Z_2 指数と似ていることがわかるだろう．この Z_2 指数 ν の値は $\epsilon(k) = -t\cos k - \mu$ を使うと簡単に求まる．$-t < \mu < t$ のときに $\nu = 1$ で系はトポロジカルであり，$|\mu| > t$ のときには $\nu = 0$ でトポロジカルに自明となる．実際，μ が無限大の極限ではハミルトニアン (8.5) の第 2 項の影響は無視でき，系はフェルミオンを足し上げただけになるので，このときに非トポロジカル相にあることは明らかである．

次に，1 次元系に端があって周期的境界条件が使えない場合を考えよう．実はこのとき，端にマヨラナ粒子が現れるのである．それを見るために，式 (8.5) で用いたスピンレスのフェルミオン演算子 c_i と $c_i^\dagger$ を，2 つのマヨラナ

演算子 $\gamma_{A,i}$ と $\gamma_{B,i}$ を使って次のように書き換える．

$$c_i = \frac{1}{2}(\gamma_{B,i} + i\gamma_{A,i})$$
$$c_i^\dagger = \frac{1}{2}(\gamma_{B,i} - i\gamma_{A,i}) \tag{8.12}$$

これを逆に解くと

$$\gamma_{B,i} = c_i^\dagger + c_i$$
$$\gamma_{A,i} = i(c_i^\dagger - c_i) \tag{8.13}$$

となり，$\gamma_{A,i}$ と $\gamma_{B,i}$ がそれぞれマヨラナ条件を満たすことがすぐわかる．この演算子を使って式 (8.5) は次のように書き直せる．

$$H = -\frac{\mu}{2}\sum_{i=1}^{N}(1 + i\gamma_{B,i}\gamma_{A,i}) - \frac{i}{4}\sum_{i=1}^{N-1}[(\Delta + t)\gamma_{B,i}\gamma_{A,i+1} + (\Delta - t)\gamma_{A,i}\gamma_{B,i+1}] \tag{8.14}$$

式 (8.12) の置き換えの物理的意味は，i 番目の格子点のフェルミオンの自由度を2つのマヨラナ粒子に分け，実部と虚部をその2つに対応させたことである．実際，式 (8.5) および式 (8.14) で $\mu < 0$ かつ $t = \Delta = 0$ としたものを見比べると，同じ格子点の2つのマヨラナ粒子が結合して1つのフェルミオンのエネルギーを与えていることがわかる．この状況はトポロジカルに自明な相にあり，マヨラナ粒子の結合関係は**図 8.1**(a) のようになっている．

次にトポロジカル相 $-t < \mu < t$ における状況を見るために，式が最も簡単になる $\mu = 0$ かつ $t = \Delta \neq 0$ のときを考えよう．このとき式 (8.14) は

$$H = -i\frac{t}{2}\sum_{i=1}^{N-1}\gamma_{B,i}\gamma_{A,i+1} \tag{8.15}$$

となり，これは図 8.1(b) のように隣り合う格子点 i と $i+1$ にあるマヨラナ

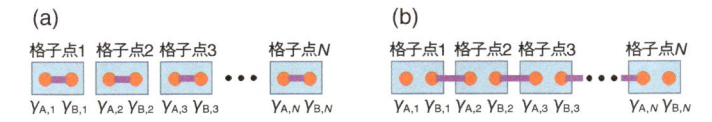

| **図 8.1** | 端のあるキタエフ模型の説明図

各格子点あたりフェルミオン1個分の自由度があるが，その自由度は2つのマヨラナ粒子（赤丸）に分けることができる．(a) が自明な相，(b) がトポロジカル相におけるマヨラナ粒子の結合の仕方．

粒子同士が結合している状況を表している．そこで，この隣同士の結合に対応する新しいフェルミオン演算子

$$\tilde{c}_i = \frac{1}{2}(\gamma_{A,i+1} + i\gamma_{B,i}) \tag{8.16}$$

を定義して式 (8.15) を書き直すと

$$H = t\sum_{i=1}^{N-1}(\tilde{c}_i^\dagger \tilde{c}_i - \frac{1}{2}) \tag{8.17}$$

となる．図 8.1(b) からもわかるように，式 (8.17) にはペアを組んだマヨラナ粒子しか出てきておらず，端に残ったマヨラナ粒子 $\gamma_{A,1}$ と $\gamma_{B,N}$ の寄与は消えてしまっている．そこでこの離れた 2 つのマヨラナ粒子から 1 つのフェルミオン演算子

$$f = \frac{1}{2}(\gamma_{A,1} + i\gamma_{B,N}) \tag{8.18}$$

を作ると，このフェルミオン f が存在してもしなくても式 (8.17) の固有エネルギーは変わらないことがわかる．言い換えると，もし式 (8.17) の基底状態 $|0\rangle$ に消滅演算子 f を作用させて $f|0\rangle = 0$ が得られるなら，$|1\rangle \equiv f^\dagger|0\rangle$ もやはり基底状態になっていなければならない．

普通の超伝導体では，基底状態には偶数個のフェルミオンしか存在できない．しかしキタエフ模型がトポロジカル相にあるときはこれと異なり，基底状態に奇数個のフェルミオンが存在でき，しかもその余分なフェルミオンはゼロエネルギーのマヨラナ粒子として端に局在することになる．このゼロエネルギーのマヨラナ粒子（これを**マヨラナゼロモード** (Majorana zero mode) と呼ぶ）の出現と，基底状態の二重縮退がトポロジカルなスピンレス 1 次元 p 波超伝導状態の特徴である．式 (8.15) を導く際には簡単のために $\mu = 0$ かつ $t = \Delta \neq 0$ を仮定したが，この条件が満たされない場合でも，結果は定性的に同じである．ただしその場合，マヨラナ粒子は端に完全に局在してはおらず，端からバルクの方へ指数関数的に減衰する波動関数を持って存在する[13]．

なおフェルミオン f は空間的に離れたマヨラナ粒子から構成されるため非局所性が強いので，このフェルミオン f の状態が占有されているかいないか（つまり式 (8.18) の下で導入した $|1\rangle$ 状態と $|0\rangle$ 状態）を量子コンピュータの量子ビットとして利用すれば，擾乱に強い量子計算が可能になると考えられている．

[8.5] スピンレス2次元カイラル p 波超伝導状態

スピンレス2次元カイラル p 波超伝導状態は，8.4 節で議論したキタエフ模型を2次元に拡張したものと考えることができる．2次元カイラル p 波超伝導は「$p+ip$ 超伝導」とも呼ばれ，ギャップ関数の $\mathbf{k}$ 依存性が $k_x + i k_y$ もしくは $k_x - i k_y$ となっていて，カイラリティを持っているのが特徴である．

そのハミルトニアンは第2量子化した場の生成・消滅演算子 $\psi^\dagger(\mathbf{r})$, $\psi(\mathbf{r})$ を用いて (スピン自由度を考えないので演算子に $\uparrow, \downarrow$ の足はない)

$$H = \int d^2\mathbf{r} \left\{ \psi^\dagger \left(-\frac{\hbar^2 \nabla^2}{2m} - \mu \right) \psi + \frac{\Delta}{2} \left[e^{i\phi} \psi (\frac{\partial}{\partial x} + i\frac{\partial}{\partial y}) \psi + \text{h.c.} \right] \right\} \tag{8.19}$$

と書くことができる．ここで ϕ は超伝導の位相である．8.4 節と同じように，フーリエ変換して $\mathbf{k}$ 空間に移り，二元の場の演算子 $\Psi^\dagger(\mathbf{k}) = [\psi^\dagger(\mathbf{k}), \psi(-\mathbf{k})]$ を用いることにより，次の BdG ハミルトニアンが得られる．

$$H = \frac{1}{2} \int \frac{d^2\mathbf{k}}{(2\pi)^2} \Psi^\dagger(\mathbf{k}) \mathcal{H}(\mathbf{k}) \Psi(\mathbf{k}) \tag{8.20}$$

$$\mathcal{H}(\mathbf{k}) = \begin{pmatrix} \epsilon(k) & \Delta^*(\mathbf{k}) \\ \Delta(\mathbf{k}) & -\epsilon(k) \end{pmatrix} \tag{8.21}$$

ただし $\epsilon(k) = \hbar^2 k^2/(2m) - \mu$, $\Delta(\mathbf{k}) = i\Delta e^{i\phi}(k_x + ik_y)$ である．式 (8.7) と同様に

$$a(\mathbf{k}) = u(\mathbf{k})\psi(\mathbf{k}) + v(\mathbf{k})\psi^\dagger(-\mathbf{k}) \tag{8.22}$$

というボゴリューボフ変換を施すことによってハミルトニアンは

$$H = \int \frac{d^2\mathbf{k}}{(2\pi)^2} E_b(\mathbf{k}) a^\dagger(\mathbf{k}) a(\mathbf{k}) \tag{8.23}$$

と対角化され，エネルギー固有値は次のようになる．

$$E_b(\mathbf{k}) = \sqrt{\epsilon(k)^2 + |\Delta(\mathbf{k})|^2} \tag{8.24}$$

なお変換係数の $u(\mathbf{k})$ と $v(\mathbf{k})$ は式 (8.8) と同じ形である．さらに基底状態の波動関数 $|\text{GS}\rangle$ は，フェルミオンがまったくいない状態を表す $|0\rangle$ を用いて次のように書くことができる．

$$|\text{GS}\rangle = \prod_{k_x \geq 0, k_y} [u(\mathbf{k}) + v(\mathbf{k})\Psi^\dagger(-\mathbf{k})\Psi^\dagger(\mathbf{k})]|0\rangle \tag{8.25}$$

上で求めたエネルギー固有値 (8.24) は $\mu = 0$ のときに $\mathbf{k} = 0$ でゼロになる．実はこの超伝導の模型においても，ボゴリューボフ準粒子の励起ギャップが閉じる $\mu = 0$ を境にトポロジカル相転移が起こり，$\mu > 0$ がトポロジカル相，$\mu < 0$ が非トポロジカル相となる．この場合のトポロジカル不変量を計算するために，次のようにベクトル $\mathbf{h}(\mathbf{k})$ を定義する．

$$h_x(\mathbf{k}) \equiv \mathrm{Re}[\Delta(\mathbf{k})], \quad h_y(\mathbf{k}) \equiv \mathrm{Im}[\Delta(\mathbf{k})], \quad h_z(\mathbf{k}) \equiv \epsilon(k) \tag{8.26}$$

このベクトルを用いると，BdG ハミルトニアン (8.21) は $\mathcal{H}(\mathbf{k}) = \mathbf{h}(\mathbf{k}) \cdot \boldsymbol{\sigma}$ というコンパクトな形になる．（なおこのハミルトニアンは 5.2 節で例として導入した 2 準位系のハミルトニアンと同じ形である）．この形に書けるハミルトニアンを持つ 2 次元超伝導体のトポロジカル不変量はチャーン数 C となり，それは $\mathbf{h}(\mathbf{k})$ の方向を表す単位ベクトル $\hat{\mathbf{h}}(\mathbf{k})$ を用いて

$$C = \int \frac{d^2\mathbf{k}}{4\pi} \left[\hat{\mathbf{h}}(\mathbf{k}) \cdot \left(\frac{\partial}{\partial k_x} \hat{\mathbf{h}}(\mathbf{k}) \times \frac{\partial}{\partial k_y} \hat{\mathbf{h}}(\mathbf{k}) \right) \right] \tag{8.27}$$

と書けることが知られている [14]．この中の被積分関数は，2 次元波数空間上で $\mathbf{k}$ が微小に変化したときにベクトル $\hat{\mathbf{h}}(\mathbf{k})$ が単位球上で張る立体角を表している．したがって積分全体としては，$\mathbf{k}$ が 2 次元波数空間全体を動いたときに，対応するベクトル $\hat{\mathbf{h}}(\mathbf{k})$ が単位球全体を何回覆うかを表す．

いま考えている超伝導体では $\Delta(\mathbf{k}) = i\Delta e^{i\phi}(k_x + ik_y)$ であるため，$k = 0$ のときに超伝導ギャップは消失する．このため，$k = 0$ ではベクトル $\hat{\mathbf{h}}(\mathbf{k})$ は必ず $+z$ か $-z$ の方向を向くことになる（なお $k = 0$ 以外では $\hat{\mathbf{h}}(\mathbf{k})$ が z 軸と平行になることはない）．いま $\mu < 0$ であれば，$k = 0$ で $\epsilon(k) = -\mu > 0$ なので $\hat{\mathbf{h}}(\mathbf{k})$ は $+z$ 方向を向き，また $k \to \infty$ でも $\hat{\mathbf{h}}(\mathbf{k})$ は $+z$ 方向を向く．したがってこの場合，$\hat{\mathbf{h}}(\mathbf{k})$ は単位球全体を覆うことはなく，$C = 0$ であることがわかる．一方 $\mu > 0$ であれば，$k = 0$ で $\epsilon(k) < 0$ なので $\hat{\mathbf{h}}(\mathbf{k})$ は $-z$ 方向を向き，逆に $k \to \infty$ では $\hat{\mathbf{h}}(\mathbf{k})$ は $+z$ 方向を向く．このため $\hat{\mathbf{h}}(\mathbf{k})$ は単位球全体を南極から北極へ一回覆うことになり，$C = -1$ となる．このことから，$\mu > 0$ でトポロジカル超伝導状態が実現していることがわかる．

具体的な計算は割愛するが，このスピンレス 2 次元カイラル p 波超伝導体のトポロジカル相においては，そのエッジに一方向にのみ運動するマヨラナ粒子が現れることが示される（これをカイラルマヨラナ粒子と呼ぶ）．系が有限サイズのときはこのマヨラナ粒子の固有エネルギーはとびとびの値になり，磁場がないときにはゼロエネルギーにはマヨラナ粒子はいない．しかし磁場

がかかってボルテックスが侵入すると，そのボルテックスの芯にマヨラナゼロモードが生じる．興味深いことに，このマヨラナゼロモードは非可換統計にしたがうため，ボルテックスの位置を入れ替えると異なる基底状態が得られることになる．この性質はトポロジカル量子計算を行うために不可欠なものであるが，その詳細については専門の文献[15]などを参照してほしい．比較的読みやすい解説としては文献[16]がある．

[8.6] ハイブリッド系におけるトポロジカル超伝導

トポロジカル超伝導はバルクの超伝導体で実現する以外にも，人工的なハイブリッド構造で実現できる可能性がある．そのような系として最初に提案されたのが，3次元トポロジカル絶縁体の表面に s 波 BCS 超伝導体を接合し，超伝導近接効果によってトポロジカル表面状態に超伝導を誘起するというものである[17]．

なぜ近接効果によって誘起される超伝導がトポロジカルになるのかを考えよう．3次元トポロジカル絶縁体の2次元表面状態を記述するハミルトニアンは実空間表示の二元の場の演算子 $\psi = (\psi_\uparrow, \psi_\downarrow)^T$ を用いて

$$\mathcal{H}_0(\mathbf{k}) = \psi^\dagger [-i\hbar v_F (\sigma_x \partial_x + \sigma_y \partial_y) - \mu]\psi \tag{8.28}$$

$$\equiv \psi^\dagger (-i\hbar v_F \boldsymbol{\sigma} \cdot \nabla - \mu)\psi \tag{8.29}$$

とモデル化することができる．ここに BCS 超伝導体からの近接効果によって s 波超伝導が誘起されると，誘起される超伝導ギャップの大きさと位相を Δ_0 および ϕ として

$$V = \Delta_0 e^{i\phi} \psi_\uparrow^\dagger \psi_\downarrow^\dagger + \text{h.c.} \tag{8.30}$$

が足されることになる．結局ハミルトニアンは $\Psi = ((\psi_\uparrow, \psi_\downarrow), (\psi_\downarrow^\dagger, -\psi_\uparrow^\dagger))^T$ という四元の場の演算子（これを南部基底と呼ぶ）を用いて次のように書くことができる．

$$H = \frac{1}{2}\Psi^\dagger \mathcal{H} \Psi \tag{8.31}$$

$$\mathcal{H} = \begin{pmatrix} -i\hbar v_F \boldsymbol{\sigma} \cdot \nabla - \mu & \Delta_0(\cos\phi - i\sin\phi) \\ \Delta_0(\cos\phi + i\sin\phi) & i\hbar v_F \boldsymbol{\sigma} \cdot \nabla + \mu \end{pmatrix} \tag{8.32}$$

ここで $\mathbf{k} = k_0(\cos\theta_\mathbf{k}, \sin\theta_\mathbf{k})$ として $\theta_\mathbf{k}$ を定義し，運動エネルギーの項が対角化されるように基底を

$$c_\mathbf{k} = \frac{1}{\sqrt{2}}(\psi_{\uparrow\mathbf{k}} + e^{i\theta_\mathbf{k}}\psi_{\downarrow\mathbf{k}}) \tag{8.33}$$

と変換すると，$\hbar v_F k_0 \simeq \mu$ のときにハミルトニアンは

$$H = \sum_\mathbf{k}\left[(\hbar v_F k_0 - \mu)c_\mathbf{k}^\dagger c_\mathbf{k} + \frac{1}{2}\left(\Delta_0 e^{i(\phi+\theta_\mathbf{k})} c_\mathbf{k}^\dagger c_{-\mathbf{k}}^\dagger + \text{h.c.}\right)\right] \tag{8.34}$$

の形に変形できる[17]．この中のペアリングの項は $\Delta_0 e^{i\phi}(k_x + ik_y)c_\mathbf{k}^\dagger c_{-\mathbf{k}}^\dagger/k_0$ と書き直せるので，これは明らかにカイラル p 波超伝導状態を表している．

ここで時間反転対称性について注意しておく．本物のカイラル p 波超伝導状態は時間反転対称性を破っているが，ハミルトニアン (8.32) は時間反転演算子 $i\sigma_y K$ と交換するので，トポロジカル絶縁体/超伝導体（TI/SC）のハイブリッドは時間反転対称性を保っている．つまり後者は「基底を変換するとカイラル p 波超伝導のように見える」というものなので，完全に p 波超伝導だと思ってはいけない．それでも，TI/SC ハイブリッドにボルテックスが侵入すると，本物のカイラル p 波超伝導と同じようにマヨラナゼロモードが現れることが理論的に示されている．まだ自然に存在するスピンレス 2 次元カイラル p 波超伝導体は見つかっていないので，TI/SC ハイブリッドはこれを人工的に実現するための有力な方法だと考えられている．

TI/SC ハイブリッドにおけるトポロジカル超伝導の実現可能性が指摘されて以降，似たような状況を実現するさまざまなハイブリッド系が提案されている[13]．特に興味深いのが，強いスピン軌道相互作用を持つ InAs や InSb の 1 次元ナノワイヤーと BCS 超伝導体を接合し，スピンレス 1 次元カイラル p 波超伝導に相当する近接効果超伝導を実現するというアイデアである．この場合，キタエフ模型と同じようにマヨラナゼロモードがナノワイヤーの端に現れることが期待され，マヨラナ粒子の証拠を捕まえるのが比較的容易な舞台であると考えられている．実験は TI/SC ハイブリッドおよびナノワイヤー/SC ハイブリッドの両方に対して精力的に行われているが，本書の執筆時点でまだマヨラナ粒子の動かぬ証拠は得られていない．

[参考文献]

1) M. Tinkham: *Introduction to Superconductivity* (McGraw-Hill, New York, 1975).
2) A. P. Schnyder *et al.*: Phys. Rev. B **78** (2008) 195125.
3) Y. Maeno *et al.*: J. Phys. Soc. Jpn. **81** (2012) 011009.
4) H. R. Ott *et al.*: Phys. Rev. Lett. **52** (1984) 1915.
5) Y. S. Hor *et al.*: Phys. Rev. Lett. **104** (2010) 057001.
6) S. Sasaki *et al.*: Phys. Rev. Lett. **107** (2011) 217001.
7) S. Sasaki *et al.*: Phys. Rev. Lett. **109** (2012) 217004.
8) L. Fu and E. Berg: Phys. Rev. Lett. **105** (2010) 097001.
9) N. Levy *et al.*: Phys. Rev. Lett. **110** (2013) 117001.
10) M. Sato and S. Fujimoto: Phys. Rev. Lett. **105** (2010) 217001.
11) F. Wilczek: Nature Phys. **5** (2009) 614.
12) A. Y. Kitaev: Phys.-Usp. **44** (2001) 131.
13) J. Alicea: Rep. Prog. Phys. **75** (2012) 076501.
14) G. E. Volovik: Sov. Phys. JETP **67** (1988) 1804.
15) C. Nayak *et al.*: Rev. Mod. Phys. **80** (2008) 1083.
16) M. Leijnse and K. Flensberg: Semicond. Sci. Technol. **27** (2012) 124003.
17) L. Fu and C. L. Kane: Phys. Rev. Lett. **100** (2008) 096407.

Introduction to
Topological Insulators

第9章 応用への展望

　トポロジカル絶縁体にはさまざまな電子デバイスへの応用が期待されている．その応用にあたって，トポロジカル絶縁体の特性のうちのどの側面にスポットをあてるのかによって，デバイスをディラック性，量子現象，スピントロニクスの3種類に分けて考えることができる．本章では，応用原理をこの3種類に分類した上で，現在考えられている具体的なデバイスのアイデアを網羅的に紹介する．

[9.1] ディラック性デバイス

　ディラック性デバイスは，トポロジカル絶縁体における表面電子のディラック性を利用するデバイスである．グラフェンをベースにした電子デバイスもディラック電子の性質を利用するので，基本的にはグラフェンと同じコンセプトが適用できる．ただし後述するように，ギャップの制御性の点ではグラフェンよりトポロジカル絶縁体の方に優位性がある．では，実際にどんなデバイスが考えられるのかを以下で見ていこう．

[9.1.1] 高周波デバイス

　ディラック電子は，サイクロトロン質量 m_c がディラック点に近づくほど小さくなるので，非常に質量の軽い電子として電磁応答する．グラフェンはこの特長を活かして，テラヘルツ領域まで至る高周波で動作するトランジスタ用の材料として期待されており，トポロジカル絶縁体も同様に**高周波デバイス**としての応用の可能性が期待される．ただし現在のところ，トポロジカル絶縁体表面状態の移動度はグラフェンにまったく及ばないレベルである．しかし表面状態におけるトポロジカル保護の原理のおかげで，高移動度を達成する素質は備えているので，今後の試料作製技術の発展が待たれる．

[9.1.2] 透明電極

トポロジカル絶縁体の電気伝導には表面状態だけがあればよいので，光が透過するほど試料を薄くしてもよく電気が流れる．このため，トポロジカル絶縁体の超薄膜は**透明電極**に向いている．すでに，透明雲母基板上に成膜した大面積かつフレキシブルな Bi_2Se_3 超薄膜（厚さ 10 nm）において，面抵抗 330 Ω を確保しながら 1000～3000 nm の広い波長範囲で 70％以上の透過率を示す特性が実証されている[1]．

[9.1.3] テラヘルツ検出器・レーザー

トポロジカル絶縁体の超薄膜では，上面と下面における表面状態の波動関数が重なり合うほど膜厚が薄くなると状態の混成が起こり，ディラック点にギャップが開く（ディラックギャップ）．このときのギャップの大きさは，膜厚を調整することにより人工的に制御できる．例えば Bi_2Se_3 では膜厚 6 nm 未満でギャップが開き始め，膜厚 2 nm でギャップの大きさは 250 meV に達する[2]．これを利用すれば，吸収波長を非常に広い範囲で任意に制御した**テラヘルツ検出器**が作製可能である．また逆に，このディラックギャップを利用したテラヘルツ波のレーザー発振も原理的には可能である．

グラフェンのデバイスにおいても，グラフェンを 2 層にして垂直電場をかけることによってギャップを制御できるが，トポロジカル絶縁体の超薄膜におけるディラックギャップの制御には電場が必要ないので，デバイスが簡潔な構造になるところに優位性がある．なおトポロジカル絶縁体においてもゲート構造を利用して垂直電場をかければ，ディラックギャップをさらに微調整することが可能であり，機能性がさらに高まる．

[9.1.4] 熱電変換素子

金属におけるゼーベック係数 S はモットの式

$$S = \frac{\pi^3}{3}\frac{k_B}{e}k_B T \left[\frac{d\ln\sigma(E)}{dE}\right]_{E=E_F} \tag{9.1}$$

で与えられる．この中の電気伝導率 σ はドゥルーデの公式 (7.9) で書けるので，散乱時間 τ のエネルギー依存性が無視できるときは

$$\frac{d\ln\sigma(E)}{dE} = \frac{1}{\sigma}\frac{d\sigma(E)}{dE} = \frac{m}{ne^2\tau}\frac{d}{dE}\left(\frac{ne^2\tau}{m}\right) \simeq \frac{1}{n}\frac{dn(E)}{dE} \tag{9.2}$$

となる．電子数 n は状態密度 $\rho(E)$ をエネルギー E で積分したものなので

$\frac{dn(E)}{dE} = \rho(E)$ であり，したがってゼーベック係数は

$$S \simeq \frac{\pi^3}{3} \frac{k_B}{e} k_B T \frac{\rho(E_F)}{n(E_F)} \qquad (9.3)$$

となることが期待できる[3]．

2次元ディラック電子の場合，ディラック点のエネルギーを E_D として状態密度は $\rho(E) \propto |E - E_D|$ のように振舞い，ディラック点に近づくにつれて小さくなってしまう．しかしトポロジカル絶縁体の超薄膜でディラックギャップが開いていれば，ギャップの近傍で分散が放物線的になるため，状態密度は $\rho(E) = \text{const.}$ となり，電子数 n を減らしても $\rho(E)$ は一定のままである．したがって，ディラックギャップが開いている超薄膜においてフェルミ準位をギャップの近くに位置させれば，式 (9.3) から，n を小さくすることによって S の増大が期待できる．もともとトポロジカル絶縁体は熱電物質として高性能なものが多いが，超薄膜において S の増大効果を利用すれば，高効率の**熱電変換素子**ができる可能性がある．

[9.2] 量子現象デバイス

量子現象デバイスは，トポロジカル絶縁体に特有の量子力学的現象を利用するデバイスである．まったく新しい動作原理を使うことで従来なかった新機能を実現できる可能性がある．表面状態のヘリカルスピン偏極を利用したスピントロニクス応用については次節でまとめて紹介することにし，本節ではスピン以外の特性に着目したデバイスを紹介する．

[9.2.1] 無散逸デバイス

2次元トポロジカル絶縁体の1次元エッジ状態においては散乱が禁止されるため，**無散逸の電流**を利用できる．これまでに無散逸の輸送電流を利用可能にする量子現象として，超伝導と量子ホール効果の2つが知られていた．前者は銅酸化物高温超伝導体を用いてもいまのところ温度が 150 K 以下に制限されている．後者はグラフェンにおいて室温でも実現可能であることが示されたが[4]，高磁場が必要である．これに対して2次元トポロジカル絶縁体の1次元エッジ状態は，十分大きなバンドギャップを持つ物質が見つかりさえすれば，原理的には室温・ゼロ磁場でも利用可能であるため，応用のための大きな可能性を秘めている．

[9.2.2] 電気磁気効果デバイス

7.5 節で紹介したトポロジカル電気磁気効果が実現されると，電場で直接磁場を誘起できることになり，現在，マルチフェロイクス[5]の研究が目指していることを別のルートで実現できることになる．例えば，もし磁場の発生がコイルと電流による従来の方法よりもずっと高効率にできるようになれば，磁気記録をはじめとする広い分野で大きな省エネルギー効果・小型化効果をもたらすと期待できる．また逆過程として，磁場が直接（$\dot{B}$ が 0 であっても）電場を誘起できることから，磁場の読み取り・計測もこれまでより小型・高性能でできる可能性がある．

また 7.7 節で紹介した交流トポロジカル電気磁気効果を利用すると，カー回転角がちょうど $90°$ という巨大な値になるので，オプトエレクトロニクスの分野で有用なデバイスに使える可能性がある．

[9.2.3] マヨラナ量子コンピュータ

8.6 節で紹介した，3 次元トポロジカル絶縁体と BCS 超伝導体を接合したハイブリッド構造は，有効的にスピンレスの 2 次元カイラル p 波超伝導状態を実現してマヨラナゼロモードを宿したボルテックスを得るための有力な方法である．このマヨラナゼロモードが占有されている/いないを量子ビットとして利用し，さらに非可換統計性を利用した braiding(組み紐) 操作を行うことにより，擾乱に強いトポロジカル量子計算が実現可能になると考えられている[6]．

また，2 次元トポロジカル絶縁体の 1 次元エッジ状態に超伝導近接効果でクーパー対を誘起すると，これは 8.4 節で紹介したキタエフ模型と同じスピンレス 1 次元 p 波超伝導状態を有効的に実現する系となり，端にマヨラナゼロモードが現れる．1 次元系の端に現れるマヨラナ粒子の方が，ボルテックスに宿ったマヨラナ粒子よりも安定でかつ演算操作をやりやすいとする研究者もおり，こちらの系も期待を集めている．

[9.2.4] トポロジカル結晶絶縁体デバイス

6.4 節で紹介したトポロジカル結晶絶縁体は，ブリルアン域中に 4 つのディラック錐を有している．この自由度を利用したデバイスの提案が 2 つなされている．

1 つは磁性不純物をドープして，7.4 節で紹介した磁性を導入したトポロ

ジカル絶縁体と同様の**磁性トポロジカル結晶絶縁体**（magnetic topological crystalline insulator）を実現し，そこで起こる量子異常ホール効果を利用するものである[7]．ディラック錐が4つあることを反映して，磁性トポロジカル結晶絶縁体における量子異常ホール効果では，ホール伝導率は $4e^2/h$ に量子化されることが期待される．ところがトポロジカル結晶絶縁体のディラック錐は鏡映対称性で守られているため，鏡映対称性を破る歪みが結晶に加わるとディラック錐にはギャップが開く．もし歪みによって生じるディラックギャップの方が磁性から生じるゼーマンエネルギーよりも大きければ，量子異常ホール効果は消失する．

そこで，磁性トポロジカル結晶絶縁体薄膜の上に圧電物質の薄膜を接合し，圧電膜に加える電圧の方向によって違った向きの歪みを加えられるようなデバイスを作製することが提案されている[7]．磁性トポロジカル結晶絶縁体に加える歪みの向きを選ぶことによって，4つのディラック錐全部に同時にギャップを開けたり，4つのうち2つだけにギャップを開けたりできる．そうすると，加える電圧の方向および大きさによって，系のホール伝導率を $0, 2e^2/h, 4e^2/h$ の3通りの間で切り替えることができる．この伝導には無散逸のカイラルエッジ状態を使っているので，3値のスイッチングが可能な低損失デバイスができるというわけである．

もう1つの提案はもっと単純である．トポロジカル結晶絶縁体の薄膜に垂直な電場を加えるだけで鏡映対称性が破れてディラック錐にギャップが開くため，4つのディラック錐に起因するエッジ状態をゲート電圧だけで出したり消したりできるというものである[8]．普通のFETデバイスではバンド構造自体は変化せず，ゲート電圧はフェルミ準位の位置を制御するだけである．しかしトポロジカル結晶絶縁体薄膜のFETでは，ゲート電圧によって伝導を起こすバンド自体を消してしまうので，大きなOn/Off比が期待できる．理論計算では，[001] 方向に積層した11原子層のSnTe薄膜の上面と下面の間に0.1 Vの電位差を生じさせるだけで，ディラック点に約10 meVのギャップが生じることが示されている[8]．なおこのデバイスでは，ディラック錐にギャップを開けるためのゲート電圧によってキャリアのドーピングが起こらないよう，薄膜の上と下の両方にゲート電極を持ったデュアルゲートFET構造を作り，上面と下面の間の電位差と，それぞれのフェルミ準位を独立に制御する必要がある．

[9.3] スピントロニクスデバイス

　トポロジカル絶縁体の重要な特徴は，表面状態が**図 9.1**(a) に示すようなヘリカルスピン偏極を持っていることであり，このスピン偏極の存在がさまざまなスピントロニクス応用への展望を拓く．トポロジカル絶縁体の発見以前に，Bi や Au の表面でラシュバ型スピン軌道相互作用によってスピン分裂した状態が観測され，その表面スピン偏極がスピントロニクス応用に有望だと考えられていた．このラシュバ型スピン分裂表面状態は図 9.1(b) に示すように，ちょうどトポロジカル絶縁体のヘリカルスピン偏極表面状態の内側に，これを相殺するようにスピン偏極したもう 1 つの表面状態をおいたような状況になっている．全体を積分すると外側の（つまり k_F の大きい方の）状態の寄与がまさるので，一応ヘリカルスピン偏極が得られるが，スピン軌道相互作用によるスピン分裂が小さくなれば（図 9.1(c)），それだけ平均後に得られるスピン偏極も小さくなる．トポロジカル絶縁体ではそのような相殺は存在しないので，表面状態のヘリカルスピン偏極がフルに活用できる分，表面ラシュバ系よりも有利である．

　以下で具体的に，このヘリカルスピン偏極を用いてどのようなスピントロニクス応用が考えられるのかを紹介する．

[9.3.1] スピン流の生成・検出

　7.6 節で議論したように，トポロジカル絶縁体の表面に電流を流すとそれはスピン偏極電流となる．現れるスピンの向きは電流の方向によって決まるため，電流の方向を変えるだけでスピンの向きを変えられる便利なスピン流生成物質として利用することができる．ただし，大きなスピン偏極が得られるのはバリスティック輸送領域に限られるため，なるべく長い距離にわたって

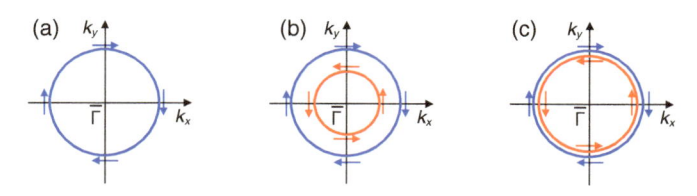

| 図 9.1 | 表面状態の比較

(a) 表面ブリルアン域中でのヘリカルスピン偏極表面状態．(b) ラシュバ型スピン軌道相互作用によってスピン分裂した，トポロジカルに自明な金属の表面状態．(c) は (b) と同じだがスピン軌道相互作用が弱い場合．

大きなスピン偏極を輸送したいときには，表面電子の平均自由行程 ℓ_{surface} を長くする努力が必要になる．なお現在得られている高品質トポロジカル絶縁体薄膜では ℓ_{surface} は 50 nm 程度なので[9]，トップレベルの微細加工技術を使えばバリスティック輸送領域のデバイスを作製することも不可能ではない．

電子が拡散輸送で流れるときは，現れるスピン偏極は式 (7.53) で与えられる通り $J/(2ev_F)$ であり（J は電流，v_F はフェルミ速度），これはバリスティック輸送の場合に比べてスピン偏極の大きさが v_D/v_F 程度に減ることを意味する（v_D はドリフト速度）．これは裏を返せば，拡散輸送領域でも試料の移動度を改善すればスピン偏極を大きくできるということなので，実用レベルまで持っていける可能性はある．2014 年に入ってから，実際に Bi_2Se_3 の薄膜に電流を流したときに表面に誘起されるスピン偏極を強磁性体電極によって検出した実験が報告されており[10]，今後の展開が期待できる．

トポロジカル表面状態に電流を流すと決まった向きのスピンが得られることの逆過程として，スピンを注入するとその向きに応じた電流が誘起されるので，これを用いたスピン検出が可能である．7.6 節で紹介したスピンポンピングによる表面起電力の観測[11] は，この原理によるスピン検出を実証したものと考えることができる．まだ輸送電流によって注入したスピンの検出に成功した例はないが，これは磁性体からトポロジカル絶縁体へのスピン注入効率が悪いためと考えられ，今後これを改善することによって，トポロジカル絶縁体を使ったスピン検出技術が確立していくものと期待される．

[9.3.2] スピントランジスタ

トポロジカル表面状態を利用したスピントロニクスの魅力の 1 つは，電圧によってスピンの向きを反転させる**スピントランジスタ** (spin transistor) が比較的簡単に実現できることである．**図 9.2** の左側からわかるように，ディラック点よりも上では $+k$ の状態がアップスピンを持っているのに対し，ディラック点よりも下では $+k$ の状態はダウンスピンを持つ．これはつまり，図 9.2 の右側に示すようにディラック点を境にスピンのヘリシティが反転することを意味する．これを利用すれば，ゲート電圧によってフェルミ準位をディラック点の上下に切り替えることによって，輸送電流に伴うスピン偏極を反転させることができるわけである ※1（236 ページ参照）．

スピントロニクスの分野[12] で有名な Datta-Das のスピントランジスタは，電子が通過する領域のラシュバ型スピン軌道相互作用を電場で変化させて，電子の出口においてスピン反転を実現するというものである．これはゲート

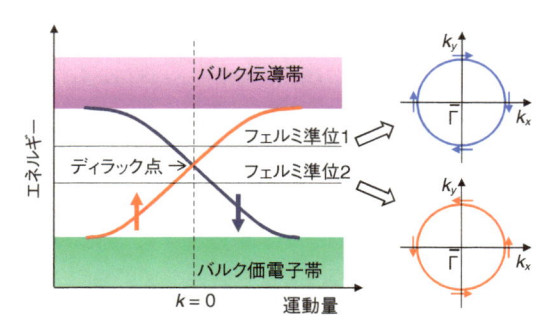

| 図 9.2 | トポロジカル絶縁体スピントランジスタの原理

ゲート電圧によってフェルミ準位をディラック点の上下に切り替えると、表面状態のヘリカルスピン偏極が反転する．

電圧によるスピン反転という意味で，上記のトポロジカル絶縁体スピントランジスタと似ている．しかし Datta-Das のスピントランジスタを実現するのは技術的に非常に難しく，提案から検証まで約 20 年かかった[13]．これに対し，トポロジカル絶縁体表面状態のフェルミ準位をゲート電圧によってディラック点の上下に制御することはすでに可能になっている[14]．あとはその際に生じるスピン偏極の反転を検出するだけで，スピントランジスタとしての動作検証は完了する．ただし実用化のためには，実際の特性としてどれだけ大きな信号が得られるかが重要なので，試料の移動度を上げて拡散領域で得られるスピン偏極を大きくするなどの研究開発が必要になるだろう．

[9.3.3] 光−スピン波カップラー

近接場のエバネッセント光を使うと，伝播型表面プラズモンと光を効率的に結合できることが知られている．一方，7.1 節で述べたように，トポロジカル絶縁体の表面ではスピン−運動量ロッキングのために，**スピンプラズモン**という新奇な素励起が現れる．したがってトポロジカル絶縁体にエバネッセント光を照射すると，このスピンプラズモンを励起することになり，これは伝播型表面プラズモンとして電気的に検出できるのみならず，スピン波として検出することも可能である．これは，将来の「オプトスピントロニクス」において有用な技術となるかもしれない．

[9.3.4] スピン電池

9.3.3 項で考えたのは伝播型のスピンプラズモンだったが，トポロジカル絶

縁体ナノ構造の中に定在波として生じる**共鳴スピンプラズモン**を利用して**スピン電池** (spin battery) を作るというアイデアが提案されている[15]．以下でその原理を説明しよう．

このスピン電池デバイスでは，トポロジカル絶縁体のナノ構造と通常の金属のナノ構造を隣接させて作り，その間を1点で接触させる（**図 9.3**）．その際，両者でプラズモンの共鳴周波数が等しくなるように形状を調整することが重要である．そこに共鳴周波数のマイクロ波を照射すると，両者で同時にプラズモン共鳴が起きる．

いま，図 9.3(a) のように，プラズモンの最初の半周期で電子が右側に動くとする．トポロジカル絶縁体ではこれに伴って $+\mathbf{k}$ の電子が増えるのでアップスピンが生じ，これが接点を通して隣の金属中に拡散する．このとき金属中でも同時にプラズモン共鳴が起こっており電子は右側に動いているので，拡散してきたアップスピンは右側に運ばれ，金属の右端に溜まる．後半の半周期では図 9.3(b) のように電子が左側に動くので，トポロジカル絶縁体中にはダウンスピンが生じ，これが金属中に拡散して左側に運ばれ，金属の左端にはダウンスピンが溜まる．結局，1周期が終わると金属の右側にアップスピン，左側にダウンスピンが溜まることになり，これは金属中のプラズモンを利用してトポロジカル絶縁体から拡散してくるスピンを整流した形になっている．この金属ナノ構造の右端および左端からスピンを外に取り出せば，外部系に対するスピン電池として働くことになる．

このスピン電池が実際に動作するためには，スピンの拡散時間がプラズモ

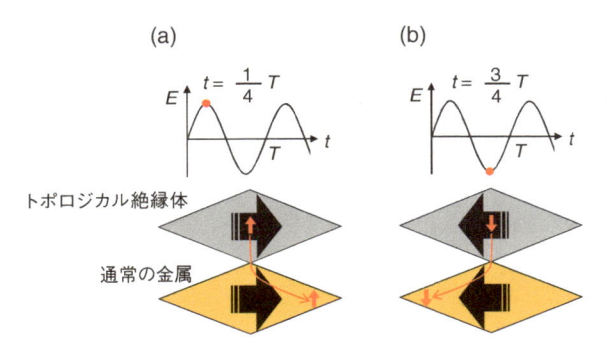

| **図 9.3** | **トポロジカル絶縁体スピン電池の原理**

(a) は最初の半周期で電子が右側に動いているところ．トポロジカル絶縁体中にはアップスピンが誘起され，これが普通の金属中に拡散し，金属中では電流により右側に運ばれる．(b) はこれと対照的な後半の半周期における状況．

ンの周期よりも短くなければならず，またトポロジカル絶縁体と金属の接触部分の長さが電子のドリフト長よりも短くなければならないなど，厳しい制約がある．しかし将来のスピントロニクスのために興味深いデバイスである．

[参考文献]

1) H. Peng *et al.*: Nature Chem. **4** (2012) 281.
2) Y. Zhang *et al.*: Nature Phys. **6** (2010) 584.
3) J. P. Heremans *et al.*: Science **321** (2008) 554.
4) K. S. Novoselov *et al.*: Science **315** (2007) 1379.
5) S.-W. Cheong and M. Mostovoy: Nature Mater. **6** (2007) 13.
6) M. Leijnse and K. Flensberg: Semicond. Sci. Technol. **27** (2012) 124003.
7) C. Fang, M. J. Gilbert, and B. A. Bernevig: Phys. Rev. Lett. **112** (2014) 046801.
8) J. Liu *et al.*: Nature Mater. **13** (2014) 178.
9) A. A. Taskin, S. Sasaki, K. Segawa, and Y. Ando: Adv. Mater. **24** (2012) 5581.
10) C. H. Li *et al.*: Nature Nanotech. **9** (2014) 218.
11) Y. Shiomi, K. Nomura, Y. Kajiwara, K. Eto, M. Novak, K. Segawa, Y. Ando, and E. Saitoh: Phys. Rev. Lett. **113** (2014) 196601.
12) S. A. Wolf *et al.*: Science **294** (2001) 1488.
13) H. C. Koo *et al.*: Science **325** (2009) 1515.
14) H. Steinberg *et al.*: Phys. Rev. B **84** (2011) 233101.
15) I. Appelbaum, H. D. Drew, and M. S. Fuhrer: Appl. Phys. Lett. **98** (2011) 023103.

[※1] 2015 年に，実際にゲート電圧によってフェルミ準位をディラック点の上下に切り替えてスピン偏極を観測する実験が行われた（J. S. Lee *et al.*, Phys. Rev. B **92** (2015) 155312）．その結果，スピン偏極の反転は観測されなかった．これは，式 (3.74) で与えられるブロッホ電子の速度ベクトルの方向が，各スピン偏極に対してディラック点の上下で変化しないためと考えられる．したがって，9.3.2 項で述べた単純なスピントランジスタの原理は正しくないことが明らかになった．しかし，トポロジカル絶縁体でスピントランジスタを実現する方法はまだある．例えば，膜厚 3 nm 程度の超薄膜に面直方向の電場をかけて上面と下面のディラック点のエネルギーをずらすと，面直電場の反転によって電流誘起スピン偏極を反転できる，というアイデアが提案されている（O. V. Yazyev *et al.*, Phys. Rev. Lett. **105** (2010) 266806）．

Index

【欧文】

AAS 効果 204
AB 効果 203
ARPES....................... 83
BCS 理論 214
BdG 方程式................... 214
BHZ 10
BHZ 模型 131
Datta-Das のスピントランジスタ 233
dHvA 振動 188
d 波超伝導体 216
fan diagram 解析............. 192
Hikami-Larkin-Nagaoka の式 .. 201
Kane-Mele 模型............... 9
Kröger-Vink の表記法.......... 171
p 波超伝導体 215
SdH 振動..................... 188
Slater 行列式 54
TKNN 6
TKNN 数 6, 104
Vapor Liquid Solid 法 170
VLS 法 170
Z_2 指数 2
Z_2 トポロジカル絶縁体 2
θ 項 205

【あ】

アクシオン 205
アハロノフ・ボーム効果 203
アルツシュラー・アロノフ・
　スピヴァック効果 204
アンドレーエフ反射 214

【い】

異常ホール効果 7
位相空間..................... 97
位相コヒーレンス長............ 201
位相速度..................... 77
位置座標表示 28

【え】

エネルギー固有値............... 4
エネルギースペクトル 69
エネルギーバンド 73
エネルギー分散 4
エバネッセント光.............. 234
エピタキシャル成長 169
エピタキシャル歪み 153
エルミート演算子.............. 27
エルミート共役 27
エルミート行列 27
演算子 21

【お】

オンサガーの半古典的量子化条件 .. 93

【か】

回転対称性................... 160
カイラリティ 158
カイラルエッジ状態............. 6
カイラルマヨラナ粒子 222
化学気相蒸着 168
化学的気相成長法.............. 168
可換 32
拡散輸送領域 207
角度分解光電子分光............ 83
確率密度..................... 21

価電子帯 75
カルコゲナイド 166
完全性 29
緩和時間近似 188

【き】

規格化条件 21
擬スピン 184
気相成長法 167
期待値 21
キタエフ模型 217
軌道角運動量 33
基本並進ベクトル 66
逆格子空間 66
逆格子ベクトル 65
逆スピンホール効果 141
鏡映対称性 160
強相関電子系 16
鏡像磁気モノポール 206
強束縛近似 70
共鳴スピンプラズモン 235
極値軌道 93
金属 75
金属結合 70
ギンツブルグ–ランダウ理論 213

【く】

空間反転演算子 23
空間反転対称性 23
クヌッセンセル 168
クーパー対 213
グラフェン 4
クラマース縮退 43
クラマース対 112
クラマースの定理 43
クロネッカーのデルタ 24

群速度 77

【け】

ゲージ場 100
結合エネルギー 84
結合状態 71
結晶運動量 76
結晶欠陥 170
ケット 25

【こ】

交換括弧式 32
交換関係 34
高周波デバイス 227
交流トポロジカル電気磁気効果 . . . 210
固有関数 22
固有値 22
固有方程式 22
混合状態 213
混成ギャップ 202

【さ】

サイクロトロン質量 91
サイクロトロン周波数 91
サブバンド 62

【し】

時間反転演算子 42
時間反転対称運動量 15, 112
時間反転対称性 42
時間反転不変運動量 15, 112
時間反転分極 118
磁気カー効果 210
仕事関数 84
磁性トポロジカル結晶絶縁体 . . . 231
磁束量子 214

自然超格子 154
質量ゼロ 184
質量ゼロのディラック粒子 14, 183
弱反局在 185
縮退半導体 75
シュブニコフ・ドハース振動 .. 88, 188
シュレーディンガー描像 31
シュレーディンガー方程式 20
準粒子干渉効果 181
状態密度 64
消滅・生成演算子 55
試料サイズ依存性 166

【す】

数演算子 56
スピノル 39
スピン 39
スピン一重項 214
スピン–運動量ロッキング 179
スピン演算子 39
スピン角運動量 36
スピン軌道相互作用 49
スピン軌道相互作用のエネルギー .. 51
スピン電池 235
スピントランジスタ 233
スピントロニクス 7
スピン波動関数 40
スピンプラズモン 234
スピンプラズモン励起 180
スピン分裂 152
スピンヘリシティ 180
スピンホール効果 7
スピンホール絶縁体 7
スピンポンピング 122, 207
スピン流 7

【せ】

正規直交基底 24
正孔 78
正のエネルギー解 47
正の電荷を持つ粒子の運動 78
摂動 29
摂動ポテンシャル 29
ゼーベック係数 228
全角運動量 37
扇状図解析 192

【そ】

相互作用 58
走査型トンネル分光法 166

【た】

対称波動関数 53
ダイナミカル項 99
第2量子化 57
多成分波動関数 37
脱出深さ 87
単位胞 8, 65

【ち】

チャーン数 109
超格子 139
超伝導ギャップ 213
超伝導近接効果 214

【つ】

強い3次元トポロジカル絶縁体 ... 126

【て】

抵抗率テンソル 192
ディラック型分散 3
ディラックギャップ 150

ディラック行列	134		トーラス	121
ディラック錐	9		トレース	115
ディラック点	9		トンネル行列要素	70
ディラック表示	46			
ディラック方程式	46		**【な】**	
ディラック方程式の平面波解	47		内積	25
ディラック粒子	3		内部自由度	39
テトラジマイト型	145		ナノリボン	170
デュアルゲート	231		ナノ薄片	170
テラヘルツ検出器	228			
デルタ関数	28		**【に】**	
電気伝導率テンソル	190		二重ディラック錐構造	160
電気分極	116		2バンド模型	197
電子–正孔対称性	214			
電子相関	16		**【ね】**	
テンソル積	43		熱電変換素子	229
伝導帯	75			
伝播型表面プラズモン	234		**【の】**	
			ノード	216
【と】				
等エネルギー面	88		**【は】**	
透明電極	228		ハイゼンベルグの運動方程式	31
ドゥルーデの公式	188		ハイゼンベルグ描像	32
ドハース・ファンアルフェン振動	88, 188		パウリ行列	40
ドブロイの関係式	19		パウリの排他律	62
トポロジー	2		波数空間	62
トポロジカル結晶絶縁体	16, 160		波動関数	21
トポロジカル近藤絶縁体	156		場の演算子	56
トポロジカル絶縁体	1, 11		パフィアン	123
トポロジカル相転移	150		ハミルトニアン	21
トポロジカル超伝導体	214		バリスティック	181
トポロジカル電気磁気効果	15, 205		パリティ	24
トポロジカルな保護	202		バルク–エッジ対応	3
トポロジカル場の理論	13		反結合状態	71
トポロジカル半金属	157		反交換関係	41
トポロジカル不変量	2		反交差ギャップ	142

半整数量子化	186
反対称波動関数	52
バンド	73
バンドインデックス	68, 74
半導体	75
バンドギャップ	75
バンド絶縁体	75
バンド幅	73
バンド描像	70
半ホイスラー化合物	157

【ひ】

非可換統計	16
非従来型超伝導体	214
左巻き	180
ヒュッケル近似	70
表面強磁性	205
表面支配伝導	148
ヒルベルト空間	24

【ふ】

ファラデー効果	210
ファンデルワールス・エピタキシー	169
ファンデルワールスギャップ	169
フィリングファクター	80
フェルミアーク	159
フェルミエネルギー	63
フェルミオン	54
フェルミ球	63
フェルミ準位	64
フェルミ速度	63
フェルミ−ディラック統計	54
フェルミ−ディラック分布関数	63
フェルミ波数	63
フェルミ面	63
フェルミレベル	64

複素共役をとる演算子	42
物質波	19
物理的気相成長法	167
負のエネルギー解	47
部分分極	118
ブラ	25
ブラケット表示	25
ブラベー格子	65
プランクの量子仮説	20
ブリッジマン法	167
ブリルアン域	8, 66
フロケ・ブロッホ状態	210
ブロッホ電子	76
ブロッホ電子の速度	77
ブロッホの定理	67
ブロッホ波動関数	68
ブロッホハミルトニアン	111
分子線エピタキシー	168

【へ】

ヘヴィサイドの階段関数	63
ベリー位相	99
ベリー位相項	99
ベリー曲率	100
ベリー接続	100
ベリー接続行列	114
ヘリカルスピン偏極	3, 179

【ほ】

ボーアの対応原理	91
ホイスラー化合物	157
ボゴリューボフ準粒子	214
ボゴリューボフ−ドゥジャンヌ方程式	214
ボーズ−アインシュタイン統計	54
補償	173
ボゾン	54

保存量 32
ホモロガス系列 151
ボルテックス 213

【ま】

マヨラナ条件 216
マヨラナゼロモード 220
マヨラナ粒子 15, 216

【み】

右巻き 180
ミラーカイラリティ 162
ミラーチャーン数 160

【む】

無散逸デバイス 229
無散逸の電流 229

【め】

メゾスコピック伝導 170

【も】

モットの式 228

【ゆ】

有効質量 76
輸送散乱時間 199

【よ】

弱い3次元トポロジカル絶縁体 ... 127

【ら】

ラシュバ型スピン分裂表面状態 ... 232
ランダウチューブ 93
ランダウ量子化 79

【り】

リフシッツ・コセヴィッチ理論 ... 190
量子異常ホール効果 205
量子散乱時間 196
量子振動 88, 188
量子スピンホール効果 8
量子スピンホール絶縁体 8
量子閉じ込め効果 62
量子ホール効果 5

【れ】

レヴィチヴィタ記号 34

【わ】

ワイル点 159
ワイル半金属 158
ワイル粒子 158
ワニエ関数 116

著者紹介

安藤陽一（あんどうよういち）　博士（理学）
　1989年　東京大学大学院理学系研究科物理学専攻修士課程修了
　2007年　大阪大学産業科学研究所 教授
　現　在　ケルン大学物理学科 教授

NDC428　251p　21cm

トポロジカル絶縁体入門（ぜつえんたいにゅうもん）

2014年 7月10日　第 1 刷発行
2024年 6月13日　第10 刷発行

著　者　安藤陽一（あんどうよういち）
発行者　森田浩章
発行所　株式会社 講談社
　　　　〒112-8001　東京都文京区音羽 2-12-21
　　　　　販売　(03)5395-4415
　　　　　業務　(03)5395-3615

KODANSHA

編　集　株式会社 講談社サイエンティフィク
　　　　代表　堀越俊一
　　　　〒162-0825　東京都新宿区神楽坂 2-14　ノービィビル
　　　　　編集　(03)3235-3701

本文データ制作　藤原印刷株式会社
印刷・製本　株式会社KPSプロダクツ

落丁本・乱丁本は，購入書店名を明記のうえ，講談社業務宛にお送りください．送料小社負担にてお取替えします．なお，この本の内容についてのお問い合わせは，講談社サイエンティフィク宛にお願いいたします．定価はカバーに表示してあります．

© Yoichi Ando, 2014

本書のコピー，スキャン，デジタル化等の無断複製は著作権法上での例外を除き禁じられています．本書を代行業者等の第三者に依頼してスキャンやデジタル化することはたとえ個人や家庭内の利用でも著作権法違反です．

[JCOPY]　〈(社)出版者著作権管理機構 委託出版物〉
複写される場合は，その都度事前に (社)出版者著作権管理機構（電話 03-5244-5088, FAX 03-5244-5089, e-mail: info@jcopy.or.jp）の許諾を得てください．

Printed in Japan

ISBN 978-4-06-153288-5

講談社の自然科学書

プラズモニクス
基礎と応用
岡本 隆之／梶川 浩太郎・著
A5・271頁・本体4,900円

次世代光技術"プラズモニクス"をまとめた待望の専門書.基礎から応用までを余すところなく解説.理論家の方,センシング等に利用している方,エレクトロニクスへの応用を考えている方,プラズモニクスにかかわるすべての研究者の方へおススメの1冊.

有機半導体のデバイス物性
安達 千波矢・編
A5・318頁・本体3,800円

有機EL素子はもちろん,有機薄膜太陽電池や有機トランジスタまで,有機半導体のデバイス物性がこれ1冊でわかる.素子劣化や長寿命化技術,有機半導体材料に関する情報も豊富な第一線の研究者による待望の書.

ディープラーニングと物理学
原理がわかる,応用ができる
田中 章詞／富谷 昭夫／橋本 幸士・著
A5・304頁・本体3,200円

機械学習と物理学はいかに繋がるのか? 知られざる,その対応を解き明かす! 人工知能技術の中枢をなす深層学習(ディープラーニング)と,物理学との重層的な関連が一望できる入門書.物理学者ならではの視点で原理から応用までを説く,空前の一冊.

教養としての物理学入門
笠利 彦弥／藤城 武彦・著
B5・175頁・本体2,200円

身近な話題からはじめ,物理の基本法則まで到達できるテキスト.物理に苦手意識がある学生も無理なく学べる! 教養向けテキストとしても使用しやすいように,16章構成で図版をカラーにした.

今度こそわかる場の理論
西野 友年・著
A5・215頁・本体2,900円

丁寧に説く「量子場」の基礎の基礎.学部1年生から「量子場の理論」に慣れ親しむための入門書.予備知識を最小限度に抑えて,ゼロから学んでいく.場の理論はむずかしくない!

今度こそわかるくりこみ理論
園田 英徳・著
A5・207頁・本体2,800円

初学者がつまずくところを熟知した著者による,丁寧な解説.くりこみの勘どころが基礎から理解できる.とにかく,わかりやすい!

今度こそわかる量子コンピューター
西野 友年・著
A5・206頁・本体2,900円

スーパーコンピューターが千年かかって解けない問題を数秒で解くという量子コンピューター.この技術の理論を独習したい人のために,基礎の基礎から丁寧に解説.あなたは未来技術の目撃者となる!

はじめての光学
川田 善正・著
A5・223頁・本体2,800円

きわめて親切・丁寧な解説で,とにかくわかりやすい.顕微鏡などの応用やプラズモニクスなどの最新の話題も満載で,テキストでありながら実際に使える.化学系など異分野の方の入門書としてもお薦めです.

※表示価格は本体価格(税別)です.消費税が別に加算されます.　　「2019年6月現在」

講談社サイエンティフィク　https://www.kspub.co.jp/